国家理科基础科学研究和教学人才培养基地化学系列教材

波谱解析

INTRODUCTION TO SPECTROSCOPY

第二版

周向葛　徐开来　等 编著

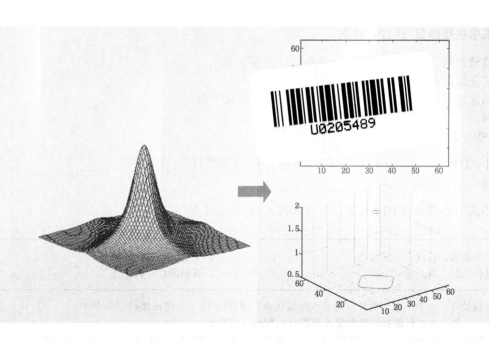

化学工业出版社

·北京·

内容简介

波谱解析法是化合物结构鉴定的重要手段。《波谱解析》(第二版)共分六章:绪论、紫外-可见吸收光谱、红外吸收光谱、核磁共振波谱、质谱、谱图综合解析。书中论述了上述"四大谱"的基本原理、仪器结构、实验方法及其应用范围,详细阐述了各类波谱特征信息和分子结构的关系,波谱分析方法在化合物结构鉴定中的应用。本书以具代表性的谱图、典型的实例来阐释图谱解析过程,重视培养综合运用谱学技术解决实际问题的能力。通俗易懂和具有较强的实用性是本书的主要特色。

本书主要用作高等学校化学类以及与化学类相关专业的本科高年级学生和研究生波谱分析课程教材,也可作为高等学校相关专业教师和相关领域科技工作者的参考用书。

图书在版编目(CIP)数据

波谱解析/周向葛等编著. —2 版. —北京:化学工业出版社,2022.8(2023.11重印)

国家理科基础科学研究和教学人才培养基地化学系列教材

ISBN 978-7-122-41428-1

Ⅰ.①波… Ⅱ.①周… Ⅲ.①波谱分析-高等学校-教材 Ⅳ.①O657.61

中国版本图书馆 CIP 数据核字(2022)第 082201 号

责任编辑:杜进祥 马泽林　　　　　　　　　文字编辑:向　东
责任校对:王　静　　　　　　　　　　　　装帧设计:韩　飞

出版发行:化学工业出版社(北京市东城区青年湖南街 13 号　邮政编码 100011)
印　　装:北京科印技术咨询服务有限公司数码印刷分部
787mm×1092mm　1/16　印张 14½　字数 364 千字　2023 年 11 月北京第 2 版第 3 次印刷

购书咨询:010-64518888　　　　　　　　　　售后服务:010-64518899
网　　址:http://www.cip.com.cn
凡购买本书,如有缺损质量问题,本社销售中心负责调换。

定　　价:45.00 元

《波谱解析》(第二版)是由四川大学化学学院以及分析测试中心的周向葛、徐开来等多位教师合编而成。这些教师多年从事本科"谱学导论""仪器分析"以及研究生"谱学基础"等课程的教学,在分析化学、有机化学以及无机化学等方向的研究上也颇有建树,积累了丰富的教学和科研经验,为这本教材的撰写打下了很好的基础。

这本教材主要介绍了化学研究常用的"四大谱",即紫外光谱、红外光谱、核磁共振谱和质谱的基本原理以及在化合物结构分析中的应用。这"四大谱"是化合物结构解析的常用工具,能分别为化合物的结构提供大量的不同信息。因此,在实际操作中如何选择合适的分析手段以及如何进行相应的谱图解析是化学研究中的一项重要工作。

这本教材具有深入浅出的特点,适当简化了波谱原理的数学推导以及仪器原理的介绍,侧重于讲解谱图的解析,因此具有较强的实用性。书中提供了大量的谱图实例,其中部分是作者在科研工作中的成果,尤其包含了同类教材中较少介绍的无机化合物的波谱解析,有助于读者进一步体会到"四大谱"在化合物结构解析中的作用。因此,这本教材既易被学生所接受,对相关领域的研究人员也具有较好的参考价值。

我国高校的学科建设和教学科研的发展需要有特色的新教材。我希望高校的教师们能够像这本教材作者一样,结合自己教学与科研实践中的成果与心得,撰写满足教学与科研需求的教材。我也希望这本教材出版发行后,能够得到广大读者的欢迎和反馈,使作者能够在教材应用的过程中继续修订与提升,使之成为一部精品教材,为化学的教学与科研发挥更大的作用。

中国科学院院士 厦门大学教授

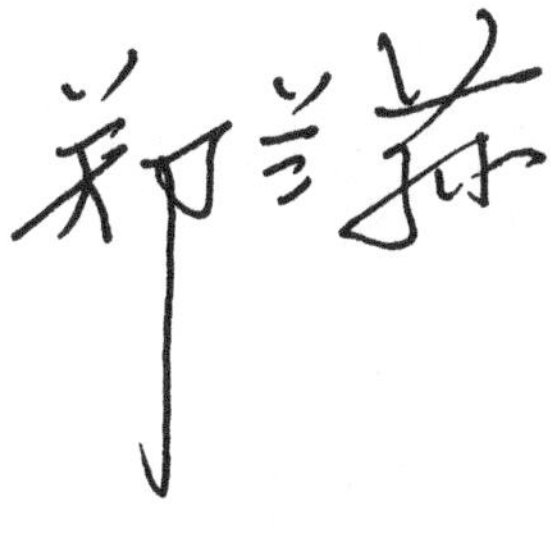

郑兰荪

波谱解析法是化合物结构鉴定的重要手段。紫外-可见吸收光谱、红外吸收光谱、核磁共振波谱和质谱在其中占据着重要的地位，具有样品用量少、提供的结构信息丰富等特点。近年来，随着科学技术的发展，波谱学在理论、仪器、方法和应用方面都取得了很大的进步，化合物结构解析的水平也得到了提高。

本书第一版自 2014 年出版以来，作为化学及相关学科的本科生或研究生课程的教材或教学参考书在一些高校使用，也被一些科技与分析化学工作者选为参考书。为使本书能更好地反映学科的发展，我们参考了近年来国内外的相关教材，结合自身的科研经验，对第一版教材进行了相应的修订。修订后的教材基本保持了原书的体系，补充了部分反映学科发展的新内容以及课后习题，以便读者自学和练习。其中，第一、二章由周向葛修订，第三、六章由徐开来修订，第四章由于珊珊修订，第五章由王天利修订。

限于编著者水平，书中难免存在不当之处，恳请读者和同行提出宝贵意见，以便改正与修订完善！

编著者
2022 年 3 月于成都

　　紫外-可见吸收光谱、红外吸收光谱、核磁共振波谱和质谱是人们常说的"四大谱"，是目前化合物结构鉴定的重要方法，广泛应用于有机化学、石油化工、生物化学、药物学、医学等各个领域。

　　本书阐述了四大谱的基本原理以及在化合物结构分析中的应用。本书还编入了波谱领域中比较成熟和通用的新技术，如二维核磁共振谱等，并精选了有代表性的波谱图、例题等大量波谱数据，以提高读者用波谱方法解决实际问题的能力。本书的编写力求避免繁琐的数学推导，而着重于波谱方法在结构鉴定中的使用及各种波谱信息（波谱图）与分子结构的关系。通俗易懂和具有较强的实用性是本书的主要特色。本书主要用作化学类以及与化学类相关专业的本科高年级学生和研究生波谱分析课程教材，也可作为高等学校相关专业教师和各领域科技工作者的参考用书。

　　本书包括 6 章。主要由四川大学化学学院和分析测试中心老师编写完成，其中第一和第六章由周向葛编写；第二章由李方编写；第三章由徐开来编写；第四章由邓鹏翅编写；第五章由宋红杰和吕弋编写。全书由周向葛和徐开来修改和统稿。化学工业出版社为本书编写提出了宝贵意见。

　　由于本书编写匆忙，笔者水平有限，不足之处在所难免，恳请读者和同行专家提出宝贵意见，以便改正！

编著者
2014 年 5 月于成都

目录

第 5 章　质谱　　159

第1章 绪 论

学习要求

通过本章的学习，了解波谱解析的内容，四大谱的含义及发展；掌握四大谱的基本概念和特点，它们间的相互联系；明确学习谱图解析的意义。

1.1 波谱解析法简介

仪器分析和化学分析是分析化学的重要组成。其中，波谱解析法是仪器分析中三大分析方法（电化学、波谱、色谱）之一。主要利用了物质与电磁辐射的相互作用来进行结构分析。现代波谱分析通常所说的"四大谱"是紫外-可见吸收光谱法（ultraviolet-visible absorption spectrometry，UV-Vis）、红外吸收光谱法（infrared absorption spectrometry，IR）、核磁共振波谱法（nuclear magnetic resonance spectroscopy，NMR）和质谱法（mass spectrometry，MS）。它们组成了用于鉴别化合物结构的分析方法，前三者遵循光谱分析基本定律——朗伯-比尔（Lambert-Beer）定律。经典的有机定性分析方法（化学分析法）主要通过有机元素分析、物理常数（熔点、沸点、折射率等）的测定和官能团的特征显色化学反应来判别有机化合物的类型，其操作繁琐、费时且不易准确确定有机化合物的结构。第二次世界大战结束以后，仪器分析方法获得迅速发展，特别20世纪60年代以来，由于石油化学工业和高分子工业的发展，大大促进了有机物分析方法的发展。

当前，色谱分析法和波谱分析法已成为现代有机分析的两大支柱。色谱分析法（包括气相色谱法、高效液相色谱法、薄层色谱法等）已成为有机成分分析的有力工具，而波谱分析法也已成为有机结构分析中最常使用的有效手段。由于色谱分析法具有高效的分离能力，可把组成复杂的有机混合物分离成单一的纯组分，从而为波谱分析法提供纯样品，这就解决了在有机结构分析中需要纯样品的难题。在应用 UV、IR、NMR、MS 进行结构分析时，由于实现了样品的微量化，测定速度快，谱图解析的结果准确、重复性好，从而使有机化合物的结构鉴定工作达到了新水平，这也是经典有机定性分析方法所不能比拟的。波谱分析法现已广泛应用到石油化工、高分子化工、精细化工、轻工、生物化工、制药等多个领域。随着科研和生产的发展，未知的有机化合物和新合成物质的结构愈来愈复杂，尤其在样品量很少的情况下，需对微量有效成分进行快速、准确的结构测定，此时使用经典的有机定性分析方法来获取信息已不可能，必须使用仪器分析方法才能奏效。对组成复杂的样品，仅利用一种仪器分析方法往往不能得出确切的结论，必须同时使用几种仪器分析方法或采用联用技术才能获取可靠的结论。

使用波谱分析法鉴定有机化合物的分子结构时，应了解 UV、IR、NMR、MS 各种分析方法的特定功能；在利用谱图提供的信息时，要互相参照、相互补充，才能更有效地准确确定未知物的分子结构。

如图 1-1 所示，电磁辐射按波长顺序排列称为电磁波谱（光波谱）。分区依次（短→长）为：X 射线区→紫外-可见光区（UV）→红外光区（IR）→微波区→无线电波区（NMR）。有机波谱的三要素：谱峰的位置（定性指标）、强度（定量指标）和形状。

波长/nm		10	10^3	10^6	10^8	10^{11}
波数/cm^{-1}		10^8	10^4	10	10^{-1}	10^{-4}
能量	eV	124	1.24	1.24×10^{-3}	1.24×10^{-5}	1.24×10^{-8}
	J·mol^{-1}	1.20×10^7	1.20×10^5	1.20×10^2	1.20	1.20×10^{-3}
电磁波区域		X射线区	紫外-可见光区	红外光区	微波区	无线电波区
分子吸收能量后的变化		分子内层电子跃迁	分子价电子跃迁	原子间的振动和转动能级跃迁	分子中的转动动能	自旋核在特定磁场中的跃迁
光谱类型		电子光谱		振动光谱	转动光谱	自旋核跃迁光谱(核磁共振)

图 1-1　电磁波谱区域及类型

1.2 紫外-可见吸收光谱

紫外-可见吸收光谱简称为紫外吸收光谱，是分子中最外层价电子在不同能级轨道上跃迁而产生的，它反映了分子中价电子跃迁时的能量变化与化合物所含发色基团之间的关系。UV 谱图的特征首先取决于分子含有的双键数目、共轭情况和几何排列，其次取决于分子中的双键与未成键电子的共轭情况和其周围存在的饱和取代基的种类及数目，它主要提供了分子内共轭体系的结构信息。通常 UV 谱图组成比较简单，特征性不是很强，但用它来鉴定共轭发色基团却有独到之处。一般来说，仅根据 UV 谱带的位置和摩尔吸光系数的数值，一般无法判断官能团的存在，但它能提供化合物的结构骨架及构型、构象情况，因此至今仍为一种重要的测试分子结构的手段。

1.3 红外吸收光谱

红外吸收光谱（IR）是一种分子振动-转动光谱，它是由分子的振动-转动能级间的跃迁而产生的。对每种化合物都可测绘出具有自身特征的 IR 谱图，反映出整个分子的特性。对于某一特定的官能团和相关的化学键，不管分子中其他部分的结构如何，它总是在相同或相近的频率或波数（即波长的倒数，以 cm^{-1} 表示）处产生特征的吸收谱带。因此就像辨认人的指纹一样，可由 IR 谱图中显示的特征吸收谱带的位置，来鉴别分子中所含有的特征官能团和化学键的类型，进而确认化合物分子的化学结构。IR 现已成为测定分子结构的有力工具之一，对任何两种化合物，只要组成分子的原子不同，或化学键性质不同，或几何构型不同，都会得到不同的 IR 谱图，因此 IR 可用于区分由不同原子和化学键组成的分子，并可识别同分异构体。与 UV 相比，它具有应用范围广、可靠性高的优点。应当指出，近年发展起来的激光拉曼光谱（laser Raman spectroscopy）与红外吸收光谱相配合，在结构分析中发挥了愈来愈重要的作用。拉曼效应是指具有一定能量的光子与分子碰撞所产生的光散射效应。当分子吸收光能后，可产生多种振动方式，只有能引起分子偶极矩变化的振动方式才能产生高强度的红外吸收峰，与此同时，还可能产生低强度的拉曼散射谱峰；反之，对仅能引起分子极化率变化的振动方式可产生强的拉曼散射谱峰和弱的红外吸收峰。因此若将红外吸收光谱和激光拉曼光谱结合起来，相互补充，就可得到分子振动光谱的完整数据，可对化合物的分子结构作出更准确的判断。

1.4　核磁共振波谱

核磁共振波谱的原理是分子中具有核磁矩的原子核 ^1H、^{13}C（或 ^{15}N、^{19}F、^{31}P 等）在外加磁场中，通过射频电磁波的照射，吸收一定频率的电磁波能量，由低能量的能级跃迁到高能量的能级，并产生核磁共振信号。在 ^1H 核磁共振波谱法中，化学位移、耦合常数和共振峰峰面积积分强度之比是三项重要参数。氢核的化学位移表达了不同官能团产生核磁共振的相对位置（数值在 0～15 范围内）。耦合常数表示磁性核间的相互作用引起核自旋能级裂分的程度，构成谱峰多重裂分的精细结构，可以提供产生相互作用的磁性核数目、类型和相对位置等结构信息。共振峰峰面积积分强度之比表达了与各峰对应的官能团中所含氢原子个数之比。由于 ^1H 核磁共振谱图提供的分子结构信息比 IR 谱图多，因此 NMR 比 IR 在有机结构分析中发挥的作用更大。^{13}C 核磁共振波谱可提供有机化合物骨架碳原子的信息，特别对不含氢的官能团（如 C＝O、CN、SCN、C＝S）可直接获取 ^{13}C 核磁共振谱图，它提供的化学位移范围广（0～400），谱线间相互干扰小，但其灵敏度远低于 ^1H NMR，因此必须使用灵敏度高的脉冲傅里叶变换核磁共振仪，并与电子计算机联用，现已成为有机物结构分析中最有效的手段之一。

1.5　质谱

质谱分析法是用具有一定能量的电子流去轰击被分析化合物的气态分子，使之离解成正离子（分子离子），部分正离子会进一步碎裂成各种不同质荷比（m/z）的粒子，在外加静电场和磁场的作用下，按质量大小将它们逐一分离和检测。在获得的质谱图上，由各碎片离子的质荷比数值和相对丰度（即不同碎片离子峰的相对强度），结合分子断裂过程的机理，可推断被测物的分子结构，并确定其分子量、构成元素的种类和分子式。

1.6　四大谱的比较

应用 UV、IR、NMR、MS 对未知物进行结构分析时，可以以一系列纯物质的标准谱图为依据，再将被测物的谱图与标准谱图进行比较，判别被测物的结构。从这种比较方法可以预料，影响鉴定结果准确程度的关键是被测物的纯度。因此在进行波谱分析之前，必须用柱色谱、纸色谱、薄层色谱等制备色谱方法来获取被测物的纯品，否则将增加分析的难度。近年来发展的联用技术已将分离和鉴定构成一个整体，如气相色谱-质谱-计算机联用系统（GC-MS-COM）、高效液相色谱-质谱-计算机联用系统（HPLC-MS-COM）、气相色谱-傅里叶变换红外吸收光谱-计算机联用系统（GC-FTIR-COM）等，都可在较短时间内完成未知物的结构分析。

现在，UV、IR、^{1}H NMR、^{13}C NMR、MS 已成为测定有机化合物分子结构的主要工具。依据所用方法的灵敏度、使用仪器的昂贵程度、测定技能的复杂程度、获取信息的多寡程度、实验所需理论背景知识的深浅程度可进行如下的比较。

① 测定方法的灵敏度一般按下述顺序降低：

$$MS > UV > IR > {}^1H\ NMR > {}^{13}C\ NMR$$

② 仪器的昂贵程度差距很大，从价格看 MS 和 NMR 远比 IR、UV 昂贵，FTIR 要比普通的 IR 昂贵。显然，随仪器价格的升高也相应地增加了仪器的维护费用。

③ 从测定技能的复杂程度看，在常规分析中使用的 UV、IR、简易的 NMR 操作比较简单；而精密的联用仪器，如 GC-FTIR-COM、FT-^{13}C NMR-COM、GC-MS-COM、HPLC-MS-COM，因操作比较复杂，应当配备具有一定技术水平的专门操作人员。

④ 从获取信息的多寡程度来看，不仅要考虑获取信息的数量，还要考虑对获取信息的解析能力。综合起来比较，按下述顺序递降：

$$NMR > MS > IR > UV$$

⑤ 从实验所需理论背景知识的深浅程度来看，按下述顺序递减：

$$NMR > MS > IR \approx UV$$

近年来，由于在有机化合物结构分析中广泛使用了 UV、IR、NMR、MS 各种方法，尤其是把这些方法组合起来应用，可提供相互补充的信息，大大提高了使用中的总有效性。对需要掌握波谱分析的化学工作者来讲，必须首先掌握 UV、IR、NMR、MS 等各种测定方法的基本原理、操作要点、谱图解析的方法和特点，进而掌握应用多种谱图综合解析未知物的能力。总之，要想成为精通谱图解析和准确判定分子结构的能手，必须经过相当多的亲身实践，培养对图谱的敏感，牢记关键数据，不断总结剖析的经验，逐步积累解析谱图技术的关键点，最终才能达到所期望的目标。

习　题

1. 化学分析和仪器分析的依据有什么不同？各有什么优缺点？
2. 常见的仪器分析方法有哪几类，区分的标准是什么？
3. 朗伯-比尔定律和哪些因素有关，适用于哪些类型的仪器分析？
4. 比较各类波谱分析和波长的关系。

第 2 章　紫外-可见吸收光谱

学习要求

　　通过本章的学习，掌握紫外-可见吸收光谱的基本概念、原理；了解紫外-可见吸收分光光度计；掌握典型化合物光谱计算公式、判断各类化合物的紫外-可见光谱以及该类谱图的各种实际应用。

　　紫外-可见吸收光谱法（ultraviolet-visible absorption spectrometry，UV-Vis）是研究在 $10\sim800nm$ 波长范围内分子吸收光谱的一种方法。该方法主要研究分子中价电子跃迁所产生的现象和规律性，通常又被称为电子吸收光谱。通过测定分子对紫外-可见光的吸收，可以定性和定量测定部分有机化合物和无机化合物。该方法的灵敏度和选择性较好；所使用的仪器设备简单、易于操作，因而广泛地应用于化学、医学、生物、材料、环境等领域。

2.1　紫外-可见吸收光谱的基本原理

2.1.1　紫外-可见吸收光谱的波长范围

　　紫外-可见吸收光谱的波长范围一般分为三个区域：

远紫外区　$10\sim200nm$；

紫外区　　$200\sim400nm$；

可见区　　$400\sim800nm$。

　　远紫外区又称真空紫外区，该区域的辐射易被空气中的 N_2、O_2 等分子吸收，只有在真空状态下才能加以利用。因此常用的紫外-可见光谱区域范围是 $190\sim800nm$，也有扩展至 $190\sim1000nm$。

2.1.2　常用术语

　　（1）生色团　分子中自身可产生紫外或可见吸收的基团或体系。生色团的结构特征是含有 π 电子，如 $C=C$、$C=O$、$C=N$、$-COOH$、$-NO_2$、苯环等。一些典型生色团的紫外吸收特征见表 2-1。

　　（2）助色团　本身不一定产生紫外或可见光吸收的基团，但当其与生色团相连时，可使生色团的吸收光谱发生明显的变化。助色团的结构特征是含有 n 电子（孤对电子），如—OH、—OR、—NR$_2$、—NO$_2$、—SR、—Cl 等。

表 2-1　一些典型生色团的紫外吸收特征

生色团	实例	状态或溶剂	λ_{max}/nm	ε_{max} [①]	跃迁类型
$\diagup$C=C$\diagdown$	1-己烯	庚烷	180	12500	$\pi \rightarrow \pi^*$
—C≡C—	1-丁炔	蒸气	172	4500	$\pi \rightarrow \pi^*$
$\diagup$C=O	乙醛	蒸气	289 182	12.5 10000	$n \rightarrow \pi^*$ $\pi \rightarrow \pi^*$
	丙酮	环己烷	275 190	22 1000	$n \rightarrow \pi^*$ $\pi \rightarrow \pi^*$
—COOH	乙酸	乙醇	204	41	$n \rightarrow \pi^*$
—COCl	乙酰氯	戊烷	240	34	$n \rightarrow \pi^*$
—COOR	乙酸乙酯	水	204	60	$n \rightarrow \pi^*$
—CONH₂	乙酰胺	甲醇	205	160	$n \rightarrow \pi^*$
—NO₂	硝基甲烷	乙烷	279 202	15.8 4400	$n \rightarrow \pi^*$ $\pi \rightarrow \pi^*$
—$\overset{+}{N}$=N	重氮甲烷	乙醚	417	7	$n \rightarrow \pi^*$
—N=N—	偶氮甲烷	水	343	25	$n \rightarrow \pi^*$
$\diagup$C=N—	$C_2H_5CH=NC_4H_9$	异辛烷	238	200	$n \rightarrow \pi^*$
⬡	苯	水	254 203.5	250 7400	$\pi \rightarrow \pi^*$ $\pi \rightarrow \pi^*$
	甲苯	水	261 206.5	225 7000	$\pi \rightarrow \pi^*$ $\pi \rightarrow \pi^*$
—NO₂	硝基甲烷	乙醇	271	18.6	$n \rightarrow \pi^*$
—NO	亚硝基丙烷	乙醚	300	100	$n \rightarrow \pi^*$

① ε 单位：$L \cdot mol^{-1} \cdot cm^{-1}$，全书同。

（3）红移　由于取代基效应（助色团）或溶剂的影响，吸收谱带向长波方向移动，谱带的最大吸收波长 λ_{max} 值增大。

（4）蓝移（紫移）　由于取代基效应（助色团）或溶剂的影响，吸收谱带向短波方向移动，谱带的最大吸收波长 λ_{max} 值减小。

（5）增色效应　由于取代基效应（助色团）或溶剂的影响，使吸收强度增大的效应。

（6）减色效应　由于取代基效应（助色团）或溶剂的影响，使吸收强度减小的效应。

2.1.3　紫外-可见吸收光谱的基础知识

2.1.3.1　紫外-可见吸收光谱的产生

紫外-可见吸收光谱属于分子光谱。分子具有特征的分子能级，分子的总能量 $E_{总}$ 由以下几部分组成：

$$E_{总} = E_{内能} + E_{平动} + E_{电子} + E_{振动} + E_{转动}$$

式中，$E_{内能}$ 是分子固有的内能，不随运动而改变；$E_{平动}$ 是分子在空间作平行的自由运动所需要的能量，是连续变化的，它仅是温度的函数；$E_{电子}$ 是分子中电子相对于原子核运动所具有的能量；$E_{振动}$是分子内原子在平衡位置附近振动的能量；$E_{转动}$是分子绕着重心转动的能量。分子中电子运动的能量、各原子在平衡位置附近的振动和分子转动的能量，其能量的变化是量子化而不连续的，如图 2-1 所示。当分子吸收外界辐射能后，总能量变化 $\Delta E_{总}$ 是电子运动能量变化 $\Delta E_{电子}$、振动能量变化 $\Delta E_{振动}$ 和转动能量变化 $\Delta E_{转动}$ 的总和：

$$\Delta E_{总} = \Delta E_{电子} + \Delta E_{振动} + \Delta E_{转动} \quad (2\text{-}1)$$

三类能量的大小顺序为：

$$\Delta E_{电子} > \Delta E_{振动} > \Delta E_{转动} \quad (2\text{-}2)$$

根据量子理论，若分子从外界吸收的辐射能等于分子中高能级与低能级的能量差 ΔE [见式（2-3）] 时，分子将从低能级跃迁至高能级。

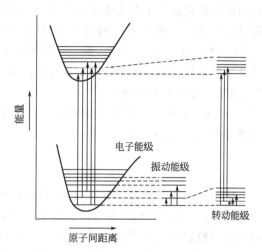

图 2-1　分子能级和跃迁示意图

$$\Delta E = h\nu = h \frac{c}{\lambda} \quad (2\text{-}3)$$

由于发生三种能级跃迁需要的能量 $\Delta E_{电子}$、$\Delta E_{振动}$ 和 $\Delta E_{转动}$ 不同，所以分别在紫外-可见光区、红外光区和远红外光区产生相应的吸收带。

通常情况下，发生电子能级间跃迁需要的能量为 $1 \sim 20 \mathrm{eV}$，由式（2-3）可计算出与能量相应的波长为 $1242 \sim 62 \mathrm{nm}$。紫外-可见光区的波长为 $200 \sim 800 \mathrm{nm}$，分子吸收紫外-可见光获得的能量足以使价电子发生跃迁，因此，由价电子跃迁产生的分子吸收光谱称为紫外-可见吸收光谱或电子光谱。

分子振动能级间跃迁需要的能量较小，一般为 $0.025 \sim 1 \mathrm{eV}$，与该能量相应的波长约为 $50 \sim 1 \mu\mathrm{m}$，属于红外光区。分子转动能级间跃迁需要的能量更小，为 $0.004 \sim 0.025 \mathrm{eV}$，相应的波长为 $300 \sim 50 \mu\mathrm{m}$，属于远红外光区。

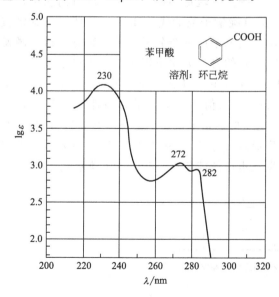

图 2-2　苯甲酸的紫外-可见吸收光谱图

由于 $\Delta E_{电子} > \Delta E_{振动} > \Delta E_{转动}$，因此当分子吸收外界辐射能而引起电子能级跃迁时，必然伴随振动能级和转动能级的跃迁。所以分子光谱比原子光谱复杂，在光谱图上呈现的是带状光谱。

2.1.3.2　紫外-可见吸收光谱曲线

紫外-可见吸收光谱图通常是以波长 λ（nm）为横坐标，以吸光度（A）或摩尔吸光系数（ε）或摩尔吸光系数的对数（$\lg\varepsilon$）为纵坐标，所获得的分子对光吸收的曲线图。例如，苯甲酸的紫外-可见吸收光谱图如图 2-2 所示。

紫外-可见吸收光谱吸收曲线表征的是在紫外-可见光的某个区域范围内，物质对光辐射的吸收能力。由于分子中电子能级之间的跃迁必定包含了振动能级和转动能级的跃迁，因此紫外-可见吸收光谱的谱带较宽。通常以最大吸收强度所对应的波长为谱带的最大吸收波长，以 λ_{max} 表示，相应的吸收强度（吸光系数）为 ε_{max}。因此，最大吸收波长 λ_{max} 和最大吸收强度 ε_{max} 表征了一个谱带的主要特征，也是化合物结构鉴定和定量分析的重要依据。

2.1.3.3 吸收谱带的强度

（1）吸收强度 紫外-可见吸收光谱中吸收带的强度标志着相应电子能级跃迁的概率，其遵守 Lambert-Beer 定律：

$$A = \lg \frac{I_0}{I} = \varepsilon l c$$

式中，A 为吸光度；I_0 和 I 分别为入射光和透射光的强度；ε 为摩尔吸光系数；l 为吸收池厚度；c 为溶液的摩尔浓度。摩尔吸光系数 ε 值的大小表明了在一定波长下，电子从低能级分子轨道跃迁至高能级分子轨道的可能性的大小，即跃迁概率的高低。一般情况下，$\varepsilon_{max} > 5000 L \cdot mol^{-1} \cdot cm^{-1}$ 为强吸收，$5000 L \cdot mol^{-1} \cdot cm^{-1} \geqslant \varepsilon_{max} \geqslant 200 L \cdot mol^{-1} \cdot cm^{-1}$ 为中等强度的吸收，$\varepsilon_{max} < 200 L \cdot mol^{-1} \cdot cm^{-1}$ 为弱吸收。对某一化合物来说，在一定的测试条件下 ε 为常数，是鉴定化合物和定量分析的重要参数。

（2）吸光度的加和性 按照 Beer 定律，吸光度 A 在一定波长下与摩尔浓度成正比，即与吸收辐射的分子数成正比。若溶液中含有多种对光有吸收的物质，则仪器在波长 λ 处所测得的总吸光度 $A_{总}$ 等于该溶液中每一组分对该波长光的吸光度之和，见式（2-4），此为吸光度的加和性。

$$A_{总}^{\lambda} = A_1^{\lambda} + A_2^{\lambda} + A_3^{\lambda} + \cdots = \varepsilon_1 l c_1 + \varepsilon_2 l c_2 + \varepsilon_3 l c_3 + \cdots \tag{2-4}$$

吸光度的加和性在定量分析和推断未知化合物的结构等方面都是很有用的。

2.1.3.4 电子跃迁选择定则

在紫外-可见吸收光谱中，由于分子中的电子跃迁概率不同，因而形成的谱带高低强弱不一样，这取决于电子跃迁是属于允许跃迁还是禁阻跃迁。允许跃迁的跃迁概率大，吸收峰强度大；禁阻跃迁的概率小，吸收峰强度小，甚至观察不到。

（1）自旋多重性 根据 Pauli 原理，处于分子中同一轨道的两个电子自旋方向相反，这两个电子的自旋量子数分别为 $+1/2$ 和 $-1/2$，其自旋量子数的代数和 $s = 0$，此时自旋多重性 $2s+1=1$，称为单重态（singlet），用 S 表示。当电子由一个分子轨道（如 π 轨道）激发到另一个能量较高的分子轨道（如 π^* 轨道）时，它的自旋方向可以不变，也可以反转。自旋方向不变的跃迁，$s = 0$，仍然是单重态；自旋方向反转的跃迁，处于两个分子轨道上的两个电子自旋平行同向，此时自旋量子数的代数和的绝对值 $s = 1$，自旋多重性 $2s+1=3$，称为三重态（triplet），用 T 表示。分子在基态时电子的能量最低，单重态以 S_0 表示；第一激发分别以 S_1 和 T_1 表示；能量更高的激发态分别以 S_2、S_3、$\cdots$ 和 T_2、T_3、$\cdots$ 表示。按照 Hund 原理，激发单重态的能量比其相应的激发三重态的能量高一些（如下所示）。

电子自旋状态 ↑↓

（2）电子跃迁选择定则　电子自旋允许跃迁要求电子的自旋方向不变，$\Delta s = 0$，即在激发过程中，电子只能在自旋多重性相同的能级之间跃迁，如 $S_0 \leftrightarrow S_1$、$T_1 \leftrightarrow T_2$ 等的跃迁都是允许的。$S_0 \rightarrow S_1$ 的跃迁概率很大，产生强的紫外吸收光谱；$S_1 \rightarrow S_0$ 的跃迁也容易发生，这种发射光谱即为荧光光谱；但 $S_0 \rightarrow T_1$ 的跃迁属于禁阻跃迁，需经过系间窜跃后再由 $T_1 \rightarrow S_0$ 的跃迁而产生发射光谱，即为磷光光谱。

对称性允许跃迁，其跃迁概率很高，吸收强度大。如 $\sigma \rightarrow \sigma^*$、$\pi \rightarrow \pi^*$ 跃迁是对称性允许的跃迁，故跃迁概率很高，摩尔吸光系数 ε 大，一般 $\pi \rightarrow \pi^*$ 跃迁的 ε 值为 4～5 位数量级。而 $n \rightarrow \pi^*$ 跃迁为对称性禁阻跃迁，跃迁概率很低，其吸收强度弱，例如丙酮的 $n \rightarrow \pi^*$ 跃迁谱带出现在 275nm，其 ε 值仅为 $22 L \cdot mol^{-1} \cdot cm^{-1}$。

2.1.3.5　谱线的精细结构和 Franck-Condon 原理

分子中电子基态和激发态都包含着不同的振动能级，如图 2-3(a) 所示。通常基态分子多处于最低振动能级（$\nu = 0$）。电子从基态跃迁至激发态，一定伴随着振动能级和转动能级的跃迁，所以紫外吸收光谱并不是一个纯电子光谱，而是电子振动-转动光谱。因此，促使电子跃迁所需的能量可在一定范围内变化，所以一般紫外吸收光谱都呈现宽吸收带。只有在气态或惰性溶剂的溶液中测得的紫外光谱，可以看到振动甚至转动能级跃迁的精细结构，见图 2-3(b)。

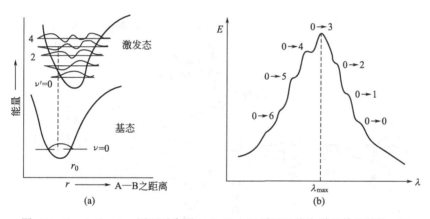

图 2-3　Frank-Condon 原理示意图 (a) 和电子跃迁吸收光谱的精细结构 (b)

电子从基态跃迁至激发态时，可根据 Franck-Condon 原理，判断电子跃迁至激发态的哪个振动能级的概率最大。该原理认为：电子跃迁过程非常迅速，在电子激发瞬间，电子状态发生变化，但核的运动状态（核间距和键的振动速度）保持不变。也就是说，一个电子激发跃迁时所包含的振动能级跃迁的最大概率是在核间距不变的情况下发生的。一般情况下，激发态的平衡核间距 r_0' 大于基态的平衡核间距 r_0，两者的势能曲线如图 2-3(a) 所示。图中表示跃迁的最大概率是在原子核间距不变的情况下进行的（即所谓的"垂直跃迁"）。从基态的平衡位置向激发态作一垂线，交于激发态中某一振动能级的振动波函数最大处，则在这个振动能级跃迁概率最大。例如，按图 2-3 (a) 所示的分子状态，"垂直跃迁"到激发态 $\nu' = 3$ 的振动能级，此时两种振动波函数（ν_0 和 ν_3'）有最大的重合，故电子跃迁吸收带的 $\nu_0 \rightarrow \nu_3'$（0→3）强度最大，其他的 0→2、0→1、0→0 和 0→4、0→5、0→6 等则强度依次降低，构成有振动精细结构的紫外吸收光谱带，见图 2-3(b)。

2.2 紫外-可见分光光度计

紫外-可见分光光度计又称紫外-可见光谱仪。目前通用的紫外-可见光谱仪多为自动记录式平衡型光电分光光度计，可检测紫外和可见光两部分吸收光谱。常见的有单波长（又分为单光束和双光束）和双波长分光光度计两类。

紫外-可见光谱仪主要由光源、单色器、样品池、检测器和记录装置等几个部分构成。光源有钨丝灯、氢灯、氘灯、氙灯等；单色器主要有石英棱镜、光栅或全息光栅；样品池有石英池和玻璃池；检测器常用光电倍增管，近年来也有仪器采用光电二极管阵列检测器。

2.2.1 单波长分光光度计

单波长单光束分光光度计是一种较为简便的吸收光谱仪。波长范围为 330～800nm，灯光源为卤钨灯；或波长范围为 200～1000nm，灯光源为氢弧灯（200～320nm）和钨灯（320～1000nm）。图 2-4 为光栅型单波长单光束分光光度计的光路图。

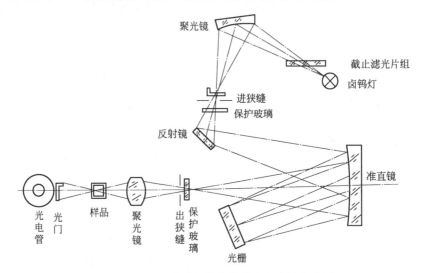

图 2-4　光栅型单波长单光束分光光度计光路图

单波长双光束分光光度计将光源的光束分成两路，分别入射进参比池和试液池，这样消除了测量空白和样品之间由于光源强度漂移引起的误差。其光路原理图见图 2-5。

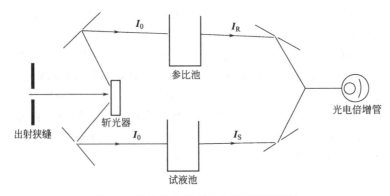

图 2-5　单波长双光束分光光度计光路图

由光源发出的光经入口狭缝和反射镜反射后至石英棱镜或光栅，经分光后得到所需波长的单色光束。然后由反射镜反射到调制板（又称斩光器）及扇形镜上，当调制板以一定速度旋转时，将光调制成一定频率的交变光束，并交替地投射到参比池和试液池中。透过光被光电倍增管接收、适当放大，并用解调器分离及整流后，被记录器记录而绘制出吸收曲线。

2.2.2　双波长分光光度计

双波长分光光度计采用两个单色器，如图 2-6 所示。光源发出的光束经两个单色器分光后分别形成波长为 λ_1 和 λ_2 的两单色光，用切光器使两单色光以一定时间间隔交替进入同一吸收池，透过光被光电倍增管交替接收，测得吸光度差值 ΔA。当光强度为 I_0 的两单色光 λ_1 和 λ_2 交替进入同一吸收池时，根据 Lambert-Beer 定律，通过吸收池后的光强度差为：

$$\Delta A = \lg \frac{I_{0(\lambda_1)}}{I_{0(\lambda_2)}} = A_{\lambda_1} - A_{\lambda_2} = (\varepsilon_{\lambda_1} - \varepsilon_{\lambda_2})bc \tag{2-5}$$

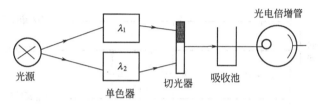

图 2-6　双波长分光光度计光路图

双波长分光光度计既可以双波长方式工作，也可以单波长双光束的方式工作。双波长分光光度计消除了因参比池不同或空白溶液制备等产生的误差。此外，使用同一光源获得两束单色光，减少了由于光源电压变化而产生的误差。

2.2.3　多通道分光光度计

多通道分光光度计与常规仪器的不同之处在于使用了光电二极管阵列检测器（仪器光路简图如图 2-7 所示）。

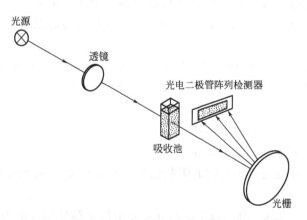

图 2-7　光电二极管阵列多通道分光光度计光路图

由光源发出的辐射聚焦到吸收池上，光通过吸收池后到达光栅，经光栅分光后照射到光电二极管阵列检测器上。该检测器是由几百个乃至上千个光电二极管排成的阵列，并由计算机控制。每个二极管可对某一特定波长进行检测，该阵列检测器则可在全光谱范围内检测所有波长信号。

光电二极管阵列仪器的特点是多光路，信噪比高于单通道仪器，测定速度快，与普通的扫描式光谱仪相比，极大地缩短了检测时间。因此该类仪器在动力学研究、反应中间体的研究、液相色谱分析、毛细管电泳分析中得到很好的应用。

2.3　化合物的紫外光谱

2.3.1　有机化合物的紫外光谱

2.3.1.1　跃迁类型

有机化合物分子中价电子包括成键的 σ 电子和 π 电子，以及非成键的 n 电子。分子内各种电子的能级高低的次序如图 2-8 所示，为 $\sigma^* > \pi^* > n > \pi > \sigma$。

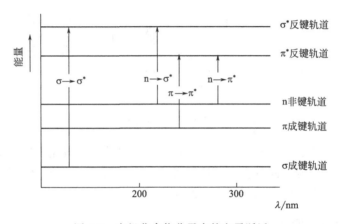

图 2-8　有机化合物分子中的电子跃迁

在大多数有机化合物分子中，价电子总是处在 n 轨道以下的各个轨道中。当分子吸收一定的光能后，处在较低能级的电子跃迁至较高能级。由图 2-8 可见，可能的主要跃迁方式有：$\sigma \to \sigma^*$、$n \to \sigma^*$、$\pi \to \pi^*$ 和 $n \to \pi^*$。其中 $\sigma \to \sigma^*$ 跃迁需要的能量最大，而 $n \to \pi^*$ 跃迁需要的能量最小。

（1）$\sigma \to \sigma^*$ 跃迁　产生 $\sigma \to \sigma^*$ 跃迁需要吸收的能量较大，故吸收带的波长短，通常 $\lambda_{max} < 150nm$。饱和烃化合物具有 σ 电子，这类分子受到光照射时将发生 $\sigma \to \sigma^*$ 跃迁。例如：

甲烷 C—H　$\sigma \to \sigma^*$　$\lambda_{max} = 125nm$

乙烷 C—H　$\sigma \to \sigma^*$　$\lambda_{max} = 135nm$

仅在真空紫外区才能观察到它们的吸收谱带。所以在紫外-可见吸收光谱分析中，这类化合物常用作溶剂。

（2）$n \to \sigma^*$ 跃迁　含氮、氧、硫和卤素等杂原子的饱和烃化合物中具有非键电子（n 电子）。这些分子除了发生 $\sigma \to \sigma^*$ 跃迁外，还可产生 $n \to \sigma^*$ 跃迁。$n \to \sigma^*$ 跃迁需要的能量比 $\sigma \to \sigma^*$ 小，相应的吸收峰波长在 200nm 附近。

$n \to \sigma^*$ 跃迁需要的能量与含有未成键电子的杂原子的电负性和非成键轨道是否重叠有关。例如 CH_3Cl、CH_3Br 和 CH_3I，由于卤素元素的电负性强度不同，则致使这三种化合物

的 λ_{max} 产生差异（见表 2-2）。从表 2-2 中还可知 $n \rightarrow \sigma^*$ 跃迁的摩尔吸光系数 ε_{max} 一般较小。

表 2-2　某些化合物 $n \rightarrow \sigma^*$ 跃迁的特征

化　合　物	λ_{max}/nm	$\varepsilon_{max}/L \cdot mol^{-1} \cdot cm^{-1}$
CH_3OH	184	150
CH_3Cl	173	200
CH_3Br	204	200
CH_3I	258	365
$(CH_3)_2S$	229	140
$(CH_3)_2O$	184	2520
CH_3NH_2	215	600
$(CH_3)_2NH$	220	100
$(CH_3)_3N$	227	900

（3）$\pi \rightarrow \pi^*$ 跃迁　含有 π 电子的基团，如—C≡C—、`C=C`、`C=O` 等可发生 $\pi \rightarrow \pi^*$ 跃迁。非共轭体系的 $\pi \rightarrow \pi^*$ 跃迁比 $n \rightarrow \sigma^*$ 跃迁产生的波长短一些，λ_{max} 一般在 160～190nm 范围。若化合物中有两个或两个以上 π 键共轭，则共轭效应使 π 电子离域，离域效应使轨道具有更大的成键性，从而降低了 $\pi \rightarrow \pi^*$ 跃迁能量，吸收谱带向长波方向移动，摩尔吸光系数 ε_{max} 增大。例如，线形多环芳香族中缩合环越多，λ_{max} 红移越显著。萘的 λ_{max} 为 314nm，蒽的 λ_{max} 为 380nm，均无色；丁省　　　　的 λ_{max} 为 480nm（黄色），戊省　　　　的 λ_{max} 为 580nm（蓝色）。

（4）$n \rightarrow \pi^*$ 跃迁　含有杂原子的双键基团（如 C=O、N=O、C=S 等基团），杂原子上的非键电子可被激发到双键 π^* 反键轨道，产生 $n \rightarrow \pi^*$ 跃迁。由于 n 轨道的能级比 π 轨道的高，$n \rightarrow \pi^*$ 跃迁的吸收谱带波长较 $\pi \rightarrow \pi^*$ 的长。在许多有机化合物中同时含有 n 电子和 π 电子，因此可同时发生 $\pi \rightarrow \pi^*$ 跃迁和 $n \rightarrow \pi^*$ 跃迁。$\pi \rightarrow \pi^*$ 跃迁的概率比 $n \rightarrow \pi^*$ 跃迁的大，因此吸收带强度大；而 $n \rightarrow \pi^*$ 吸收带较弱。

有机化合物中由 $\pi \rightarrow \pi^*$ 和 $n \rightarrow \pi^*$ 产生的吸收带最有用，它们的吸收峰在近紫外光区或可见光区，见表 2-1。由吸收带波长可推测有机化合物的某些官能团或由有机化合物的结构推算最大吸收波长（λ_{max}）。

（5）电荷转移跃迁　当某些化合物（有机化合物或无机化合物）受到外来辐射时，可能发生电子从体系中的电子给予体部分转移到该体系的电子接受体部分，该过程又称为内氧化还原反应，即发生电荷转移跃迁。例如：

式中，D 和 A 分别表示电子给予体和电子接受体。此过程表示分子吸收光辐射后，电子从给予体转移到接受体上。由电子转移而产生的吸收光谱称为电荷转移吸收光谱（或荷移光谱）。

2.3.1.2 有机化合物的紫外-可见吸收光谱

（1）饱和烷烃及其取代衍生物　饱和烷烃的 $\sigma \rightarrow \sigma^*$ 跃迁所需能量高，λ_{max} 出现在真空紫外区。例如：甲烷 $\lambda_{max}=125nm$，乙烷 $\lambda_{max}=135nm$，环丙烷 $\lambda_{max}=190nm$。

若饱和烷烃中的氢原子被 O、N、S、X 等杂原子或由它们组成的基团所取代，可发生较低能量的 $n \rightarrow \sigma^*$ 跃迁。例如表 2-3。

表 2-3　某些烷烃和卤代烷烃的紫外吸收特征

化　合　物	λ_{max}/nm	$\varepsilon_{max}/L \cdot mol^{-1} \cdot cm^{-1}$
CH_4	125	
C_2H_6	135	
CH_3Cl	154~161	173
CH_3OH	150	184
CH_3NH_2	173	215
CH_3I	150~210	258

（2）非共轭烯烃及其衍生物　非共轭烯烃可以发生 $\sigma \rightarrow \sigma^*$ 和 $\pi \rightarrow \pi^*$ 两种类型的跃迁。$\pi \rightarrow \pi^*$ 跃迁比 $\sigma \rightarrow \sigma^*$ 跃迁的能量低，因此其紫外吸收波长要长一些。当连接在双键上的氢被烷基取代时，由于相邻的 C—H σ 轨道与 π 轨道部分重叠，相互作用而产生 σ-π 超共轭效应，电子活动范围扩大，引起吸收峰红移。一般双键上每增加一个烷基，吸收谱带向长波方向移动约 5nm，逐渐接近仪器测量的范围。例如乙烯的 $\lambda_{max}=165nm$，$(CH_3)_2C=C(CH_3)_2$ 的 $\lambda_{max}=197nm$。因此取代的非共轭烯烃在谱图上大多不出现吸收峰，仅能观察到吸收曲线的末端出现较强的吸收，称为"末端吸收"（见图 2-9）。凡在光谱图上显示出"末端吸收"的化合物，在分子中往往含有孤立的烯键。

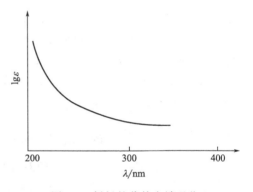

图 2-9　烯烃的紫外末端吸收

若杂原子 N、O、S、X 与 C=C 相连，由于杂原子的助色效应，使 λ_{max} 红移。例如表 2-4。

表 2-4　某些含杂原子烯烃的紫外吸收特征

化　合　物	λ_{max}/nm	$\varepsilon_{max}/L \cdot mol^{-1} \cdot cm^{-1}$
$CH_2=CHCl$	185	10000
$CH_2=CHOCH_3$	190	10000
$CH_2=CHSCH_3$	228	8000

在环状烯烃中，吸收光谱与双键所在的位置有关。在双键位于环外时，吸收峰可明显地向长波方向移动；若双键同时与两个环结构相连，这种移动可更大些。例如：

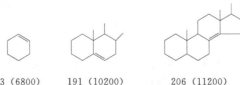

λ_{max}/nm（$\varepsilon/L \cdot mol^{-1} \cdot cm^{-1}$）　183（6800）　　191（10200）　　206（11200）

(3) 含杂原子的双键化合物 含杂原子的双键化合物除了 $\sigma \rightarrow \sigma^*$ 跃迁之外，还可发生 $\pi \rightarrow \pi^*$、$n \rightarrow \pi^*$ 和 $n \rightarrow \sigma^*$ 跃迁。

① 饱和羰基化合物 醛、酮类化合物的 C=O 有四种跃迁形式，如：$\sigma \rightarrow \sigma^*$ 跃迁，$\lambda_{max} = 120 \sim 130nm$；$\pi \rightarrow \pi^*$ 跃迁，$\lambda_{max} = 160nm$ 附近；$n \rightarrow \sigma^*$ 跃迁，$\lambda_{max} = 180nm$ 附近；$n \rightarrow \pi^*$ 跃迁，$\lambda_{max} = 270 \sim 300nm$。前三种跃迁产生的谱带位于真空紫外区，因此饱和羰基化合物研究较多的是 $n \rightarrow \pi^*$ 跃迁，该跃迁的吸收谱带弱（$\varepsilon < 100L \cdot mol^{-1} \cdot cm^{-1}$），呈平滑宽带形，称为 R 带（源于德文 Radikalartig），谱带位置对溶剂很敏感，为羰基化合物的特征谱带。

羰基的吸收光谱受取代基的影响较为显著。一般酮的 R 带在 $270 \sim 280nm$；醛的则略向长波方向移动，在 $280 \sim 300nm$（见表 2-5）。

表 2-5 脂肪族醛、酮的 $n \rightarrow \pi^*$ 跃迁吸收特征

化合物	状态或溶剂	λ_{max}/nm	$\varepsilon/L \cdot mol^{-1} \cdot cm^{-1}$
	蒸气	304	18
	异戊烷	310	5
	甲醇	285	—
	己烷	293	12
	甲醇	270	12
	环己烷	279	15
	乙醇	277	20
	乙醇	285	21.2
	乙醇	295	20
	甲醇	278	—
	异辛烷	281	20
	甲醇	287	—
	异辛烷	300	18
	甲醇	283	—
	异辛烷	291	15
	己烷	305	21

在羧酸、酯、酰氯、酰胺类化合物中，羰基的碳原子与带 n 电子的杂原子基团，如 —OH、—OR、—X、—NH$_2$ 等相连，杂原子上未成键电子对通过共轭效应和诱导效应影响羰基，使羰基的 $n \rightarrow \pi^*$ 跃迁吸收比醛、酮以较大幅度向短波方向移动。因此可用紫外光谱区别醛、酮与羧酸、酯、酰氯、酰胺类化合物。例如：

2-丁酮 $\lambda_{max} = 277nm$（乙醇溶剂）   2,2,4,4-四甲基戊酮 $\lambda_{max} = 295nm$（乙醇溶剂）

CH_3COOH $\lambda_{max} = 205nm$（乙醇溶剂） CH_3COCl $\lambda_{max} = 240nm$（庚烷溶剂）

② 氮杂双键化合物 此类化合物包括亚胺、腈、偶氮化合物和硝基、亚硝基化合物，

它们具有与羰基相似的电子结构。

简单的亚胺类（C＝N）和腈类（C≡N）化合物可能出现两个谱带：一个在 172nm 附近，对应于 $\pi \rightarrow \pi^*$ 跃迁；另一个在 244nm 左右，强度约为 $\varepsilon \approx 100 \text{L} \cdot \text{mol}^{-1} \cdot \text{cm}^{-1}$，对应于 $n \rightarrow \pi^*$ 跃迁。例如一些亚氨基化合物（在己烷中）：

	Me₃CCH＝NBu	C₆H₁₁CMe＝NOH		
λ_{max}/nm $(\varepsilon_{max}/\text{L} \cdot \text{mol}^{-1} \cdot \text{cm}^{-1})$	244 (87)	205 (1380)	231 (87)	277 (214)

偶氮（N＝N）化合物一般出现三个吸收带：165nm、195nm 和 360nm。第三个吸收带为 $n \rightarrow \pi^*$ 跃迁引起，故一些偶氮化合物主要表现为黄色。偶氮基 $n \rightarrow \pi^*$ 跃迁吸收强度与几何结构有关，特别是顺、反异构之间的吸收相差较大，反式异构体吸收强度较低（$\varepsilon \approx 20 \text{L} \cdot \text{mol}^{-1} \cdot \text{cm}^{-1}$）；顺式异构体由于分子轨道变形，其吸收强度较大（$\varepsilon = 100 \sim 150 \text{L} \cdot \text{mol}^{-1} \cdot \text{cm}^{-1}$）。例如：

	MeN＝NMe（反式）（水）	MeN＝NMe（顺式）（水）	（异辛烷）
$\lambda_{max}/\text{nm}(\varepsilon_{max}/\text{L} \cdot \text{mol}^{-1} \cdot \text{cm}^{-1})$	343 (25)	353 (240)	342 (420)

硝基（N＝O）的饱和烃衍生物出现两个吸收谱带，一个在 220nm 附近，由 $\pi \rightarrow \pi^*$ 跃迁引起的高强度吸收带（$\varepsilon \approx 4400 \text{L} \cdot \text{mol}^{-1} \cdot \text{cm}^{-1}$）；另一个在 275nm 附近，由 $n \rightarrow \pi^*$ 跃迁产生的低强度吸收带（$\varepsilon \approx 20 \text{L} \cdot \text{mol}^{-1} \cdot \text{cm}^{-1}$）。例如：

CH_3NO_2 $\lambda_{max} = 279\text{nm}$（$\varepsilon = 16 \text{L} \cdot \text{mol}^{-1} \cdot \text{cm}^{-1}$），202nm（$\varepsilon = 4400 \text{L} \cdot \text{mol}^{-1} \cdot \text{cm}^{-1}$）

（4）脂肪族共轭化合物

① 共轭烯烃　分子中若有多个双键共轭组成共轭多烯体系，则吸收光谱将发生较大幅度红移。随着共轭多烯双键数目增加，π-π 共轭体系中最高占有轨道（highest occupied molecular orbital，HOMO）的能级逐渐增高，而最低空轨道（lowest unoccupied molecular orbital，LUMO）的能级逐渐降低，故 π 电子跃迁所需的能量 ΔE 逐渐减小（图 2-10），相应吸收谱带逐渐向长波方向移动，吸收强度也随着增加。

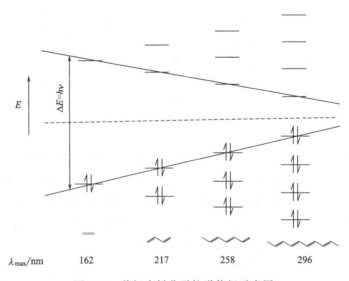

图 2-10　共轭多烯分子轨道能级示意图

此类共轭体系的 $\pi \rightarrow \pi^*$ 跃迁谱带称为 K 带（德文 Konjugierte）。例如一些共轭多烯化合物的紫外吸收光谱，见图 2-11。

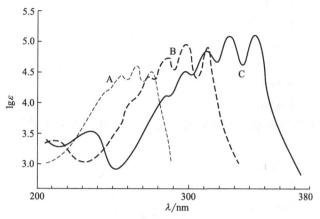

图 2-11　$CH_3—(CH \mathop{=\!=} CH)_n—CH_3$ 的紫外吸收光谱

（A：$n=3$；B：$n=4$；C：$n=5$）

Woodward 和 Fieser 总结出预测共轭多烯体系及其衍生物 K 带 λ_{max} 值的经验规则，即 Woodward-Fieser 规则（见表 2-6）。

表 2-6　共轭烯烃 K 带 λ_{max} 值的 Woodward-Fieser 规则

	共 轭 烯 烃	λ_{max}/nm
基数	异环或开环共轭双烯母体	214
	同环共轭双烯母体	253
增值	延长一个共轭双键	30
	环外双键	5
	双键上每个烷基	5
	双键上每个极性基团：	
	—OCOR	0
	—OR	6
	—SR	30
	—Cl,Br	5
	—NR$_2$	60

Woodward-Fieser 规则适合预测 2~4 个双键共轭烯烃及其衍生物 K 带的 λ_{max} 值。首先选择一个共轭双烯作为母体，确定其最大吸收位置的基值，然后加上表 2-6 中所列与 π 共轭体系相关的经验参数，得到 λ_{max} 的计算值，将计算值与实测的 λ_{max} 值比较，以确定推断的共轭体系的骨架结构是否正确。

应用 Woodward-Fieser 规则计算共轭烯烃及其衍生物 K 带 λ_{max} 值时应注意以下几方面。

a. 若有多个可供选择的双烯母体时，应选择较长共轭体系作为母体；若同时存在同环双键和异环双键时，应选取同环双键作为母体。例如：

同环双键母体	253nm
延长一个双键	30nm
三个取代烷基	5nm×3
一个环外双键	5nm
乙酰氧基	0
计算值	303nm
实测值	304nm

b. 交叉共轭体系只能选取一个共轭键，分叉上的双键不算延长双键，其取代基也不计算在内。例如：

同环双键母体	253nm
五个取代烷基	5nm×5
三个环外双键	5nm×3
计算值	293nm
实测值	285nm

c. 若烷基位置为两个双键共有，应计算两次。例如：其中 C10 应作为两个取代烷基，计算两次。

同环双键母体	253nm
五个取代烷基	5nm×5
延长两个双键	30nm×2
三个环外双键	5nm×3
乙酰氧基	0
计算值	353nm
实测值	355nm

d. 若环张力或立体结构影响到 π-π 共轭时，计算值与实测值相差较大。例如：

计算值	$214+2×5+2×5=234$ (nm)	$214+5+2×5=229$ (nm)
实测值	220nm	245nm

② 不饱和羰基化合物　α,β-不饱和醛、酮中 C=C 与 C=O 处于共轭状态，与饱和醛、酮相比，其分子中 $\pi \to \pi^*$ 跃迁和 $n \to \pi^*$ 跃迁的 λ_{max} 均红移。$\pi \to \pi^*$ 跃迁的 λ_{max} 在 220~250nm（称为 K 带），为强吸收带，$\varepsilon > 10000 L \cdot mol^{-1} \cdot cm^{-1}$；$n \to \pi^*$ 跃迁的 λ_{max} 在 300~330nm（称为 R 带），为一弱吸收带，$\varepsilon = 10~100 L \cdot mol^{-1} \cdot cm^{-1}$。溶剂可对羰基化合物的谱带产生影响，随溶剂极性的增加，K 带红移，R 带蓝移。α,β-不饱和醛、酮化合物 $\pi \to \pi^*$ 跃迁 K 带的 λ_{max}，也可应用 Woodward-Fieser 规则计算进行预测。经验计算参数见表 2-7。

表 2-7　α,β-不饱和醛、酮 K 带 λ_{max} 值的 Woodward-Fieser 规则

	$\underset{\delta}{-C}=\underset{\gamma}{C}-\underset{\beta}{C}=\underset{\alpha}{C}-C=O$	λ_{max}/nm
基数	五元环的 α,β-不饱和酮	202
	开链或大于五元环的 α,β-不饱和酮	215
	α,β-不饱和醛	210

增值	延伸一个共轭双键		30
	环外双键		5
	共轭双键同环		39
	烷基或环烷基	α	10
		β	12
		γ 或以上	18
	极性基团：		
	—OH	α	35
		β	30
		γ	50
	—OAc	α,β,γ	6
	—OCH$_3$	α	35
		β	30
		γ	17
		δ	31
	—Cl	α	15
		β	12
	—Br	α	25
		β	30
	—NR$_2$	β	95
	—SR	β	85

应用此规则应注意以下几方面。

a. 有两个可选择的 α,β-不饱和羰基母体时，应选择具有波长较大的一个。例如：

六元环不饱和母体	215nm
延长两个双键	30nm×2
同环双键	39nm
β-烷基	12nm
γ-以上烷基	18nm×3
环外双键	5nm
计算值	385nm
实测值	388nm

b. 环上的羰基不作为环外双键，共轭体系有两个羰基时，其中之一不作为延长双键，仅作为取代基 R 计算。例如：

六元环不饱和母体	215nm
α-烷基	10nm
β-烷基	12nm×2
环外双键	5nm×2
计算值	259nm
实测值	254nm

α,β-不饱和酸、酯的 $\pi \rightarrow \pi^*$ 跃迁产生 K 带吸收的 $\lambda_{max}=210\sim230$nm；$n \rightarrow \pi^*$ 跃迁产生 R 带的 $\lambda_{max}=260\sim280$nm。当 α 或 β 位连有极性基团时，导致 λ_{max} 较大程度红移，红移值

与取代基的类型和位置有关。α,β-不饱和酸、酯的 K 带 λ_{max} 值可按表 2-8 进行计算。

表 2-8 不饱和酸、酯 K 带 λ_{max} 值的 Nielsen 计算规则

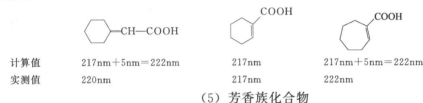

	$\overset{\beta}{C}=\overset{\alpha}{C}-COOR$	λ_{max}/nm
基值	双键上 α 或 β 单取代	208
	双键上 α,β 或 β,β 双取代	217
	双键上 α,β,β 三取代	225
增值	环外的 α,β-双键	5
	不饱和双键在五元或七元环内	5
	延长共轭双键	30
	γ 或以上烷基	18

例如：

	=CH—COOH	COOH	COOH
计算值	217nm+5nm=222nm	217nm	217nm+5nm=222nm
实测值	220nm	217nm	222nm

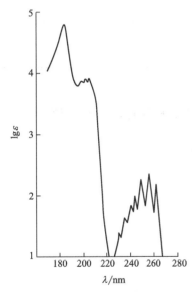

图 2-12 苯的紫外光谱（环己烷中）

（5）芳香族化合物

① 苯及其衍生物　苯的紫外光谱在 180nm 以上由三个吸收带组成，皆是由 $\pi \rightarrow \pi^*$ 跃迁引起的。在 180～184nm 和 200～204nm 有两个强吸收带，分别称为 E_1、E_2 带。E_1 带（又称烯带，ethylenic band）为芳香环的结构特征谱带，没有精细结构；E_2 带有分辨不清的振动结构，与 E_1 带有重叠。第三个吸收带较弱，位于 230～270nm，称为 B 带（benzenoid band）。B 带是芳香环（包括芳杂环）的另一特征谱带，以较低强度吸收和明显的振动精细结构为特征。B 带对溶剂效应很敏感。苯在环己烷中的紫外光谱见图 2-12。

a. 烷基取代苯　烷基对苯环的电子结构产生的影响很小，由于超共轭效应，一般导致 E_2 带和 B 带红移，同时降低了 B 带的精细结构特征。例如表 2-9 中：

甲苯　E_2 带 $\lambda_{max}=208nm$，$\varepsilon_{max}=7900L \cdot mol^{-1} \cdot cm^{-1}$；B 带 $\lambda_{max}=262nm$，$\varepsilon_{max}=260L \cdot mol^{-1} \cdot cm^{-1}$。

对二甲苯　E_2 带 $\lambda_{max}=216nm$，$\varepsilon_{max}=7600L \cdot mol^{-1} \cdot cm^{-1}$；B 带 $\lambda_{max}=274nm$，$\varepsilon_{max}=620L \cdot mol^{-1} \cdot cm^{-1}$。

b. 助色团取代苯　在助色团取代苯中，由于含有未成键电子对的助色团（—OH、—NH$_2$、—OR、—NR$_2$、—X 等）与苯相连时，助色团的 n 电子与苯环形成 p-π 共轭体系，一方面使 E_2 带和 B 带均红移，B 带吸收强度增大，精细结构特征消失，若助色团为强推电子基团，B 带的变化更为显著；另一方面，产生新的谱带 R 带，通常 R 带的 $\lambda_{max}=275～330nm$ 范围内，为低强度吸收带（$\varepsilon=10～100L \cdot mol^{-1} \cdot cm^{-1}$），故常被增强的 B 带所掩盖而观察不到，或偶尔以肩峰的形式出现。

表 2-9　烷基、助色团取代苯的特征吸收光谱数据

化 合 物	溶 剂	E$_2$ 带		B 带	
		λ_{max}/nm	$\varepsilon_{max}/L \cdot mol^{-1} \cdot cm^{-1}$	λ_{max}/nm	$\varepsilon_{max}/L \cdot mol^{-1} \cdot cm^{-1}$
苯	乙烷	204	8800	254	250
	H$_2$O	203	7000	254	205
甲苯	H$_2$O	208	7900	262	260
间二甲苯	25%乙醇	212	7300	264	300
对二甲苯	乙醇	216	7600	274	620
1,3,5-三甲苯	乙醇	215	7500	265	220
氯代苯	乙醇	210	7500	257	170
碘代苯	己烷	207	7000	258	610
苯酚	H$_2$O	211	6200	270	1450
酚盐离子	NaOH 水溶液	236	9400	287	2600
苯胺	H$_2$O	230	8600	280	1450
苯胺离子	酸性水溶液	203	7500	254	160
苯甲醚	H$_2$O	217	6400	269	1500

　　在表 2-9 中，比较典型且重要的例子是苯酚和苯胺，它们的紫外吸收峰位置随 pH 值的变化而改变。在苯胺分子中，与苯比较，氨基的 n 电子由于共轭效应向苯环转移，导致苯胺的 E$_2$ 带和 B 带均红移且强度增加。当苯胺在酸性溶液中转变为铵正离子时，由于氨基的 n 电子与质子结合而不再与苯环的 π 电子共轭，结果这种铵正离子的紫外光谱吸收带的位置和强度变得与苯相似，E$_2$ 带从 230nm 蓝移至 203nm，B 带从 280nm 蓝移至 254nm。苯胺-苯胺离子在酸碱溶液中的相互转化，从而反映在紫外光谱上的变迁，可以用于结构鉴定。

E$_2$ 带	230nm	203nm
B 带	280nm	254nm

　　同样，苯酚转化为酚氧负离子时，增加了一对可用于共轭的电子对，结果使酚氧负离子的吸收波长和强度都有所增加。当加入盐酸，吸收峰又回到原处，峰强度也减小至原来的程度。苯酚-苯酚盐的相互转化同样可以用于鉴定化合物中是否有羟基与芳香环相连的结构。

　　c. 生色团取代苯　生色团取代苯（见表 2-10）由于延长了 π-π 共轭体系，不仅 B 带明显红移，且吸收强度增加，而且体系中还产生了新的谱带即 K 带。这种 K 带通常与 E$_2$ 带合并出现在 E$_1$ 带和 B 带之间。由于 K 带是在苯环上引入生色团产生的，因此不同生色团其 K 带的位置和强度变化各不相同。随着基团的共轭体系延伸，λ_{max} 进一步红移，ε 进一步增大，在一些大共轭体系中，B 带可以被 K 带完全掩盖。

表 2-10　生色团取代苯的特征紫外吸收

化　合　物	溶　剂	$\lambda_{max}/nm(\varepsilon_{max}/L \cdot mol^{-1} \cdot cm^{-1})$			
		E_1 带	K 带	B 带	R 带
苯	己烷	204(8800)		254(250)	
$C_6H_5CH{=}O$	庚烷	200(28500)	240(13600)	278(1100)	336(25)
$C_6H_5CH{=}CH_2$	己烷		248(15000)	282(740)	
$C_6H_5NO_2$	石油醚	208(9800)	251(9000)	292(1200)	322(150)
C_6H_5COOH	H_2O		230(10000)	270(800)	
$C_6H_5COCH_3$	乙醇		243(13000)	279(1200)	315(55)
$C_6H_5CH{=}CH{-}COOH$					
(*trans*)	己烷	215(35000)	284(56000)		351(100)
(*cis*)	己烷	215(17000)	280(25000)		
$C_6H_5CH{=}CH{-}C_6H_5$					
(*trans*)	己烷	229(16400)	296(29000)		
(*cis*)	乙醇	225(24000)	274(10000)		

　　若取代基是含有 n 电子的生色团，取代苯的光谱中还会出现低强度的 R 吸收带。由于此种体系的 LUMO 能级很低，使得由 n→π* 跃迁引起的 R 吸收带较 B 带红移。例如：苯乙酮的 B 带 $\lambda_{max}=279nm$，R 带 $\lambda_{max}=315nm$，其吸收强度由于苯环的 π 电子与羰基的 π 电子共轭而增加。在极性溶剂中，R 带有可能被 B 带掩盖。

　　d. 多取代苯　多取代苯的 E_2（K）带的取代基增值经验计算参数见表 2-11。计算时以 E_2 带 λ=203.5nm 为基数，加上各取代基的位移增值，即为该苯系物的 E_2（K）带 λ_{max} 值。对于 o-、m-取代基的苯系物，计算值与实测值较接近；对 p-取代的苯则不能应用。二取代苯的 λ_{max} 值与两个取代基的类型和相对位置有关。二取代苯中两个取代基为同种类型定位取代基时，λ_{max} 红移值近似为单取代时 λ_{max} 红移值较大者。二取代苯中两个取代基为不同类型定位取代基时，则取代基的相对位置对 λ_{max} 值有影响，两个取代基为邻位或间位时，λ_{max} 的红移值接近两者单取代时的红移值之和；两个取代基为对位时，λ_{max} 的红移值远大于两者单取代时的红移值之和。

表 2-11　多取代苯的 E_2（K）带 λ_{max} 值计算参数　　　　单位：nm

取代基	位移	取代基	位移	取代基	位移
—CH₃	3.0	—CN	20.5	—CHO	46.0
—COCH₃	42.0	—COOH	25.5	—Br	6.5
—NH₂	26.5	—OH	7.0	—Cl	6.0
—NHCOCH₃	38.5	—O⁻	31.5		
—NO₂	65.0	—OCH₃	13.5		

　　苯甲酰基类化合物 K 带的 λ_{max} 值可按表 2-12 用 Scott 规则计算。

表 2-12 计算苯甲酰类化合物 K 带 λ_{max} 值的经验参数

ArCOX		λ_{max}/nm
母体基数	X＝烷基或环烷基	246
	X＝H	250
	X＝OH 或 OR	230
取代基增值	烷基或环烷基 o, m	3
	烷基或环烷基 p	10
	—OH，—OCH$_3$，—OR o, m	7
	—OH，—OCH$_3$，—OR p	25
	—O$^-$ o	11
	—O$^-$ m	20
	—O$^-$ p	78
	—Cl o, m	0
	—Cl p	10
	—Br o, m	2
	—Br p	15
	—NH$_2$ o, m	13
	—NH$_2$ p	58
	—NHCOCH$_3$ o, m	20
	—NHCOCH$_3$ p	45
	—NHCH$_3$ p	73
	—N(CH$_3$)$_2$ o, m	20
	—N(CH$_3$)$_2$ p	80

例如：

芳香酮母体　　　246nm
m-OH　　　　　7nm
p-OCH$_3$　　　25nm
o-环烷基　　　3nm
计算值　　　　　281nm
实测值　　　　　279nm

② 稠环芳烃　稠环芳烃较苯形成更大的共轭体系，吸收谱带比苯更移向长波方向，吸收强度增大，精细结构更加明显。可分为两类：一类如萘、蒽等为线形排列的分子，对称性较强，一般表现出苯的三个典型谱带。与苯相比，这三个谱带都明显地红移且产生振动精细结构。随着环的增加，吸收谱带可逐渐到达可见光区。另一类如菲等为角式排列，也可表现出三个典型的苯环谱带。与苯相比都在长波区，吸收曲线比较复杂。图 2-13 为苯和一些稠环芳烃的吸收光谱。

③ 芳杂环化合物　六元杂环芳香化合物如吡啶，由于 n→π* 跃迁可能出现 R 带，常在 B 带的末端呈现弱的肩式峰。由于氮原子的存在，引起分子的对称性变化，对苯为禁阻跃迁的 B 带，对吡啶则为允许跃迁，使其 B 带的强度增加。对于稠环芳杂环化合物，其紫外光谱与相应的稠环芳烃化合物类似。

五元芳杂环化合物分子中杂原子（O、N、S）上未成键电子对参与了共轭，其光谱中

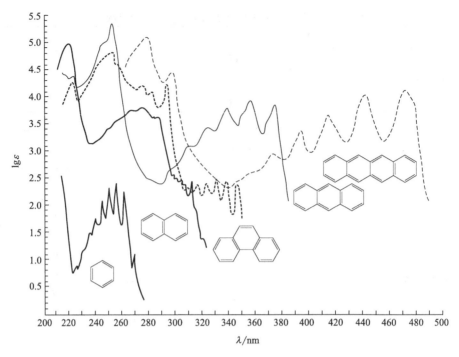

图 2-13　苯和稠环芳烃的吸收光谱

常不显示 n→π* 吸收带，谱带与烯烃相似，例如吡咯、呋喃的吸收光谱与环戊二烯和二乙烯醚的吸收光谱相近。

表 2-13 中列出了一些芳杂环化合物的紫外吸收光谱数据。

表 2-13　芳杂环化合物母体的紫外吸收光谱数据

化　合　物	λ_{max}/nm	ε_{max}/L·mol^{-1}·cm^{-1}	溶　剂
吡啶	176 198 251 270	70000 6000 2000 450	己烷
吡嗪	194 260 328	6100 6000 1040	己烷
三嗪	218 272	135 770	己烷
呋喃	207	9100	环己烷
吡咯	208	7700	己烷
噻吩	231	76100	环己烷
嘌呤	200 263	22000 7000	甲醇

化　合　物	λ_{max}/nm	$\varepsilon_{max}/L \cdot mol^{-1} \cdot cm^{-1}$	溶　剂
喹啉	203	43000	甲醇
	226	34000	
	281	3600	
	308	3850	
吖啶	249	166000	乙醇
	351	10000	

2.3.2　无机化合物的紫外光谱

常用的无机化合物紫外光谱主要是金属配合物的紫外吸收光谱，其生色机理可分为三类：配位体微扰的金属离子的 d-d 电子跃迁和 f-f 电子跃迁（配位体场跃迁）；电荷转移跃迁；金属离子微扰的配位体内电子跃迁。对金属配合物来说，可能是其中一种或几种同时起作用。

2.3.2.1　配位体场跃迁光谱

配位体场吸收带包括 d-d 和 f-f 跃迁产生的吸收带。这两种跃迁必须在配位体的配位场微扰作用下才可能发生。配位体场吸收带主要用于配合物结构的研究。

d-d 电子跃迁是由于 d 电子层未填满的第一、第二过渡系金属离子在配位体场作用下，原来相同能量的 d 轨道发生分裂，当入射光波长与 d 轨道裂分后的能级差 ΔE 相当时，d 电子则在两个能级不同的 d 轨道之间跃迁，即发生 d-d 跃迁。这种跃迁产生的吸收带通常位于可见光区，强度较弱。

f-f 电子跃迁是由镧系或锕系元素在配位体场作用下，f 轨道发生分裂，其 4f 或 5f 电子在不同能量的 f 轨道之间跃迁所产生的。

2.3.2.2　电荷转移跃迁光谱

无机化合物的电荷转移跃迁通常发生在配合物中。构成分子的两个组分（金属离子和配位体），一个为电子给予体，另一个则为电子接受体。电荷转移跃迁光谱通常发生在具有 d 电子过渡金属和 π 键共轭的有机分子中，故又称为 d-π 生色团。

电荷转移跃迁光谱可分为三种类型。

(1) 从配位体到金属离子的电荷转移　这是最常见的一种类型。配合物中的中心离子是电子接受体，配位体是电子给予体。若中心离子的氧化能力（或配位体的还原能力）越强，或中心离子的还原能力（或配位体的氧化能力）越强，产生电荷转移跃迁所需的能量就越小，吸收波长则红移。

例如：
$$Fe^{3+} + SCN^- \xrightarrow{h\nu} Fe^{2+} + SCN$$

电荷转移跃迁吸收带的特点是吸收强度大，$\varepsilon_{max} > 10^4 L \cdot mol^{-1} \cdot cm^{-1}$。故此类跃迁用于定量分析，具有较高的灵敏度。

(2) 从金属离子到配位体的电荷转移　发生该类电荷转移的必要条件是金属离子容易被氧化（处于低氧化态）；配位体容易被还原，配位体具有空的反键轨道，可以接受从金属离子转移出来的电子。例如：2,2'-联吡啶、1,10-二氮杂菲及其衍生物，与可氧化性阳离子 Fe（Ⅱ）、V（Ⅱ）、Cu（Ⅰ）结合生成有色配合物。反应过程中电子从定域在金属离子的 d 轨道转移到配位体 N 原子的 π^* 轨道上。

例如：Fe（Ⅱ）-(2,2'-联吡啶) 配合物 $\lambda_{max} = 523nm$；Fe（Ⅱ）-(4,7-二苯基-1,10-二氮杂

菲）配合物 $\lambda_{max}=533nm$；Cu（Ⅰ）-(2,2′-联吡啶) 配合物 $\lambda_{max}=435nm$；Cu（Ⅰ）-(1,10-二氮杂菲）配合物 $\lambda_{max}=435nm$；Cu（Ⅰ）-(2,9-二甲基-1,10-二氮杂菲）配合物 $\lambda_{max}=455nm$。

（3）在金属-金属间的电荷转移　配合物中含有两种不同氧化态的金属离子时，电子可以在不同氧化态的两种金属离子之间转移。其中，高氧化态金属离子作为电子接受体；低氧化态金属离子作为电子给予体。

例如：普鲁士蓝 $KFe^{Ⅲ}[Fe^{Ⅱ}(CN)_6]$；硅钼蓝 $H_8[Si(Mo_2^{Ⅳ}O_5)(Mo_2^{Ⅵ}O_7)_5]$。

2.3.2.3　金属离子微扰的配位体内电子跃迁光谱

金属离子与有机配位体反应生成配合物后，引起的颜色变化主要取决于金属离子与配位体之间成键的性质。

若金属离子与配位体是以静电作用力结合的，则金属离子以类似于配位体质子化的方式影响其吸收光谱，通常表现为配合物的吸收光谱红移或蓝移，但吸收光谱的形状和摩尔吸光系数变化不显著。

若金属离子与配位体分子之间是以共价键和配位键结合的，则配位体分子的共轭体系在形成螯合物前后发生显著的变化。金属离子一方面取代了有机分子中的氢离子形成共价键；另一方面又与具有孤对电子的杂原子（如 O、S、N 等）形成配位键。这不仅扩大了分子中的共轭体系，而且改变了原有基团的给电子或吸电子的性质。因此，这类螯合物的形成通常可使吸收峰显著红移、摩尔吸光系数明显提高。

2.3.3　紫外-可见吸收光谱的影响因素

分子结构、溶剂的极性、溶液的 pH、温度等因素都可影响紫外-可见吸收光谱，使吸收带红移或蓝移、吸收强度增强或减弱、谱图中精细结构出现或消失。

2.3.3.1　溶剂的影响

溶剂的极性可引起吸收谱带形状的变化。在气态或非极性溶剂中，可以观察到孤立分子产生的振动跃迁的精细结构，但在极性溶剂中，由于溶剂与溶质分子的相互作用增强，溶剂分子将溶质分子包围（即溶剂化），使溶质分子的振动和转动受到限制，因而使精细结构变得模糊，以至完全消失而变成平滑的吸收谱带。例如对称四嗪 [结构见图 2-14(a)] 在气态、非极性溶剂和极性溶剂中的吸收光谱图 [见图 2-14(b)]。

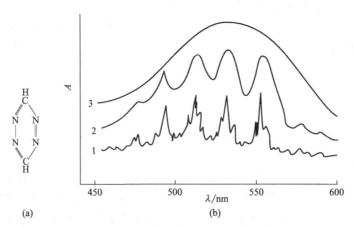

图 2-14　对称四嗪的结构（a）和吸收光谱（b）

1—蒸气状态；2—环己烷中；3—水中

溶剂极性对吸收谱带 λ_{max} 的影响，可因跃迁形式的不同而不同。通常随着溶剂极性增加，$\pi \rightarrow \pi^*$ 跃迁的吸收谱带向长波方向移动；$n \rightarrow \pi^*$ 跃迁的吸收谱带则向短波方向移动。在发生 $n \rightarrow \pi^*$ 跃迁的分子中，由于非键 n 电子的存在，基态极性比激发态大。极性大的基态与溶剂作用强，能量下降较大，而激发态能量下降较小，故使基态与激发态之间的能量差（ΔE）比在非极性溶剂中的大，则引起吸收谱带的 λ_{max} 蓝移（图 2-15）；在 $\pi \rightarrow \pi^*$ 跃迁的分子中，激发态的极性比基态的大，在极性溶剂作用下，激发态的能量降低比基态的大，故使 ΔE 减小，则引起吸收谱带的 λ_{max} 红移（图 2-16）。

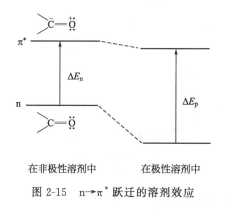

图 2-15　$n \rightarrow \pi^*$ 跃迁的溶剂效应

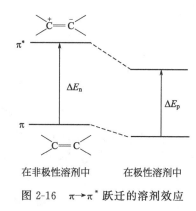

图 2-16　$\pi \rightarrow \pi^*$ 跃迁的溶剂效应

表 2-14 列出了一些常用溶剂对亚异丙基丙酮 $H_3C-\overset{\underset{\displaystyle |}{CH_3}}{C}=CHC-CH_3$ 紫外吸收光谱的影响，其中水和环己烷对亚异丙基丙酮紫外吸收的影响见图 2-17。

表 2-14　溶剂效应对亚异丙基丙酮紫外吸收的影响

溶　剂	$\pi \rightarrow \pi^*$ 跃迁		$n \rightarrow \pi^*$ 跃迁	
	λ_{max}/nm	$\varepsilon_{max}/L \cdot mol^{-1} \cdot cm^{-1}$	λ_{max}/nm	$\varepsilon_{max}/L \cdot mol^{-1} \cdot cm^{-1}$
环己烷	230	12600	327	98
乙醚	230	12600	326	96
乙醇	237	12600	325	78
甲醇	238	10700	312	74
H_2O	245	10000	305	60

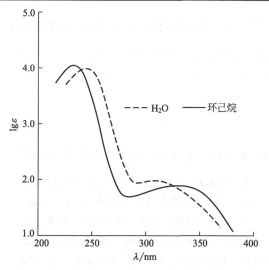

图 2-17　在水或环己烷中亚异丙基丙酮的紫外吸收光谱

【例 2-1】 一种三取代结构的双光子聚合引发剂 1,3,5-三{4-[4-(N,N-二乙氨基)苯基]乙烯基}苯基苯（结构见图 2-18）在不同溶剂中的紫外吸收光谱呈现出较大的差异，见图 2-19。

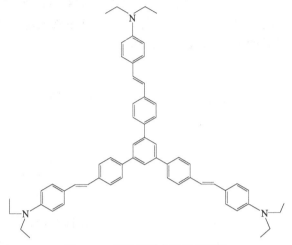

图 2-18 双光子聚合引发剂结构

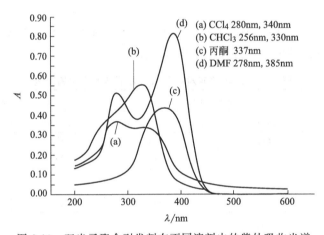

图 2-19 双光子聚合引发剂在不同溶剂中的紫外吸收光谱

  化合物的紫外吸收峰总体趋势是随着溶剂极性变大而红移，尤其对比非极性溶剂四氯化碳和强极性溶剂 DMF（二甲基甲酰胺）中表现出非常明显的红移现象。此外，吸收强度和峰数也随着溶剂极性的改变而产生显著的变化。

【例 2-2】 席夫（Schiff）碱 2-(苯亚氨基)-4-苯乙烯基苯酚（结构见图 2-20）在 THF（四氢呋喃）和甲醇中都有三个吸收峰。在 THF 中的吸收峰分别为 237nm、276nm 和 308nm；而在甲醇中的吸收峰分别为 226nm、252nm 和 280nm。从图 2-21 可以看出，该化合物在甲醇中的吸收峰比在 THF 中的吸收峰发生了明显的蓝移。这是因为席夫碱的紫外吸收峰是由 n→π* 跃迁引起的，极性溶剂分子和溶质可形成氢键，极性溶剂分子的偶极矩使溶质分子的极性增强，因而在极性溶剂中 n→π* 跃迁所需能量大，

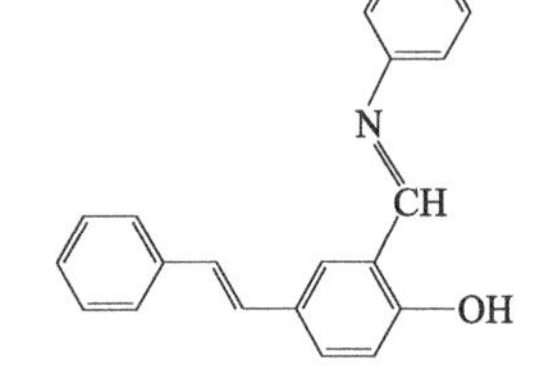

图 2-20 2-(苯亚氨基)-4-苯乙烯基苯酚结构图

则吸收波长蓝移。因此可知席夫碱具有明显的溶剂效应。

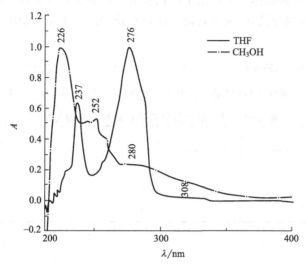

图 2-21 2-(苯亚氨基)-4-苯乙烯基苯酚（席夫碱）在不同溶剂中的紫外吸收光谱

由于溶剂对紫外-可见吸收光谱影响很大，因此在测定紫外-可见吸收光谱时应注明所使用的溶剂。通常烷烃溶剂对 λ_{max} 和 ε_{max} 影响较小，在测定紫外吸收光谱时应尽量采用此类非极性溶剂；在可见光区测量时，可使用无色溶剂。表 2-15 列出了紫外吸收光谱中常用的溶剂。其中截止波长表明当紫外线波长大于截止波长时，该溶剂无吸收，不引起干扰。

表 2-15 紫外吸收光谱中常用的溶剂

溶 剂	截止波长/nm	溶 剂	截止波长/nm
十氢萘	200	十二烷	200
己烷	210	环己烷	210
庚烷	210	异辛烷	210
甲基环己烷	210	水	210
乙醇	210	乙醚	210
正丁醇	210	乙腈	210
甲醇	215	异丙醇	215
二氯甲烷	235	1,2-二氯乙烷	235
氯仿	245	甲酸甲酯	260
四氯化碳	265	N,N-二甲基甲酰胺	270
苯	280	四氯乙烯	290
二甲苯	295	苄腈	300
吡啶	305	丙酮	330
二硫化碳	380	溴仿	335

2.3.3.2 立体结构的影响

（1）位阻效应　在共轭体系中，由于取代基的位阻效应，导致体系中的单键或双键发生一定程度的扭曲，影响到共轭体系的共轭程度，对光谱产生明显的影响。

【例2-3】　联苯的两个苯环容易在同一平面产生共轭，故 λ_{max} 和 ε_{max} 均较大。但在2,2'-二甲基联苯中，由于甲基的位阻效应使两个苯环不易共平面，其共轭程度降低，谱带蓝移，且强度减弱（见表2-16）。

表2-16　邻位取代基对联苯紫外吸收光谱的影响

化　合　物	λ_{max}/nm	$\varepsilon_{max}/L \cdot mol^{-1} \cdot cm^{-1}$
联苯	249	14500
2-甲基联苯	237	10500
2,2'-二甲基联苯	227	6800

【例2-4】　在二苯乙烯类化合物中，由于空间位阻作用的增加，使 K 带蓝移（图2-22）。

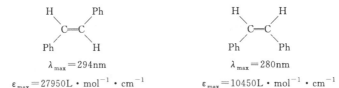

K带 $\lambda_{max}/nm(\varepsilon/L \cdot mol^{-1} \cdot cm^{-1})$　294(27950)　　280(10450)　　253(8880)

图2-22　空间位阻对二苯乙烯类化合物紫外吸收光谱 λ_{max} 的影响

（2）顺反异构　一般情况下，与顺式异构体相比较，反式异构体的 $\pi \to \pi^*$ 跃迁谱带处于较长的波长位置，吸收强度较大。例如反式1,2-二苯基乙烯为平面型可产生共轭，而顺式结构由于两个苯环为非平面共轭体系，导致吸收峰的 λ_{max} 蓝移，吸收强度也大为降低。

$\lambda_{max} = 294nm$　　　　　　　$\lambda_{max} = 280nm$

$\varepsilon_{max} = 27950 L \cdot mol^{-1} \cdot cm^{-1}$　　$\varepsilon_{max} = 10450 L \cdot mol^{-1} \cdot cm^{-1}$

（3）跨环共轭效应　分子中没有直接共轭的两个基团，如果在空间位置上接近，尤其是在环状体系中，分子轨道可以相互重叠而在光谱中显示出类似共轭作用的特性，称为跨环共轭效应。

【例2-5】　图2-23中，化合物B中C＝C双键与C＝O双键的 π 轨道相互重叠，使 $\pi \to \pi^*$ 跃迁谱带红移；但对 $n \to \pi^*$ 跃迁影响小。化合物C中两个 π 轨道相距较远，不发生 π 轨道间的相互重叠，$\pi \to \pi^*$ 跃迁的吸收光谱发生在真空紫外区；而另一方面羰基氧原子的2p轨道向C＝C双键的 π 轨道方向伸展，产生 p-π 共轭，与化合物A相比较，C的 $n \to \pi^*$ 跃迁谱带红移，且吸收强度增加。

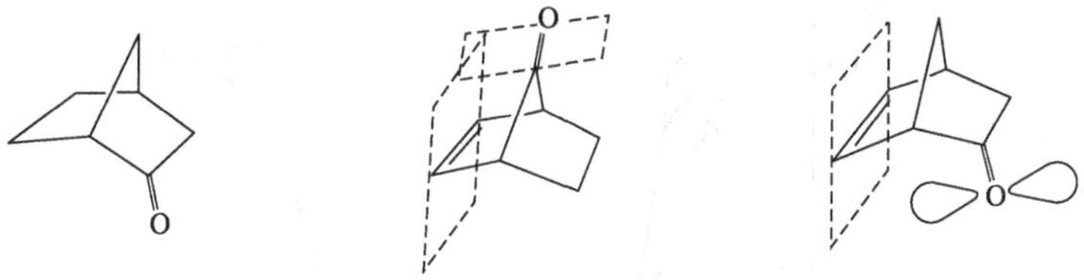

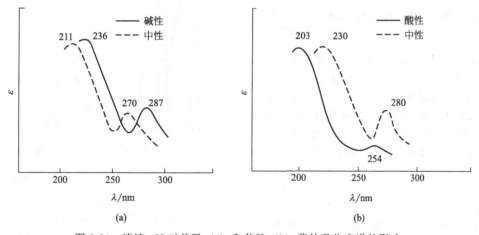

	A	B		C
	$n \rightarrow \pi^*$	$\pi \rightarrow \pi^*$	$n \rightarrow \pi^*$	$n \rightarrow \pi^*$
λ_{max}/nm	287	225	275	300.5
$\varepsilon_{max}/L \cdot mol^{-1} \cdot cm^{-1}$	147	1200	33	292

图 2-23　跨环共轭效应的影响

2.3.3.3　溶液 pH 的影响

溶液的 pH 对紫外-可见吸收光谱的影响既普遍又显著，pH 的改变可引起分子共轭体系的延长或缩短，或助色团助色能力的改变，从而引起吸收峰位置的变化。烯醇、酚、不饱和酸及苯胺类化合物的紫外-可见吸收光谱受溶液 pH 的影响较大。

【**例 2-6**】　图 2-24 是苯酚和苯胺在不同 pH 溶液中的紫外吸收光谱。苯酚溶液从中性变为碱性时，苯酚转化为苯氧负离子，给电子能力增强，从而增强了氧负离子与苯环的共轭效应，故吸收峰 λ_{max} 红移；苯胺溶液从中性变为酸性时，苯胺分子中 NH_2 以 NH_3^+ 存在，氮上未成对电子消失，其 $n \rightarrow \pi^*$ 跃迁带消失，$-NH_2$ 与苯环的共轭关系被破坏，因此使吸收峰蓝移。

图 2-24　溶液 pH 对苯酚（a）和苯胺（b）紫外吸收光谱的影响

【**例 2-7**】　中药鹤草酚乙醇溶液的 pH 发生改变时（即使是 pH 的微小差异），可使其紫外吸收光谱的形状、峰数目和最大吸收波长（λ_{max}）发生显著的变化，见图 2-25。

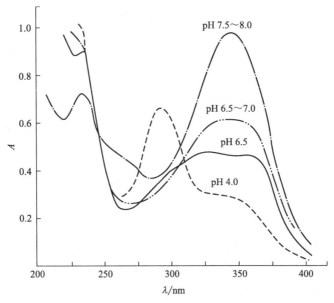

图 2-25 鹤草酚在不同 pH 乙醇溶液中的紫外吸收光谱

【例 2-8】 腺嘌呤是生命体中构成 DNA 和 RNA 的几种基本碱基之一，又是辅酶维生素 B_{12} 的重要组成部分。腺嘌呤的结构式为：

腺嘌呤在水溶液中呈中性，存在两个 pK_a 值 $pK_1 = 4.17$，$pK_2 = 9.75$。当 pH 值在某一范围内变化时，分别呈现出阴离子型与阳离子型。当溶液 pH 从酸性（pH 1.90）过渡到中性（pH 7.00），再至碱性（pH 11.85），腺嘌呤的紫外吸收光谱中两个吸收峰的波长均明显向长波方向移动（红移）（见图 2-26）。这是由于 pH 11.85 时，主要表现为—NH—去质子的腺嘌呤形式，使得其共轭程度增大，故吸收峰红移；相反在 pH 1.90 时，发生了—NH₂ 质子化，使得共轭性减弱，因此其吸收峰处在较短波长位置。

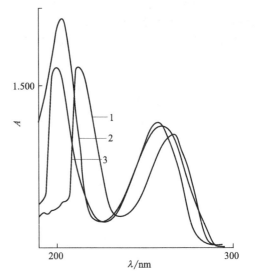

图 2-26 腺嘌呤在不同 pH 溶液中的紫外吸收光谱
1—pH 11.85；2—pH 7.00；3—pH 1.90

2.3.3.4 温度的影响

室温下由于一系列相近的振动能级和转动能级跃迁的存在，因而得到的是不可分辨的宽带紫外光谱；当温度降低时将减小振动或转动能级跃迁对吸收带的贡献，因此可在某种程度上呈现出单峰式的电子跃迁的紫外吸收光谱。

【例 2-9】　在不同温度下，反-1,2-二苯乙烯的紫外吸收光谱呈现不同的形状，见图 2-27。

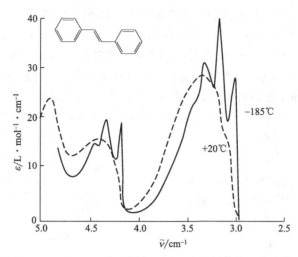

图 2-27　反-1,2-二苯乙烯在不同温度下的紫外吸收光谱

2.4　紫外-可见吸收光谱的解析及分析应用

紫外-可见吸收光谱反映了分子中价电子跃迁时的能量变化与化合物所含发色团之间的关系，其谱图的特征首先取决于分子中含有的双键数目、共轭情况和几何排列情况；其次取决于分子中的双键与未成键电子的共轭情况以及周围存在的饱和取代基的种类和数目。紫外-可见吸收谱图主要提供了分子内共轭体系的结构信息。至今仍为一种重要的分析鉴定分子结构，特别是共轭结构以及研究化学微环境变化引起结构信息改变的有用手段。

2.4.1　已知化合物的鉴定

在相同测定条件下得到样品和标准化合物的谱图，将该样品谱图与标准物的谱图进行比对，若两者的谱图相同，则可初步判断样品与已知标准物具有相同的结构。但需注意：由于紫外-可见吸收光谱通常只有二三个较宽的吸收峰，具有相同生色团但分子结构不一定相同的化合物，也可能产生相同的紫外-可见吸收光谱。

如果没有标准化合物，可查找相关手册或检索仪器配置的谱图库，将已知化合物的光谱图和数据与样品进行比对。常用的紫外-可见吸收光谱图集和数据表如下：

（1）"Organic Electronic Spectral Data"　先后由 J. M. Kamlet，J. J. Philips 主编，Interscience 出版，从 1960 年的第 1 卷至 1973 年的第 9 卷，收集了 1946～1967 年的文献。从分子式可以查出化合物名称、λ_{max}（lgε）、原始文献、测定溶剂等。

（2）"Ultraviolet Spectra of Aromatic Compounds"　A. Friedl，M. Orchin 编，John Wiley 出版，1951 年。共收集 579 张光谱图，有化合物名称、结构式、溶剂和文献记载，附有化合物名称和分子式索引。

（3）"CRC Atlas of Spectral Data and Physical Constants for Organic Compounds"（Vol. Ⅰ～Ⅵ）　J. G. Grassellic 编，Chemical Rubber Company 出版，1975 年。

（4）"The Sadtler Standard Spectra，Ultraviolet" Sadtler Research Laboratories 编。自 1964 年的第 1 卷至 1996 年的第 170 卷，共收集了 4.82 万张标准紫外吸收光谱图。给出了化合物的名称、分子式、样品来源、熔点或沸点、溶剂等信息。

（5）"Handbook of Ultraviolet and Visible Absorption Spectra of Organic Compounds" 平山健三编，Plenum Press Data Division 出版，1967 年。共收集了 8443 个化合物的数据。

对于手册或谱图库中没有的纯物质的光谱图，有时需要选择适当的模型化合物的谱图，与样品的谱图进行比对和分析，然后得到结论。例如，从北五味子中分离得到降转氨酶的化合物，用 IR 和 NMR 等方法表明在芳香环上有两个甲氧基和两个亚甲二氧基，可能的结构为 E 和 F 两种之一：

E   F

为确定其结构，选择了两个模型化合物 G 和 H 与样品谱图进行比对：

G   H

结构 F 与模型化合物 H 的两个苯环近于同一平面上，其吸收光谱应当接近，都有较大的吸收强度；结构 E 与模型化合物 G 由于两个苯环上邻位基团的位阻效应，两个苯环的共平面性遭到破坏，紫外吸收强度均被减弱。分析结果表明，从北五味子中提取的该种化合物的紫外吸收光谱与模型化合物 G 相似，其结构式应为 E。

2.4.2 有机化合物结构解析

由于紫外吸收光谱仅提供分子中的共轭体系和某些基团的结构信息，因此紫外吸收光谱在有机化合物结构解析中的作用与其他光谱方法比较有较大的不同。如果物质组成的变化不影响生色团和助色团，则其吸收光谱就不会受到显著影响，例如甲苯和乙苯的紫外吸收光谱基本上是相同的。因此化合物的紫外吸收光谱基本上反映的是分子中生色团以及助色团的特征，而不是整个分子的特性，通常不能仅靠紫外光谱来推断未知有机化合物的结构，这是紫外光谱在应用方面的局限性。但紫外光谱也有其特有的优点，其优点在于灵敏度较高，对于含有 π 键电子以及共轭双键的化合物，在紫外区有强烈的 K 带吸收，其摩尔吸光系数 ε 可达 $10^4 \sim 10^5 \mathrm{L \cdot mol^{-1} \cdot cm^{-1}}$。因此紫外吸收光谱的 λ_{max} 和 ε_{max} 提供了有价值的定性数据。另外，紫外谱图提供了化合物的结构骨架及构型、构象情况，利用紫外谱图可简捷明确地判断光谱曲线与有机分子结构及其环境变化的关系。

在有机化合物结构分析中，需要在对紫外光谱解析的基础上，与其他解析技术相互配合才能发挥其独特的作用，才能对分子结构作出可靠的解析。

紫外光谱解析的一般方法：

① 若已知分子式，计算不饱和度；或已测得了分子量，有助于估计分子中可能存在的生色团。若要对反应产物的结构进行鉴定，应根据反应类型和条件，估计可能的产物结构，

这有助于谱图的解析。

② 根据谱带的峰位（λ_{max}）、谱带的形状和强度（ε_{max}），归属可能的电子跃迁类型。

③ 根据谱带的 λ_{max} 和 ε_{max} 值估计分子中的生色团和共轭体系的部分骨架结构。并与FTIR、NMR 检测的官能团结构信息相互配合进行分析。将预测 K 带位置的经验规则计算结果与最后推断的结构进行比对，判断所推测的共轭体系结构是否正确。

④ 利用溶剂效应和介质 pH 影响与光谱变化的相关性，以确定 K 带和 R 带、B 带的归属，对酚羟基、芳香胺、不饱和羧酸、互变异构体等进行识别。

⑤ 若有机化合物（如某些天然产物）的结构复杂，难以准确计算谱带的 λ_{max}，则可利用已知同类化合物的光谱图进行对照。如天然产物黄酮类、香豆精类、蒽酮类等都有其光谱特征，故可利用母体光谱图推测其衍生物，根据该类型光谱图与结构变化规律作出判断。

2.4.2.1　分子骨架结构的确定

紫外-可见吸收光谱曲线可给出吸收带的 λ_{max} 和 ε_{max} 值，这两类重要的数据反映了分子中生色团及其与助色团的相互关系，表明了分子内共轭体系的骨架特征。有时还可能显示出某些取代基的位置和种类。

Woodward-Fieser 对共轭体系中 K 带规则作出总结，可估算共轭分子的最大吸收波长，这为有机化合物骨架结构的推断和鉴别提供了有用的信息。有机化合物分子结构与紫外吸收光谱的关系可归纳为：

① 化合物在 220～400nm 范围内无吸收，表明该化合物为脂肪烃、环烷烃或为其简单衍生物，如醇、醚、羧酸、氯化物等；也可能是非共轭烯烃。

② 在 200～250nm 范围内有强吸收带（$\varepsilon = 1000 \sim 10000 L \cdot mol^{-1} \cdot cm^{-1}$），以及在250～290nm 有中等强度吸收带（$\varepsilon = 100 \sim 1000 L \cdot mol^{-1} \cdot cm^{-1}$），或显示不同程度的精细结构，表明分子中有苯环存在。前者为 E 带，后者为 B 带（芳环的特征谱带）。

③ 在 220～250nm 范围内有强吸收带（$\varepsilon \geq 10000 L \cdot mol^{-1} \cdot cm^{-1}$），表明分子中存在两个共轭的不饱和键，如共轭二烯或 α,β-不饱和醛、酮。

④ 在 250～350nm 范围内有强度较弱的吸收带（$\varepsilon = 10 \sim 100 L \cdot mol^{-1} \cdot cm^{-1}$），且在200nm 以上无强吸收带，表明分子中有饱和醛、酮羰基，弱峰系由 n→π^* 跃迁引起。

⑤ 在 300nm 以上有高强度吸收，表明分子中具有较大的共轭体系。若化合物有颜色，则至少有四五个相互共轭的双键结构。如果高强度峰具有明显的精细结构，表明为稠环芳烃、稠环杂芳烃或其衍生物。

【例 2-10】　叔醇 A 经浓 H_2SO_4 脱水得到产物 B。

A

为确定 B 的结构，由紫外吸收光谱测得其 $\lambda_{max} = 242nm$。已知 B 的分子式为 C_9H_{14}，叔醇失去一分子H_2O 的途径可有两个：①1,2-位失水得到产物的结构为

② 1,4-位失水，双键移动得到产物的结构为

按照表 2-6 经验计算法进行计算：

① $\lambda_{max}=214nm+3\times5nm=229nm$ ② $\lambda_{max}=214nm+4\times5nm+5nm=239nm$

计算值与实测值比较，故知产物 B 应是 1,4-位失水过程所对应的结构。

【例2-11】 维生素 K_1（A）有以下吸收带的 λ_{max}：249nm（lgε=4.28）、260nm（lgε=4.26）、325nm（lgε=3.38）。这与 1,4-萘醌的吸收带 250nm（lgε=4.6）和 330nm（lgε=3.8）相似。因此在确定维生素 K_1（A）的骨架时，将 A 与几种 1,4-萘醌化合物的紫外吸收光谱进行对比，结果发现 A 与 2,3-二烷基-1,4 萘醌（B）的紫外吸收带很接近，从而表征出了维生素 K_1（A）的主体骨架。

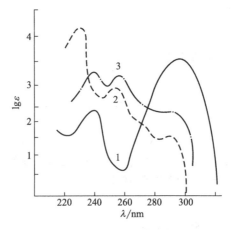

【例2-12】 莎草酮的结构曾经被推测为 A。按表 2-7 经验计算法进行计算：$\lambda_{max}=215nm+12nm=227nm$，这与实测值 251nm 相差较大。说明结构 A 应作部分调整。如果将环内双键位置做一调整，如结构 B，则 B 的 $\lambda_{max}=215nm+10nm+12nm\times2+5nm=254nm$，与实测值很接近。如果将双键调整到其他位置，分子中则没有共轭体系，不可能在 251nm 处出现吸收带。后经其他方法证明莎草酮的结构确实为 B。

【例2-13】 三羟基蒽醌的紫外吸收光谱见图 2-28。由于三个羟基的取代位置不同，紫外吸收光谱呈现显著的差异。这说明分子结构中基团的变化，对吸收光谱有较大的影响。其影响程度与体系的共轭情况、原有基团性质以及引入基团的性质、数目及其在分子中相对位置等均有密切关系。

图 2-28　三羟基蒽醌的紫外吸收光谱

1—1,2,3-三羟基蒽醌；2—1,4,8-三羟基蒽醌；3—1,2,8-三羟基蒽醌需要注意的是：根据紫外吸收光谱图的推断仅涉及分子结构中的共轭体系部分，而对于具有类似共轭体系骨架的不同化合物，则不能加以区别。例如下面每组中的化合物紫外吸收光谱相似，分子结构却大不相同。

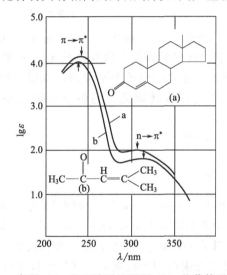

又如睾酮和亚异丙基丙酮分子结构有很大的差异，却有相似的紫外吸收光谱（见图 2-29）。这是因为这两个化合物具有相同的烯酮结构，则产生相同的电子能级跃迁。

图 2-29　睾酮（a）和亚异丙基丙酮（b）的紫外吸收光谱

不过从另外一个角度看，因为有近似的光谱，则可能具有类似的结构部分，故可利用模型化合物对照和吸光度的加和性，有助于推断复杂分子中有紫外活性的结构部分，甚或阐明化合物中的主要结构。这是紫外吸收光谱的特点和在分子结构解析中的优势。

【例 2-14】　喹啉的氰基化反应可得到两种固体化合物 A 和 B。

A 和 B 的熔点不同，但不知低熔点的产物是哪个。可利用紫外吸收光谱进行判断。考虑到化合物 A 的紫外吸收主要来自，而 B 的紫外吸收主要来自。为了与这两个基本骨架相对照，选用了以下两个模型化合物：

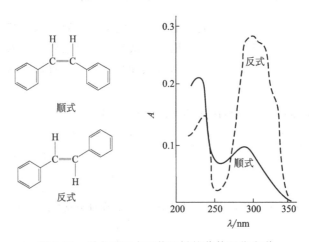

测定 C 和 D 的紫外吸收光谱，结果 C 的紫外吸收光谱与低熔点产物的相似，故其结构为 A；D 的紫外吸收光谱与高熔点产物的相似，则其结构为 B。

2.4.2.2 分子构型或构象的判定

可利用紫外吸收光谱对一些共轭体系的同分异构体进行识别。例如，从精油合成得到紫罗兰酮，有 α，β 两种异构体，而这两种异构体的紫外吸收光谱 K 带最大吸收位置相差较远，容易加以区别，见下面结构和相应的 K 带吸收位置。

α-紫罗兰酮
K 带 228nm（ε＝14000L·mol^{-1}·cm^{-1}）

β-紫罗兰酮
296nm（ε＝11000L·mol^{-1}·cm^{-1}）

对于几何异构体，顺式异构体的紫外最大吸收波长 λ_{max} 一般比反式的 λ_{max} 小，摩尔吸光系数 ε_{max} 也较小。例如反式肉桂酸的分子为平面型，双键与同一平面上的苯环容易产生共轭；顺式肉桂酸的苯环由于空间立体障碍，与侧链双键共平面的可能性小，故共轭性较差。

反式肉桂酸 λ_{max}＝273nm，ε_{max}＝20000L·mol^{-1}·cm^{-1}

顺式肉桂酸 λ_{max}＝264nm，ε_{max}＝9500L·mol^{-1}·cm^{-1}

又如顺式二苯乙烯结构中两个苯环在双键的同一侧，由于位阻效应不能完全处在同一平面上，共轭效应比较小，故其紫外吸收强度比反式二苯乙烯的弱，吸收波长也较短（见图 2-30）。因此，可依据紫外吸收光谱的相关数据，对其异构体进行判断。

图 2-30 顺式和反式二苯乙烯的紫外吸收光谱

再如 α-取代环己酮有 A 和 B 两种构象：

在构象 A 中，羰基的 π 电子与 C—X 键（竖键）的 σ 电子重叠，因此其紫外最大吸收波长 λ_{max} 较环己酮大，即发生红移；而在构象 B 中，C—X 键为横键，却发生的是波长蓝移。从表 2-17 中即可看出紫外吸收波长的移动与构象之间的关系。

表 2-17　α-取代环己酮紫外吸收波长的移动

取　代　基	波长的位移 Δ[①]/nm	
	竖　　键	横　　键
Cl	＋22	−7
Br	＋28	−5
OH	＋17	−12
OAc	＋10	−5

① Δ 为 α-取代环己酮与环己酮的吸收波长差。

2.4.3　配合物结构分析

采用紫外吸收光谱分析并结合红外光谱、原子吸收光谱等可研究配合物的结构、组成及其配位行为，对配合物的光物理性能、化学催化性能、生化性能等进行表征，为设计高性能的无机/配合物材料提供理论基础支撑。

【例 2-15】　　含铕三元配合物及其吸光性能

稀土有机配合物的发光可通过"光吸收-能量转移-发射"的 Antenna 效应实现，从而有望用于由红、绿、蓝三基色复合得到白光的 LED 灯。对于三元配合物 Eu-苯甲酰丙酮（BA)-邻菲啰啉（Phen）进行光谱分析，结果显示配体与 Eu 发生配位，配合物的吸收主要源于配体的吸收；配合物在 365nm 紫外线激发下，在 611nm 处发出特征红光，表明配合物是一种可用于 365nm 波长紫外 LED 芯片的光致荧光粉。

该配合物的结构如下：

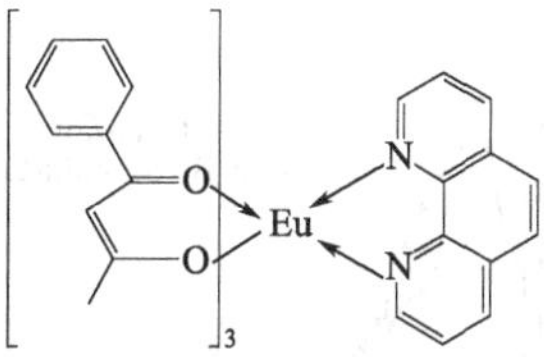

由其紫外-可见吸收谱图（图 2-31）可知：BA 的吸收峰位于 248nm 和 309nm；Phen 的吸收峰位于 225nm 和 264nm。配合物中的吸收均源于配体的吸收，配合物中位于 323nm 处的吸收峰是由 BA 中 C＝O 的 π→π* 跃迁（属 K 带）在形成配合物后发生红移产生的；位于 230nm 处的吸收峰是中性配体 Phen 中苯环发生的 π→π* 跃迁，在配合物形成后产生红移的结果；而位于 263nm 处的吸收峰是由于 Phen 中 C＝N 双键发生 n→π* 跃迁的结果，形成配合物后基本没有发生变化。由紫外谱图及其变化说明两种配体 BA 和 Phen 均与稀土离子 Eu 发生了配位作用。

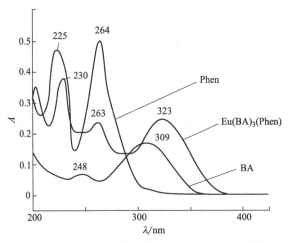

图 2-31 配体和配合物的紫外-可见吸收光谱图

【例 2-16】　5-溴水杨醛氨基酸 Schiff 碱和铜（Ⅱ）配合物及其抑菌性能

Schiff 碱过渡金属配合物具有抑菌、抗肿瘤、抗病毒等生物活性，其生物活性与配合物的结构密切相关。

5-溴水杨醛氨基酸 Schiff 碱在 220nm、256nm、315nm、402nm 左右处有吸收，形成 4 个主要吸收峰（E_2 带、K 带、B 带、R 带）。E_2 带是 C—O（酚氧）氧原子的孤对电子与苯环大 π 键共轭的 n→π* 吸收带；K 带是 C=N 与苯环大 π 键共轭的 π→π* 吸收带；B 带是芳香族化合物的特征吸收带；R 带是 C=N 中 N 原子的孤对电子与苯环大 π 键共轭的 n→π* 吸收带，其跃迁概率小，吸收强度较弱。

5-溴水杨醛氨基酸 Schiff 碱可与 Cu^{2+} 反应形成配合物：

$$R=CH_2CH_2SCH_3（Met）$$

图 2-32 分别为三种 5-溴水杨醛氨基酸 Schiff 碱及其铜（Ⅱ）配合物的紫外-可见吸收光谱图。从图中可以看出，配合物的吸收峰位置相对于配体而言均发生了蓝移，说明 5-溴水杨醛氨基酸 Schiff 碱与铜（Ⅱ）作用时，C=N 中的 N 原子和 C—O 中的 O 原子都参与了配位作用。根据紫外分析结果可以确定：三种配体分别与铜（Ⅱ）形成了稳定的配合物。

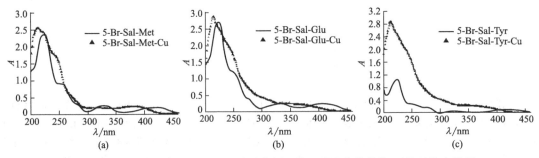

图 2-32　5-溴水杨醛氨基酸 Schiff 碱及其铜（Ⅱ）配合物的紫外-可见吸收光谱图

【例 2-17】　三乙烯四氨基双（二硫代甲酸钠）及其重金属配合物

三乙烯四氨基双（二硫代甲酸钠）（DTC-TETA）在紫外区有两个强吸收峰，265nm 处的吸收峰对应于 N—C—S 基团的 π→π* 跃迁；290nm 处的吸收峰是 S—C—S 基团中硫原子上非键电子与共轭体系的 n→π* 跃迁产生的。该化合物是双共轭体系，极易与重金属离子发生配位作用，在紫外谱图上出现新的吸收峰。如图 2-33 所示，当 DTC-TETA 与 Cu(Ⅱ)、Cd(Ⅱ)、Ni(Ⅱ)、Zn(Ⅱ) 形成配合物后，分别在 321nm、310nm、311nm、325nm 处出现最大吸收峰。这是由于重金属离子加入后，配位作用使配体分子的共轭体系发生显著的变化，最大吸收峰明显红移，吸收曲线的形状有较大的变化。

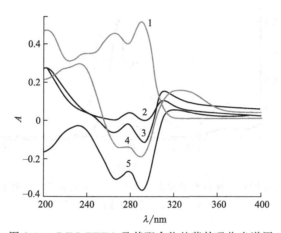

图 2-33　DTC-TETA 及其配合物的紫外吸收光谱图

1—DTC-TETA；2—DTC-TETA-Cd；3—DTC-TETA-Zn；4—DTC-TETA-Ni；5—DTC-TETA-Cu

含二硫代氨基甲酸基团（DTC）的螯合剂与重金属离子反应生成疏水性螯合物，以此作为共沉淀载体，这是一种可用于环保的共沉淀分离富集技术。

2.4.4　分子间相互作用的判断

当分子之间发生相互作用时，必定会对分子的微观结构产生影响，特别是具有共轭结构的分子，其紫外吸收谱图则可显示相应的变化。因此，根据谱图变化的信息可对分子间相互作用的机理、作用部位、作用程度等进行判断和分析。

【例 2-18】　大环糊精和那他霉素的包合作用

大环糊精（LR-CD）是一类由 9 个及以上葡萄糖残基连接而成的环状麦芽聚糖的总称，主要由 4-α-糖基转移酶作用于淀粉而生成。大环糊精具有很高的水溶性，且水溶液黏度很低，其生物学特性类似于淀粉，安全性高。由于大环糊精的结构具有多变性和复杂性，使得它与客体分子形成包合物时，其分子构象可能随着客体分子而发生变化，以便于与客体分子形成包合物，从而能改变客体分子的水溶液稳定性和挥发性等。那他霉素（natamycin，NT）是一种多烯大环内酯类抗生素，其结构如下：

那他霉素在水和极性有机溶剂中的溶解度很低且不稳定，导致那他霉素的生物利用度很低。若利用大环糊精与那他霉素的相互包合作用，则可改变那他霉素的生物利用度。

那他霉素、大环糊精和那他霉素-大环糊精包合物的紫外谱图见图 2-34。图中在最大吸收波长 308nm 处，那他霉素-大环糊精包合物的吸光度明显大于那他霉素自身的吸光度，并且出现轻微蓝移和谱带变宽的现象。这说明主客体分子间发生了包埋作用，大环糊精内腔的高电子云密度诱导那他霉素分子并与其产生一定的分子间作用力，使客体分子那他霉素进入了大环糊精内腔。从整体来看，包合物的紫外吸收谱图形状与那他霉素的基本相同，但与大环糊精的曲线形状相差甚大，说明大环糊精对那他霉素的包埋除了增加那他霉素的溶解度外，基本上可不影响其原有的结构。

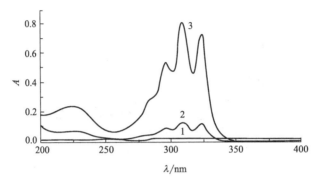

图 2-34　大环糊精、那他霉素和那他霉素-大环糊精包合物紫外吸收光谱图
1—大环糊精；2—那他霉素；3—包合物

【例 2-19】　鲎源抗菌肽对大肠杆菌基因组 DNA 作用的分子机制

鲎素（tachyplesin I）是一种具有典型环状 β-折叠结构的阳离子抗菌肽，具有广谱抗菌活性，对革兰氏阳性菌及阴性菌均有抑杀作用。可通过紫外吸收光谱和荧光光谱分析法研究鲎素对细菌基因组 DNA 的作用。由紫外吸收谱图（见图 2-35）可知，鲎素的加入使大肠杆菌基因组 DNA 紫外吸收光谱发生了变化。随着鲎素浓度的增加，DNA 的最大吸收峰发生红移，且紫外吸收值明显升高，发生了增色效应。表明鲎素对细菌基因组 DNA 发生了较强的结合作用，鲎素的芳香族氨基酸残基嵌入 DNA 双螺旋链中与碱基对之间形成堆积效应，对大肠杆菌基因组 DNA 双螺旋结构产生了破坏作用。

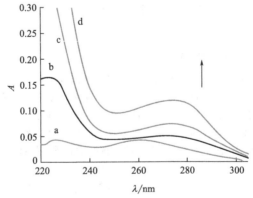

图 2-35　鲎素与大肠杆菌基因组 DNA 相互作用的紫外光谱
鲎素的浓度 a～d：0，10μg·mL^{-1}，20μg·mL^{-1}，40μg·mL^{-1}

【例 2-20】　盐酸环丙沙星与胰蛋白酶相互作用的吸收光谱

　　胰蛋白酶（trypsin）是人和动物肠道中一种重要的消化酶，属于丝氨酸蛋白酶家族，是所有胰脏蛋白酶原的共同激活剂，含有 229 个氨基酸残基，有 5 个二硫键，分子量约为 24000，空间结构呈口袋形，活性中心存在保守的组氨酸（His）、天冬酰胺（Asp）和丝氨酸（Ser）活性三联体。盐酸环丙沙星（CPFX）是广谱喹诺酮类抗菌药，结构如下所示：

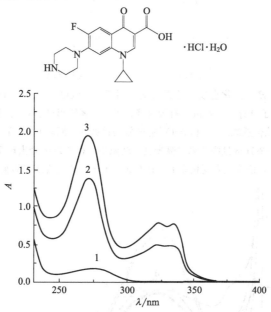

图 2-36　盐酸环丙沙星对胰蛋白酶紫外吸收光谱的影响

$c(\text{trypsin}) = 1.0 \times 10^{-5} \text{mol} \cdot \text{L}^{-1}$；1～3—$c(\text{CPFX})$：0，$4.0 \times 10^{-5} \text{mol} \cdot \text{L}^{-1}$，$6.0 \times 10^{-5} \text{mol} \cdot \text{L}^{-1}$

　　研究药物分子与蛋白质的相互作用，紫外吸收光谱法是一种简单有效的方法。通常蛋白质在 250～280nm 之间产生紫外吸收，其主要原因是色氨酸（Trp）、酪氨酸（Try）、苯丙氨酸（Phe）等氨基酸残基对光的吸收。因此可利用紫外吸收光谱考察 CPFX 对胰蛋白酶构象的影响（见图 2-36）。由图 2-36 可以看出，加入 CPFX 后，胰蛋白酶在 275nm 左右的吸收峰的峰强增强，并且峰位发生蓝移，表明 CPFX 与胰蛋白酶发生了强烈的相互作用，引起了芳香族氨基酸残基微环境的亲水性增强。同时，峰位蓝移表明 CPFX 与胰蛋白酶之间可能形成了新的复合物。

2.4.5　分子/离子的识别分析

　　分子/离子的识别是属于超分子化学研究的热点领域，其识别性质的研究主要可用于开发各类化学传感器。在超分子化学领域中，化学传感器是指能够与被分析物质即客体发生相互作用并产生可检测信号的主体化合物。通常是通过合成设计，制备或筛选出具有高选择性识别功能的线形、环状、钳形、爪形等多种形式的主体化合物，并利用紫外-可见光谱、荧光光谱等对其识别特性、识别机理、识别位点等进行考察和研究。

【例 2-21】　氨基硫脲分子钳的合成及对阴离子的识别作用

　　阴离子在生命科学、药学、分子催化及环境科学等方面扮演着非常重要的角色。以阴离子识别为基础的化学传感器可用于特定 DNA 序列识别和测定、环境阴离子污染物监控以及医学上有害阴离子检测等。

根据检测方法的不同，阴离子化学传感器可分为电化学传感器、紫外（生色）传感器和荧光化学传感器等。

以氨基硫脲基团作为识别位点的分子钳表现出良好的阴离子识别性能。其结构如下所示：

利用紫外吸收光谱考察该主体化合物（传感试剂）对 F^-、AcO^-、Cl^-、Br^- 和 I^- 的选择识别性。

从图 2-37 可知：主体分子自身在 322nm 处有吸收峰；当加入客体阴离子 F^-、AcO^- 时均能引起主体分子吸收光谱的显著变化，说明对该传感试剂 F^- 和 AcO^- 有较好的选择性；而与 Cl^-、Br^- 和 I^- 没有明显作用。在主体分子中逐渐加入 F^- 时，在 291nm 处吸收峰的吸光度逐渐减小，在 322nm 处出现新的吸收峰，此峰为形成配合物的吸收峰。随 F^- 浓度增大，该峰吸光度相应增大直至达到平衡，并且逐渐红移至 326nm（见图 2-38）。

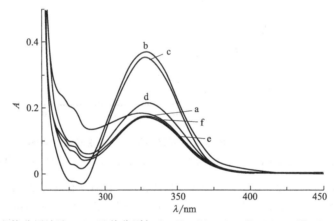

图 2-37 主体分子溶液（a）及其分别加入 F^-（b）、AcO^-（c）、Cl^-（d）、Br^-（e）和 I^-（f）后的紫外-可见吸收光谱图

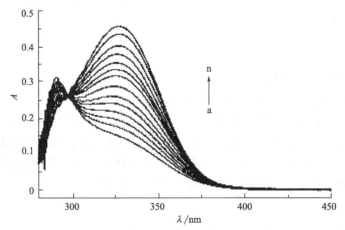

图 2-38 主体分子溶液中加入 F^- 后的紫外-可见吸收光谱图

c（主体分子）2×10^{-5} mol·L^{-1}；

$c(F^-)/c$（主体分子）（a～n）: 0, 0.05, 0.175, 0.325, 0.55, 0.825, 1.4, 2.3, 2.7, 3.15, 3.65, 4.2, 5.45, 7.77

红移现象表明阴离子与主体分子的结合进一步促进了分子内电荷转移。同时从图 2-38 中可明显看到在 297nm 处有一个等吸收点，说明有稳定的配合物生成。利用 Job 法测得主客体之间形成 1：1 型配合物。硫脲是优良的氢键供体，可与阴离子形成氢键缔合物，因此可推测该主体分子与 F⁻ 的结合模式如图 2-39 所示。

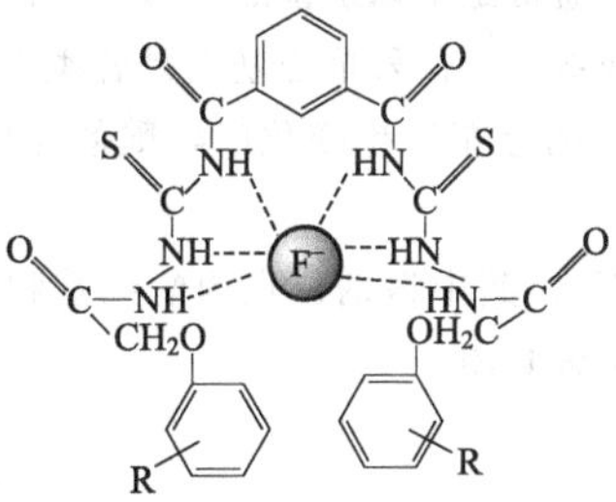

图 2-39　主体分子与 F⁻ 结合模式

【例 2-22】　罗丹明型荧光探针及其对 Cu(Ⅱ) 的识别

罗丹明 B 衍生物是一种金属离子光谱探针试剂，在某些外界因素刺激下（如重金属离子的加入），该分子能由闭环内酰胺状态转变为开环酰胺状态，并伴随有颜色变化以及荧光的产生。如下所示：

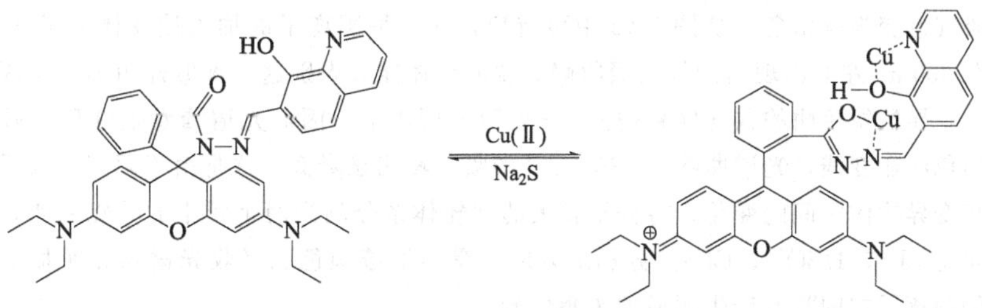

该含喹啉基团的罗丹明型席夫碱探针溶液为无色，在 500～600nm 可见光区基本无吸收。当加入 Cu(Ⅱ) 后，溶液迅速由无色转变为桃红色，在 559nm 处产生新的吸收峰。这表明在 Cu(Ⅱ) 与探针分子形成配合物后，其分子的螺内酰胺环转变为开环酰胺状态，整个分子的结构体系发生了变化。而在相同条件下，该试剂对 Ag(Ⅰ) 等其他金属离子均无明显的光吸收响应（见图 2-40）。因此，该试剂是一个对 Cu(Ⅱ) 的高选择性光学传感探针。

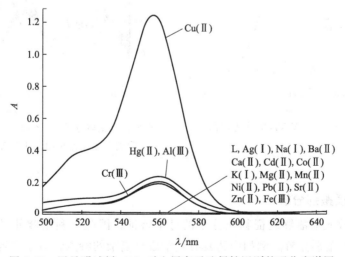

图 2-40　罗丹明试剂（L）对金属离子选择性识别的吸收光谱图

【例2-23】 基于酰腙和酚羟基的阴离子受体及阴离子比色识别性能

阴离子受体（主要为有机化合物）通常是由识别位点和信号报告基团组成。识别位点一般是酰胺、胺、硫脲、脲、吡咯等含有氢键供体的结构单元；信号报告基团是各类发色团。当阴离子通过氢键作用与主体识别位点的结合导致发色团的电荷密度和分布发生变化时，则使受体的紫外-可见吸收光谱产生较大的变化，从而实现对阴离子的识别响应。

一种酰腙类阴离子受体（结构如下），其中识别位点为酚羟基和酰腙基，具有形成多重氢键的协同作用；偶氮硝基苯基的共轭体系为信号报告基团。

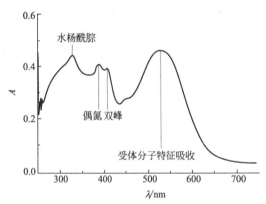

该探针试剂的紫外-可见吸收光谱图（见图2-41）中分别在327nm、389nm、407nm和530nm处有吸收峰。其中327nm处的吸收峰归属于水杨酰腙基团；389nm和407nm处的吸收峰为偶氮的顺、反异构体；530nm处的吸收峰为分子整体共轭体系所产生的。当向受体溶液中分别加入F^-等阴离子时，则该受体对不同的阴离子显示出不同的识别能力。其中，F^-使受体溶液由淡红色变成纯蓝色，CH_3COO^-和$H_2PO_4^-$使受体溶液由淡红色变为蓝紫色。从图2-42中可看出，这三种阴离子的加入使受体分子在530nm处的吸收峰消失，而在600nm左右出现新的较大吸收峰，说明受体能够识别这三种碱性阴离子是因为受体分子发生了脱质子过程，导致发色团的共轭体系增大，π电荷密度增加，因而光谱峰发生红移。另外，I^-和Br^-则使受体溶液颜色明显变浅，光谱曲线上530nm处的吸收峰明显降低，这是由于阴离子与受体形成氢键配合物，阻碍了互变异构体之间的变化，将分子较大的共轭体系分割为两个较小的共轭基团，从而使吸收光谱发生蓝移。而将Cl^-、HSO_4^-、ClO_4^-分别加入时，受体溶液颜色和吸收光谱均无明显变化，显示该受体试剂与这三种阴离子之间没有产生明显的传感信号。

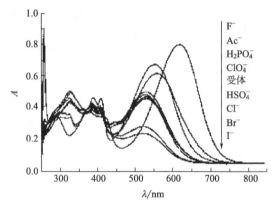

图2-41 受体分子的UV-Vis吸收光谱图

图2-42 受体分子（2×10^{-5} mol·L^{-1}）与不同阴离子相互作用时的UV-Vis吸收光谱图

2.4.6 用于物质鉴别分析

由于紫外吸收光谱能够表征物质分子的骨架特征，因此可利用紫外吸收曲线的形状和λ_{max}，对物质进行鉴别分析。例如中药具有化学成分复杂的特点，对于中药真伪优劣的鉴定除了传统的感官判断外，目前还可利用薄层色谱、紫外吸收光谱等方法，提供相关成分的分子结构及其变化的微观信息。

【例 2-24】　　利用中药鉴别单一紫外谱线法鉴别天麻与伪品紫茉莉根、大丽菊根、羊角天麻

用 50%乙醇浸泡兰科植物天麻的干燥块茎，其浸泡液的紫外吸收特征峰为 270nm、223nm 和 203nm。而紫茉莉根、大丽菊根、羊角天麻的紫外吸收谱则与其相差较大（见图 2-43），因此可利用紫外吸收光谱提供鉴别的信息。

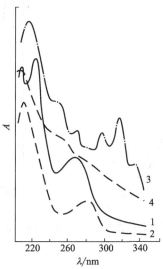

图 2-43　天麻与伪品紫茉莉根、大丽菊根、羊角天麻乙醇浸泡液的紫外光谱图

1—天麻；2—紫茉莉根；3—大丽菊根；4—羊角天麻

【例 2-25】　　紫外光谱线组法鉴别中药

按照"物质相似相溶"原则以及"紫外光谱吸光度加和性"原理，选择极性大小不同的四种溶剂蒸馏水、无水乙醇、氯仿和石油醚，对鉴定的中药进行浸泡提取。不同种中药中的各种成分的质和量不相同，其浸泡液中成分应有差异，则其四种浸泡液的紫外光谱线组将呈现出差异和特征性，以此可作为鉴别中药的一种依据。例如：车前子和车前草；丹参和北沙参（见图 2-44～图 2-47，提取液溶剂：1—蒸馏水；2—无水乙醇；3—氯仿；4—石油醚）。

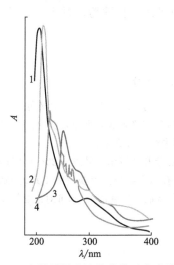

图 2-44　车前子提取液的紫外吸收光谱图

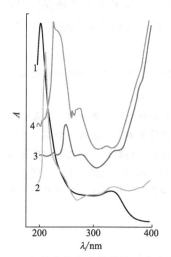

图 2-45　车前草提取液的紫外吸收光谱图

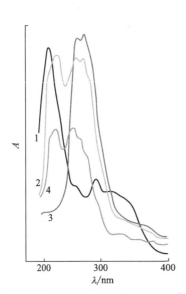 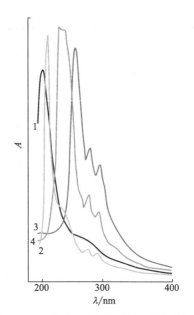

图 2-46　丹参提取液的紫外吸收光谱图　　　图 2-47　北沙参提取液的紫外吸收光谱图

2.4.7　三维谱图的应用

　　二极管阵列检测器（diode array detector，DAD）能够对被测物质进行全波长扫描，在物质定量尤其是定性分析方面显示了独特的优势。该类检测器与高效液相色谱仪（HPLC）联用，则可对测试样品进行三维谱图的绘制。

　　在 HPLC 仪器上，传统的紫外检测器每次进样只能完成单一波长下的测定，而利用二极管阵列检测器可以在一次程序运行中进行 190～800nm 之间的全波长立体扫描；并可在数据采集完成后显示某一波长的色谱图，即可同时获得光谱和色谱的三维谱图。因此利用 DAD 检测器可获得被测物质的光谱吸收曲线的谱图形状、最大吸收波长、色谱峰纯度等方面的分析信息，可以快速选择最佳检测波长。从而可弥补利用单一紫外波长吸收进行色谱分析过程中，单独采用色谱峰保留时间定性的不足；同时可用于排除检测过程中样品基质带来的杂质干扰，从而保证检测数据的准确性及可靠性。

【例 2-26】　演进特征投影和交替最小二乘法解析乙苯和二甲苯重叠色谱峰

　　二甲苯（通常含有大量乙苯）应用于油漆、涂料和胶黏剂中。测定二甲苯主要有色谱法。由于乙苯和二甲苯各异构体之间性质相似，在通常的二维色谱图中各组分的色谱峰重叠较严重，其中间二甲苯和对二甲苯的色谱峰基本上重叠成一个峰（见图 2-48），因此无法分别进行定量测定。

　　高效液相色谱联用二极管阵列检测器（HPLC-DAD）测定乙苯和二甲苯，采集 7.20～8.53min，205～235nm 范围内的三维色谱数据。由图 2-49 中可明显看出该体系有四个组分。由获得的 HPLC-DAD 三维色谱数据，结合化学计量学数据处理分析方法（演进特征投影和交替最小二乘法），则可对混合样中的各组分进行解析。

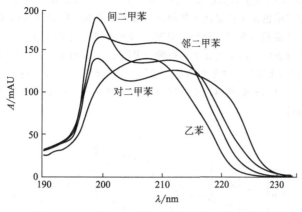

图 2-48 乙苯和二甲苯异构体紫外吸收光谱图

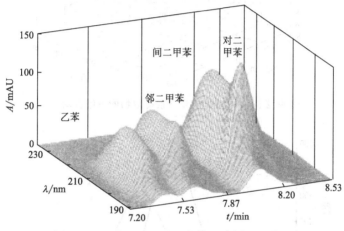

图 2-49 乙苯和二甲苯异构体混合样三维谱图

【例 2- 27】 直观推导式演进特征投影法分辨枸杞类胡萝卜素的异构体

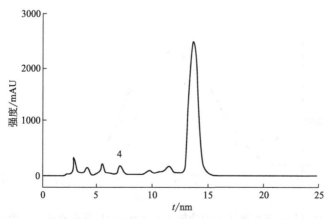

图 2-50 单波长（456nm）下枸杞类胡萝卜素提取物的色谱图

利用 HPLC-DAD 三维谱图提供的信息和化学计量学方法（直观推导式演进特征投影法，HELP），对枸杞类胡萝卜素中某些在二维色谱中被定性为单组分的峰进行解析，结果发现原来在二维色谱中被定性为单组分的峰（见图 2-50）大多是一些多组分峰。以图 2-50 中的第 4 个峰为例（其三维视图见图 2-51），用 HELP 方法解析，结果发现该峰是四个组分的重叠峰（见图 2-52 和图 2-53）。因此，利用 HPLC-DAD 产生的三维色谱/光谱矩阵数据和化学计量学解析方法，可以判断色谱峰的纯度、确定组分数，得到各组分的纯色谱信息和光谱信息，从而可以充分利用色谱（保留时间）和光谱（特征吸收）两方面的信息进行物质的定性，提高了结果的准确性。

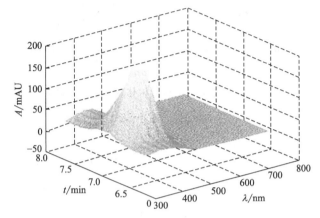

图 2-51　枸杞类胡萝卜素提取物的三维视图

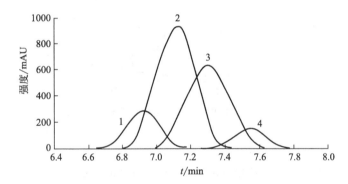

图 2-52　用 HELP 法解析图 2-50 中第 4 个峰所包含组分的色谱图

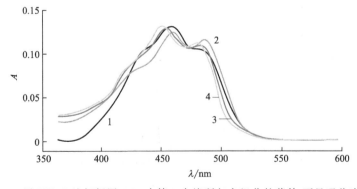

图 2-53　用 HELP 法解析图 2-50 中第 4 个峰所包含组分的紫外-可见吸收光谱图

2.4.8　在定量分析中的应用

　　紫外-可见分光光度法的定量测定依据即 Lambert-Beer 定律，实际应用时通常是根据样品在一定条件下，其吸光度与样品浓度成正比的关系，进行定量分析。

　　如果样品中待测组分的吸收峰不被共存物干扰，或经过样品预处理后已消除了共存干扰物的干扰，则该体系中待测组分的测定即为单组分的测定，进行定量测定时可选用标准对照法、标准曲线法、吸收系数法等方法。

　　如果要用紫外-可见吸收光谱法直接测定多组分混合物中的某些组分的含量，则需利用吸光度的加和性进行定量分析。例如，混合液中 a 和 b 两组分在特定波长范围内均有吸收，仪器在波长 λ_1 和 λ_2 测得的吸光度为混合液在该两个波长下的总吸光度，与 a 和 b 各自吸光度的关系如下（见图 2-54）。

$$\begin{cases} A_{总}(\lambda_1)=A_a(\lambda_1)+A_b(\lambda_1)=\varepsilon_{\lambda_1}lc_a+\varepsilon_{\lambda_1}lc_b \\ A_{总}(\lambda_2)=A_a(\lambda_2)+A_b(\lambda_2)=\varepsilon_{\lambda_2}lc_a+\varepsilon_{\lambda_2}lc_b \end{cases}$$

利用上式以及 λ_1 和 λ_2 两个波长下混合溶液的总吸光度，即可得到混合液中 a 和 b 两个组分各自的浓度。

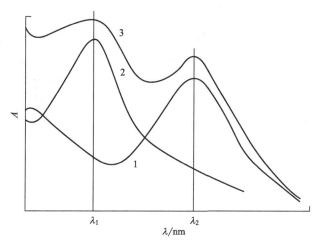

图 2-54　两组分的吸收曲线及其吸光度的加和

1,2—组分 1 和组分 2 单独的吸收曲线；3—两组分混合后的吸收曲线

　　对于多组分的定量测定，可采用一些较新的吸光光度分析方法，例如导数吸光光度法、双波长吸光光度法、多波长吸光光度法等。另有一类方法是利用化学计量学，例如多波长线性回归法、最小二乘法、卡尔曼滤波法、因子分析法等，通过对测定数据进行数学处理，则可同时得到所有组分各自的含量。

习　　题

1. 请将下列化合物的紫外吸收波长 λ_{max} 值按由长波到短波排列，并解释原因。

(1) $CH_2{=}CHCH_2CH{=}CHNH_2$　　　　(2) $CH_3CH{=}CHCH{=}CHNH_2$

(3) $CH_3CH_2CH_2CH_2CH_2NH_2$

2. 请根据紫外吸收光谱数据指出以下两种结构对应的异构体：

α-异构体在 228nm 处显示峰值（$\varepsilon = 14000 \text{L} \cdot \text{mol}^{-1} \cdot \text{cm}^{-1}$），而 β-异构体在 296nm 处有一吸收带（$\varepsilon = 11000 \text{L} \cdot \text{mol}^{-1} \cdot \text{cm}^{-1}$）。

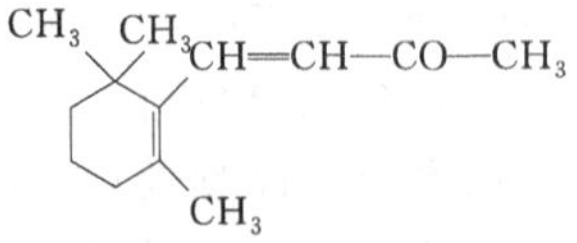

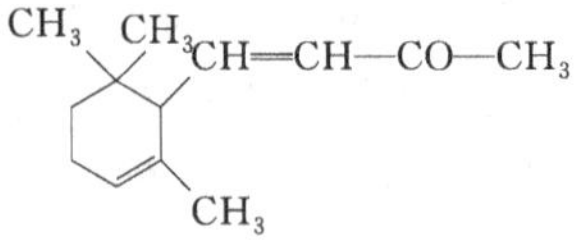

3. 一种分子的水溶液，在一定波长下的摩尔吸光系数是 $12.39 \text{L} \cdot \text{mol}^{-1} \cdot \text{cm}^{-1}$，现透过 10cm 厚溶液测得透射比是 75%，求该溶液的浓度。

4. 试举出两种方法，鉴别某化合物的 UV 吸收带是由 $n \rightarrow \pi^*$ 跃迁产生还是由 $\pi \rightarrow \pi^*$ 跃迁产生。

5. 有两种溶液：苯的环己烷溶液和苯酚的环己烷溶液。已知苯和苯酚在紫外光区均有吸收峰。若测得溶液 1 的吸收峰为 213nm 和 271nm，溶液 2 的吸收峰为 204nm 和 254nm，试判断溶液 1 和溶液 2 分别是上述哪种溶液，并说明其理由。

6. 试将下列 6 种异构体按紫外吸收峰波长递增次序排列，并简要说明理由。

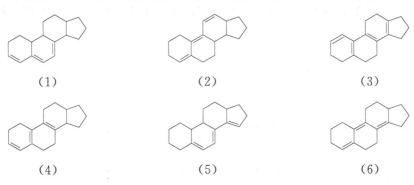

（1）　　　　　　　　（2）　　　　　　　　（3）

（4）　　　　　　　　（5）　　　　　　　　（6）

第3章　红外吸收光谱

学习要求

　　通过本章的学习，要求掌握红外吸收光谱的基本概念、原理。了解红外光谱仪。掌握各类官能团以及化合物的典型吸收带，通过图谱解析，判断化合物光谱图归属。

　　利用物质分子对红外辐射的吸收，得到与分子结构相对应的红外光谱图，从而来鉴别分子结构的方法，称为红外吸收光谱法（IR）。红外吸收光谱法是物质结构研究、定性鉴定和定量分析中不可缺少的方法，在诸多科学研究领域发挥着重要作用。

3.1　概述

3.1.1　红外光区的划分

　　红外光谱在可见光区和微波光区之间，其波数范围为 $13000 \sim 10 \mathrm{cm}^{-1}$（$0.75 \sim 1000 \mu\mathrm{m}$），习惯上又将红外光区分为三个区：近红外光区、中红外光区、远红外光区。

　　近红外光区（$0.75 \sim 2.5 \mu\mathrm{m}$）　该区主要研究 C—H、O—H、N—H 等化学键伸缩振动的泛频吸收，并特别适用于一些官能团的定量分析。近红外辐射基于 O—H 伸缩振动的第一泛频吸收带出现在 $7100 \mathrm{cm}^{-1}$（$1.4 \mu\mathrm{m}$）附近，可以测定各种试样中的水，还可以定量测定酚、醇、有机酸等。基于 C═O 伸缩振动的第一泛频吸收带出现在 $3600 \sim 3300 \mathrm{cm}^{-1}$（$2.8 \sim 3.0 \mu\mathrm{m}$），可以测定酯、酮和羧酸。近红外光波长短，具有较强的穿透能力和散射效应，不被玻璃或石英介质所吸收，因而可以透过容器或直接测量液体、固体、半固体和胶状类等不同物态的样品，样品一般不需预处理，操作方便，分析速度快，分析成本低，是对环境友好的分析方法。另外，近红外光谱在光纤中具有良好的传输特性，便于实现在线分析检测和远程监控。目前，近红外光谱因其有别于中红外光谱的独特性和优越性正得到越来越多的重视和应用。

　　中红外光区（$2.5 \sim 50 \mu\mathrm{m}$）　绝大多数有机化合物和无机离子的基频吸收带出现在中红外光区，该区最适于进行红外光谱的定性和定量分析。特别是在 $4000 \sim 670 \mathrm{cm}^{-1}$（$2.5 \sim 15 \mu\mathrm{m}$）范围内的红外光谱最为成熟、简单，并已积累了大量的数据资料，因此它的应用极为广泛。通常，中红外光谱法又简称为红外光谱法。在 20 世纪 80 年代以后，随着傅里叶变换红外光谱仪的大量应用，信噪比和检测限得到明显改善，中红外光谱的测定从对简单体系有机化合物的定性及结构分析，发展到对复杂试样进行定量分析，可以用于表面的显微分析，还可通过衰减全发射、漫反射以及光声测定法等对固体试样进行分析。

远红外光区（50～1000μm）　该区特别适合研究无机化合物，该区的吸收带主要是由气体分子中的纯转动跃迁、振动-转动跃迁、液体和固体中重原子的伸缩振动、某些变角振动、骨架振动以及晶体中的晶格振动所引起的。该区能提供无机固体物质的晶格能及半导体材料的跃迁能量，能方便地研究异构体的结构，还能用于金属有机化合物（包括络合物）、氢键、吸附现象的研究。不过由于该光区能量弱，通常在其他波长区内没有合适的谱带时才用该光区进行分析，实际应用相对较少。

3.1.2　红外吸收光谱图

图 3-1 为丙醇的红外吸收光谱图。在红外谱图中，纵坐标表示谱带的强度，常用透过率（$T/\%$）或吸光度（A）表示；横坐标表示谱带的位置，常用波长（$\lambda/\mu m$）或波数（$\tilde{\nu}/cm^{-1}$）来表示。红外吸收光谱分析可以根据吸收谱带的位置、形状和强度来推断化合物的结构组成或确定其化学基团，进行定性分析；依照吸收谱带的强度来计算化合物的含量，进行定量分析和纯度鉴定。

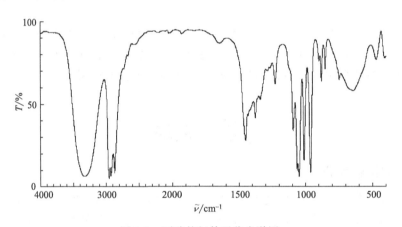

图 3-1　丙醇的红外吸收光谱图

3.1.3　红外吸收光谱法的特点

红外吸收光谱法能分析气体、液体和固体等不同物态的试样，测定速度快、试样用量少、操作简便，它特征性强、应用范围广，几乎所有的有机化合物在红外光区均有吸收，是鉴定化合物和测定分子结构的有效方法，但是分析灵敏度较低、定量分析误差较大。

3.2　红外吸收光谱的基本原理

3.2.1　分子的振动

3.2.1.1　振动频率

大部分分子都是多原子分子，振动形式多样而复杂。我们从最简单的双原子分子入手来分析分子的振动，多原子分子可视为双原子分子的集合。

将双原子看成质量为 m_1 与 m_2 的两个小球，把连接它们的化学键看作质量可以忽略的弹簧，那么原子在平衡位置附近的伸缩振动，可以近似看成一个简谐振动，由经典力学的 Hooke 定律导出振动频率：

$$\nu = \frac{1}{2\pi}\sqrt{\frac{k}{\mu}}$$

式中　ν——振动频率；

　　　k——化学键的力常数；

　　　μ——折合质量，$\mu = \dfrac{m_1 m_2}{m_1 + m_2}$。

3.2.1.2　振动能级

按量子力学的观点，分子的振动是不连续的，振动能级是量子化的，满足下式：

$$E_{振} = \left(V + \frac{1}{2}\right)h\nu$$

式中　$E_{振}$——分子振动的总能量；

　　　V——振动量子数（$V = 0, 1, 2, 3, \cdots$）；

　　　h——普朗克常数；

　　　ν——振动频率。

当 $V = 0$ 时，分子处于基态，$E_{振} = \dfrac{1}{2}h\nu$；

当 $V \neq 0$ 时，分子处于激发态。

任意两个相邻的振动能级，即 $\Delta V = 1$ 时，能量差相等，均为：

$$\Delta E_{振} = h\nu = \frac{h}{2\pi}\sqrt{\frac{k}{\mu}}$$

当分子受到特定波长的红外光照射，能量与振动能量差相等时才会产生红外吸收，此时红外吸收频率（用波数 $\tilde{\nu}$ 表示）为

$$h\frac{c}{\lambda} = hc\tilde{\nu} = \frac{h}{2\pi}\sqrt{\frac{k}{\mu}}$$

$$\tilde{\nu} = \frac{1}{2\pi c}\sqrt{\frac{k}{\mu}}$$

当化学键的力常数 k 用 $N \cdot cm^{-1}$ 为单位，μ 用原子的摩尔质量时，$\tilde{\nu} = 1302\sqrt{\dfrac{k}{\mu}}$。

【例 3-1】　某芳香族有机化合物 C—H 键的伸缩振动出现在红外光谱的 $3030 cm^{-1}$ 处，求该 C—H 键的力常数。

　　解　$\tilde{\nu} = \dfrac{1}{2\pi c}\sqrt{\dfrac{k}{\mu}}$　$\mu = \dfrac{m_1 m_2}{m_1 + m_2}$

C—H 的 μ 值：$\mu = \dfrac{12.011 \times 1.008}{(12.011 + 1.008) \times 6.02 \times 10^{23}} = 1.54 \times 10^{-24}(g)$

$$k = 4\pi^2 c^2 \mu \tilde{\nu}^2 = 4\pi^2 (3.00 \times 10^{10})^2 \times (1.54 \times 10^{-24}) \times 3030^2$$

$$\approx 5.03 \times 10^5 (g \cdot s^{-2}) = 5.03 (N \cdot cm^{-1})$$

　　或

$$\widetilde{\nu} = 1302\sqrt{\frac{k}{\mu'}} \Rightarrow k = \frac{\mu'\widetilde{\nu}^2}{1302^2} = \frac{12.011 \times 1.008}{12.011 + 1.008} \times \frac{3030^2}{1302^2}$$

$$\approx 5.03 \, (\text{N} \cdot \text{cm}^{-1})$$

　　根据红外光谱的测量数据，可以计算出各种类型的化学键力常数 k。表 3-1 给出了一些化学键的力常数。一般来说，单键键力常数的平均值约为 $5\text{N} \cdot \text{cm}^{-1}$，而双键和叁键的键力常数分别大约是此值的 2 倍和 3 倍。化学键的力常数 k 越大，原子折合质量 μ 越小，则化学键的振动频率越高，吸收峰将出现在高波数区；相反，则出现在低波数区。例如，C—C，C＝C，C≡C，这三种碳-碳键的原子质量相同，但键力常数的大小顺序是：叁键＞双键＞单键，所以在红外光谱中，吸收峰出现的位置不同：C≡C（约 2222cm^{-1}）＞C＝C（约 1667cm^{-1}）＞C—C（约 1429cm^{-1}）。又如，C—C，C—N，C—O 键力常数相近，原子折合质量不同，其大小顺序为 C—C＜C—N＜C—O，故这三种键的基频振动峰分别出现在 1430cm^{-1}，1330cm^{-1} 和 1280cm^{-1} 左右。

表 3-1　某些化学键的力常数 k

化学键	C—H	N—H	O—H	C—C	C＝C	C≡C	C—O	C＝O	C≡N
$k/\text{N} \cdot \text{cm}^{-1}$	5～6	6～7	7～8	约5	9～10	15～17	5～6	12～13	16～18

3.2.1.3　基频、倍频、组频、差频和泛频

　　分子振动的跃迁，只有 $\Delta V = \pm 1$ 时，才是允许的跃迁，这种跃迁对应的分子吸收频率称为基频。振动量子数变化大于 1，即 $\Delta V = \pm 2$，± 3，…的跃迁属于禁阻跃迁，这种跃迁对应的分子吸收频率称为倍频，并分别称为一级泛音，二级泛音……在红外光谱中可以观察到强的基频吸收峰，也可以看到弱的倍频吸收峰。

　　如果分子吸收了一个红外光子，同时激发了基频分别为 ν_1 和 ν_2 的两种跃迁，此时所产生的吸收频率等于上述两种跃迁的吸收频率之和时称为合（组）频；等于两者之差时称为差频。

　　倍频峰、合频峰和差频峰统称为泛频峰。

3.2.1.4　振动形式

　　一般将分子的振动形式分为两类，即伸缩振动和变形振动。

　　伸缩振动是化学键两端的原子沿键轴方向作来回周期运动的振动，其特点为振动时键长有变化，键角无变化。可分为对称伸缩振动 ν_s 和不对称伸缩振动 ν_{as} 两类。

　　变形振动（又称弯曲振动）是使化学键的键角发生周期性变化的振动，可分为面内弯曲振动 β 和面外弯曲振动 γ 两类。前者又可分为剪式振动 δ、面内摇摆 ρ；后者又分为面外摇摆 ω、扭曲振动 τ。

　　图 3-2 以亚甲基为例，列出了各种振动形式。

3.2.1.5　振动自由度

　　具有 N 个原子的分子，自由度为 $3N$，其中分子的平动具有 3 个自由度，非线形分子的转动自由度为 3，而线形分子的转动自由度为 2，所以多原子分子的振动自由度为：

　　非线形分子振动自由度＝$3N-6$（平动 3、转动 3）

　　线形分子振动自由度＝$3N-5$（平动 3、转动 2）

　　该公式为理论计算的多原子分子的振动自由度，实际测得的红外吸收峰数远小于理论计算值，这是因为：

　　① 某些振动方式不伴随偶极矩的变化，为非红外活性；

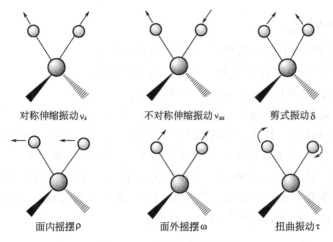

对称伸缩振动 ν_s　　　不对称伸缩振动 ν_{as}　　　剪式振动 δ

面内摇摆 ρ　　　面外摇摆 ω　　　扭曲振动 τ

图 3-2　亚甲基的振动形式

② 频率相同的振动方式发生简并现象；
③ 有些振动频率十分接近，仪器不能分辨；
④ 吸收强度太弱，无法检测；
⑤ 吸收带落在仪器检测范围外。

【例 3-2】　CO_2 分子的基本振动形式及其红外吸收光谱

CO_2 为线形分子，振动自由度为 $3N-5=3\times3-5=4$，具体振动形式如图 3-3 所示。

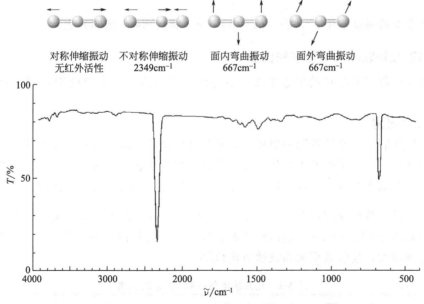

对称伸缩振动　　不对称伸缩振动　　面内弯曲振动　　面外弯曲振动
无红外活性　　　$2349cm^{-1}$　　　$667cm^{-1}$　　　$667cm^{-1}$

图 3-3　CO_2 分子的振动形式和红外吸收光谱图

　　由于 CO_2 分子的对称伸缩振动的偶极矩为零，所以没有红外吸收峰产生。另外，面内弯曲振动和面外弯曲振动频率完全相同，谱带重叠在一起，两种振动形式只有一个吸收峰。因此，CO_2 分子虽有四种振动形式，但实际上只在 $667cm^{-1}$ 和 $2349cm^{-1}$ 处出现两个吸收峰。

3.2.2 红外吸收的产生

分子振动必须满足以下两个条件，才能产生红外吸收：

① 照射分子的红外辐射频率与分子某种振动频率相同；

② 分子振动时，必须伴随有瞬时偶极矩的变化。

物质吸收电磁辐射首先是辐射的能量与物质跃迁的能量要一致，当红外辐射具有合适的能量，才能产生振动跃迁。其次，辐射与物质之间要有耦合作用，外界辐射能量才能迁移到分子中去，产生吸收。当分子在振动时引起了偶极矩的变化，就会产生一个稳定的交变电场，这个交变电场与具有相同频率的红外辐射发生相互作用，从而产生红外吸收光谱。可见，并非所有振动都会产生红外吸收，因此我们把有偶极矩变化能产生红外吸收谱带的振动称为红外活性的振动；反之，则为非红外活性振动。

3.2.3 吸收峰的强度

影响吸收峰强度的因素主要有以下两个方面。

（1）跃迁概率　振动能级跃迁概率越大，红外吸收峰越强。从基态向第一激发态跃迁时，跃迁概率最大，因此，基频吸收带一般较强。另外，样品浓度增大时，跃迁概率会加大，峰强增强。

（2）偶极矩　根据量子理论，红外光谱的强度与分子振动时偶极矩变化的平方成正比。电负性相差越大，分子对称性越差，则偶极矩变化越大，峰越强。例如，$\nu_{C=O}$ 的强度大于 $\nu_{C=C}$ 的强度。不同的振动形式对分子的电荷分布影响不同，所以吸收强度不同。一般地，反对称伸缩振动的吸收峰强度比对称伸缩振动的大，伸缩振动的吸收峰强度比变形振动的大。

红外吸收峰的强度常用 s（强）、m（中）、w（弱）、vw（极弱）表示。

3.2.4 影响红外吸收谱带位移的因素

影响红外吸收谱带位移的因素很多，有外因，也有内因，主要的影响因素有以下几个方面。

3.2.4.1 电子效应

（1）诱导效应　电负性不同的取代基，通过静电诱导效应，沿键产生作用，引起分子中电子分布的变化，改变了键的力常数，使吸收谱带发生位移。如表 3-2 所示，具有不同电负性取代基团的羰基化合物，其羰基的伸缩振动频率随基团电负性的增强而向高频方向移动。

这是因为，羰基为极性基团，可表示为 $C=O \rightleftharpoons \overset{+}{C}-\overset{-}{O}$，成键电子云偏向氧原子，当受到电负性强的基团如 Cl、F 的诱导效应作用时，成键电子云往键的中心偏移，使羰基的双键性增强，力常数增大，吸收频率向高波数方向位移。

表 3-2　元素的电负性对 $\nu_{C=O}$ 的影响

R—CO—X	R=X=CH$_3$	R=CH$_3$,X=Cl	R=X=Cl	R=Cl,X=F	R=X=F
$\tilde{\nu}(\nu_{C=O})/cm^{-1}$	1715	1780	1827	1876	1928

（2）共轭效应　共轭效应会使共轭体系中的电子云密度平均化，双键略有伸长，单键略有缩短。因此，双键的吸收频率向低波数方向位移，单键的吸收频率向高波数方向位移。

例如，

$$
\underset{1715cm^{-1}}{\nu_{C=O}} \qquad
$$

R—C(=O)—R′ 1715cm⁻¹   R—C(=O)—苯基 1690cm⁻¹   苯基—C(=O)—苯基 1660cm⁻¹

又如，脂肪醇中 C—O—H 基团中的 C—O 反对称伸缩振动位于 1150～1050cm⁻¹，而在酚中因为氧与芳环发生 p-π 共轭，C—O 反对称伸缩振动频率变大，位于 1230～1200cm⁻¹。

如果在同一化合物中，同时存在诱导效应和共轭效应，此时吸收峰的位移方向由影响较大的电子效应决定，吸收频率向高波数或低波数方向移动。例如，

ν_{C=O}: R—C(=O)—O—CH=CHR′ 1776cm⁻¹   R—C(=O)—O—苯基 1750cm⁻¹   R—C(=O)—OR′ 1740cm⁻¹   RO—C(=O)—苯基 1725cm⁻¹

ν_{C=O}: R—C(=O)—NR′R″ 1680cm⁻¹   R—C(=O)—SR′ 1690cm⁻¹   苯基—C(=O)—SR 1665cm⁻¹   R—C(=S)—苯基（S） 1710cm⁻¹

3.2.4.2 空间效应

（1）环张力效应（键角效应）　具有环状结构的分子，环越小（如四元环），环张力越强，键角改变越大，环内双键被削弱越多，其伸缩振动频率降低越多；环外双键则被增强，其伸缩振动频率升高，峰强度也增强，如图 3-4 所示。

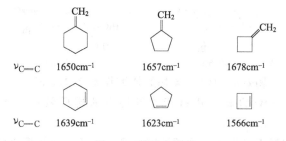

ν_{C=C}: 1650cm⁻¹   1657cm⁻¹   1678cm⁻¹

ν_{C=C}: 1639cm⁻¹   1623cm⁻¹   1566cm⁻¹

图 3-4　环张力效应

（2）空间位阻　当空间位阻使共轭体系受到影响，双键的共轭受限制且共平面性减弱时，双键吸收峰向高波数方向变化。例如，

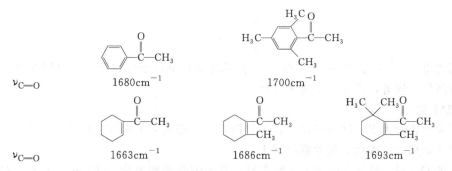

ν_{C=O}: 1680cm⁻¹   1700cm⁻¹

ν_{C=O}: 1663cm⁻¹   1686cm⁻¹   1693cm⁻¹

（3）场效应　通常在立体结构上互相靠近的基团才会发生场效应。场效应不是通过化学

键，而是通过空间传递起作用。例如，氯代丙酮存在以下两种不同的构象：

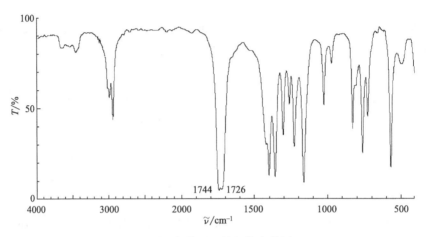

红外光谱观测到氯代丙酮 C＝O 的两个基频吸收带，$1726cm^{-1}$ 与 $1744cm^{-1}$，这是因为（图 3-5），在 C—Cl 与 C＝O 空间接近的构象中，同性电荷排斥的场效应使 C＝O 极性降低，双键性增强，$\nu_{C＝O}$ 向高波数位移。

图 3-5　氯代丙酮的红外光谱图

再如，α-溴代环己酮中

$\nu_{C—C}$　$1716cm^{-1}$　　　　　　　$1728cm^{-1}$

当溴位于直立键时，场效应微弱，羰基的伸缩振动 $1716cm^{-1}$ 与未取代的环己酮相近；当溴位于平伏键时，C—Br 键将与羰基产生同性电荷排斥效应，使 C＝O 双键性增强，$\nu_{C＝O}$ 向高波数位移至 $1728cm^{-1}$。

（4）跨环效应　类似于场效应，跨环效应也是一种通过空间发生的电子效应。在有些分子中，虽然双键与其他基团本身不产生共轭，但由于适当的立体排列，特别是成环的特殊构型，使双键和其他基团产生电子效应，振动频率发生变化。例如，

红外光谱测得 $\nu_{C＝O}$ 为 $1675cm^{-1}$，低于正常酮羰基的振动吸收频率，这是因为分子中氨基和羰基空间位置接近，产生 p-π 共轭所致。

3.2.4.3　氢键效应

氢键的形成使化学键 X—H 键长增大，力常数降低，吸收频率向低波数位移。同时，振动时的偶极矩变化加大，因此，吸收强度增大。

醇、酚中的 O—H，当分子处于游离状态时，其伸缩振动频率为 $3640cm^{-1}$ 左右，是中等强度的尖锐吸收峰，当分子处于缔合状态时，其振动频率红移到 $3300cm^{-1}$ 附近，谱带增

强并加宽。如醇羟基以游离态、二聚态、多聚态形式存在的伸缩振动谱带，频率范围为 $3640\sim3610cm^{-1}$、$3600\sim3500cm^{-1}$ 及 $3400\sim3200cm^{-1}$。浓度不同，谱带的相对强度也不同。胺类化合物中的 N—H 也有类似情况。除伸缩振动外，O—H、N—H 的弯曲振动受氢键影响也会发生谱带位置移动和峰形展宽。

还有一种氢键是发生在 O—H 或 N—H 与 C═O 之间的，如羧酸以此方式形成二聚体，这种氢键比 O—H 自身形成的氢键作用更大，不仅使 $\nu_{O—H}$ 移向更低频率，而且也使 $\nu_{C═O}$ 移向低频。例如，游离羧酸的 $\nu_{C═O}$ 约为 $1760cm^{-1}$，而在缔合状态时，因氢键作用 $\nu_{C═O}$ 移到 $1700cm^{-1}$ 附近。又如，具有酮式和烯醇式两种异构体的如下化合物，烯醇式中因为分子内氢键的形成，$\nu_{C═O}$ 移向低频。

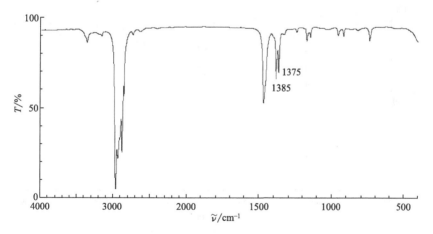

3.2.4.4　振动耦合

分子中的基团或键的振动并不是孤立进行的。如果同一分子中有两个相同的基团，而且相距很近，一个基团的振动会影响另一个基团的振动，引起吸收峰分裂为两个，其中一个峰移向高频，另一个峰移向低频。例如，正构烷烃中 CH_3 的对称弯曲振动频率为 $1380cm^{-1}$，但当两个甲基连在同一个 C 原子上，形成异丙基时发生振动耦合，则出现 $1385cm^{-1}$ 和 $1375cm^{-1}$ 两个吸收峰，如图 3-6 所示。

图 3-6　2-甲基戊烷的红外光谱图

当弱的倍频（或组频）峰位于某强的基频吸收峰附近时，它们的吸收峰强度常常随之增加，或发生谱峰分裂。这种倍频（或组频）与基频之间的振动耦合，称为费米共振。例如，$CH_3(CH_2)_3OCH═CH_2$ 红外光谱图（图 3-7）中，═C—H 变形振动 $810cm^{-1}$ 的倍频（约 $1600cm^{-1}$）与 C═C 伸缩振动发生费米共振，在 $1638cm^{-1}$ 与 $1613cm^{-1}$ 出现两个强的吸收带。

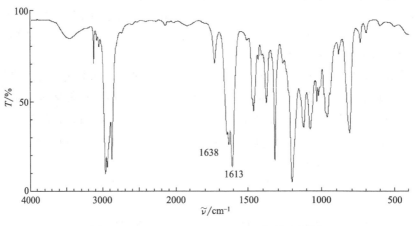

图 3-7 $CH_3(CH_2)_3OCH=CH_2$ 红外光谱图

3.2.4.5 外部因素的影响

（1）物质的状态

① 气态 分子间距离大，分子间作用力弱，可观测到分子的振动-转动光谱的精细结构。

② 液态 分子间作用较强，有的可形成分子间氢键，使相应谱带向低频位移。

③ 固态 固态分子间距离减小而相互作用更强，一些谱带低频位移程度增大。还可能发生分子振动与晶格振动的耦合，出现某些新的吸收峰。另外，某些弯曲振动和骨架振动之间的相互作用也能使指纹区发生变化，所以其吸收峰比液态和气态时尖锐且数目增多。硬脂酸的 KBr 压片法和 CCl_4 溶液法制得的红外光谱图分别见图 3-8 和图 3-9。

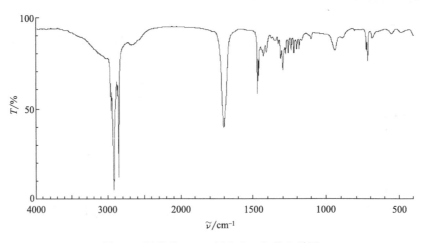

图 3-8 硬脂酸（KBr 压片法）红外光谱图

（2）浓度 溶液浓度对红外光谱的影响主要是对那些易形成分子间氢键的化合物（分子内氢键与溶液的浓度无关）。随着浓度增加，羟基缔合程度增大，ν_{O-H} 吸收谱带向低波数移动，强度增大，谱带变宽。

（3）溶剂 对极性溶剂，溶质分子的极性基团的伸缩振动频率随溶剂极性的增加而向低波数方向移动，并且强度增大。例如，羧酸中 $\nu_{C=O}$ 如下：

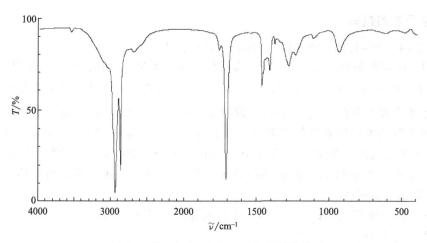

图 3-9 硬脂酸（CCl_4 溶液法）红外光谱图

气体 约 $1780cm^{-1}$；

非极性溶剂 约 $1760cm^{-1}$；

乙醚 约 $1735cm^{-1}$；

乙醇 约 $1720cm^{-1}$。

3.3 基团频率和特征吸收峰

在红外光谱中，某些化学基团虽然处于不同分子中，但它们的吸收频率总是出现在一个较窄的范围内，吸收强度较大，且频率不随分子构型变化而出现较大的改变，这类频率称为基团频率，其所在的位置一般又称为特征吸收峰。

3.3.1 官能团区和指纹区

（1）官能团区 $4000 \sim 1500cm^{-1}$ 是基团伸缩振动出现的区域，该区的吸收峰数目不多、特征性强，主要用于鉴定官能团。

（2）指纹区 $1500 \sim 600cm^{-1}$ 是因单键振动和变形振动产生的复杂光谱区，当分子结构稍有不同时，该区的吸收就有细微的差异，就像人的指纹因人而异一样，对于区别结构类似的化合物很有帮助。

可以把红外光谱分为若干个区域，每个区对应某一类或几类基团的振动频率，如表 3-3 所示。通常将中红外光谱分为四个区：氢键区、叁键和累积双键区、双键区、单键区。

表 3-3 中红外光谱的分区

分区	氢键区	叁键和累积双键区	双键区	单键区
波数范围	$4000 \sim 2500cm^{-1}$	$2500 \sim 2000cm^{-1}$	$2000 \sim 1500cm^{-1}$	$1500 \sim 400cm^{-1}$
基团及其振动形式	O—H、C—H、N—H 等含氢基团的伸缩振动	C≡C,C≡N,C=C=C、N=C=O 等的伸缩振动	C=O、C=C、C=N、NO_2 等双键基团的伸缩振动	C—C、C—O、C—N、C—X 等单键的伸缩振动以及含氢基团的弯曲振动

3.3.2 常见基团频率

3.3.2.1 O—H、N—H 伸缩振动区 （3700～3000cm^{-1}）

（1）O—H 伸缩振动（ν_{O-H}） 在气态或低浓度的非极性溶剂溶液中，醇以游离态存在时，ν_{O-H} 在 3650～3590cm^{-1} 处出现一个尖峰，强度中等。随着浓度增大，形成氢键缔合，醇以二聚态或多聚态存在，ν_{O-H} 向低波数位移，在 3550～3200cm^{-1} 处出现强、宽吸收带。酚类和不饱和醇的吸收频率略低于醇类。羧酸通常都以二聚体的形式存在，二聚体羧酸的 ν_{O-H} 峰位于更低波数，在 3300～2500cm^{-1} 范围，中心约 3000cm^{-1}，谱带很宽。在这个区段，要注意水分子也有吸收，所以样品必须干燥。另外，羰基伸缩振动的倍频在 3500～3400cm^{-1} 处出现弱吸收。

（2）N—H 伸缩振动（ν_{N-H}） N—H 伸缩振动出现在 3500～3150cm^{-1} 处，比 ν_{O-H} 谱带强度弱、峰形尖。

伯胺出现两个约 3500cm^{-1} （ν_{N-H}^{as}）、3400cm^{-1} （ν_{N-H}^{s}）峰，两峰距离一般不大于 100cm^{-1}。仲胺只有 1 个 N—H 键，在约 3400cm^{-1} 处出现一个弱吸收峰。芳基仲胺吸收峰约在 3450cm^{-1} 处，杂环仲胺（如吡咯、吲哚）吸收峰则高至约 3490cm^{-1}。叔胺因无 N—H 键，在此范围内无吸收带。

酰胺的游离态只存在于极稀溶液中（ν_{N-H}3500～3400cm^{-1}）。一般以缔合状态存在。与伯胺类似，伯酰胺也出现双峰（约 3350cm^{-1}、约 3150cm^{-1}），但两峰相距较远，谱带强度较游离态增大。仲酰胺在约 3200cm^{-1} 出现 1 个峰，叔酰胺在此范围内无吸收带。

铵盐中 ν_{N-H} 较胺类 ν_{N-H} 向低波数位移，在 3200～2200cm^{-1} 范围出现强而宽的吸收带。有时，当胺的鉴别难以确认时，可利用形成铵盐使其谱带变宽及大幅低频位移来确认。

3.3.2.2 C—H 伸缩振动区 （3300～2700cm^{-1}）

一般饱和烃基的 ν_{C-H} 低于 3000cm^{-1}。烷烃的 ν_{C-H} 位于 3000～2700cm^{-1}，如图 3-10 所示，分辨率较高时可观察到 4 个吸收带：

—CH$_3$ 约 2960cm^{-1} （ν_{C-H}^{as}），约 2870cm^{-1} （ν_{C-H}^{s}）；

—CH$_2$— 约 2926cm^{-1} （ν_{C-H}^{as}），约 2850cm^{-1} （ν_{C-H}^{s}）。

次甲基的 ν_{C-H} 约在 2890cm^{-1} 处，较—CH$_3$，—CH$_2$—的谱带强度弱，通常被后者掩

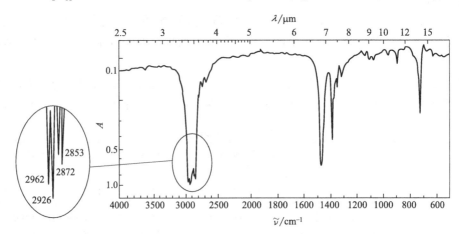

图 3-10 正十二烷烃的红外光谱图

盖，特征性不强。

醛基中 ν_{C-H} 约在 2820cm^{-1} 和 2720cm^{-1} 有两个吸收峰，这是由于醛基 C—H 的伸缩振动与弯曲振动（约 1390cm^{-1}）的倍频产生费米共振所致。少数醛类化合物，醛基 C—H 的弯曲振动明显地偏离约 1390cm^{-1}，其倍频远离醛基的伸缩振动，不发生费米共振，所以只能观测到一条谱带，如三氯乙醛（CCl$_3$CHO）仅在 2851cm^{-1} 呈现单峰。

不饱和烃的 ν_{C-H} 出现在高于 3000cm^{-1} 处，烯烃的 $\nu_{=C-H}$ 位于 3100～3000cm^{-1}；芳烃 ν_{Ar-H} 出现在约 3030cm^{-1}，当用高分辨红外光谱仪测定时，在 3100～3000cm^{-1} 范围可观测到三条谱带；炔烃的 $\nu_{\equiv C-H}$ 约为 3300cm^{-1}，该谱带的特点是吸收强度大、谱带尖锐、特征性强。

需要注意的是，仲酰胺、聚酰胺和蛋白质等多在 3100～3050cm^{-1} 范围出现 N—H 弯曲振动的倍频带，形状尖锐，强度中等或弱，易与 $\nu_{=C-H}$ 带混淆。

3.3.2.3 C≡C、C≡N 叁键及累积双键伸缩振动区（2500～2000cm^{-1}）

主要为叁键、累积双键及 B—H、P—H、As—H、Si—H 等键的伸缩振动吸收区。谱带为中等强度吸收或弱吸收。

（1）C≡C 伸缩振动（$\nu_{C\equiv C}$） 炔基的伸缩振动吸收位于 2260～2100cm^{-1}。

RC≡CR′ 2260～2190cm^{-1} 强度弱；RC≡CH 2140～2100cm^{-1} 强度中等

多炔化合物的 $\nu_{C\equiv C}$ 谱带数目由于振动耦合而出现多个，例如 1,4-壬二炔的 $\nu_{C\equiv C}$ 在 2260cm^{-1}、2190cm^{-1}、2150cm^{-1} 有 3 个谱带。

（2）C≡N 伸缩振动（$\nu_{C\equiv N}$） 脂肪族氰基化合物中 $\nu_{C\equiv N}$ 谱带在 2260～2240cm^{-1} 范围。C≡N 键极性较 C≡C 键强，其谱带强度也较强。当 C≡N 与苯环或双键共轭，谱带向低波数位移 20～30cm^{-1}。

（3）重氮盐及累积双键的伸缩振动 重氮盐中重氮基（—N$^+$≡N）的伸缩振动在 2290～2240cm^{-1} 范围，谱带较强。

累积双键类化合物，如丙二烯类、烯酮类、异氰酸酯类、叠氮化合物等，都有振动耦合谱带。不对称伸缩振动耦合带出现在 2300～2100cm^{-1}，对称伸缩振动耦合带一般出现在指纹区，强度弱、干扰大、无鉴定价值。

3.3.2.4 C═O、C═C 伸缩振动区（2000～1500cm^{-1}）

主要为双键（包括 C═O，C═C，C═N，N═O 等）的伸缩振动吸收区，是红外光谱中很重要的区域。另外，N—H 键的弯曲振动也位于此区。

（1）C═O 伸缩振动（$\nu_{C=O}$） 羰基化合物的 $\nu_{C=O}$ 位于 1900～1600cm^{-1}，吸收强，通常是谱图中的最强峰或次强峰，特征性强。当羰基与苯环或双键共轭时，$\nu_{C=O}$ 向低波数位移 20～30cm^{-1}。例如，以下各化合物羰基的伸缩振动频率分别为：

RCHO	1740～1720cm^{-1}
C═C—CHO	1705～1680cm^{-1}
Ar—CHO	1715～1690cm^{-1}
RCOR′	1725～1705cm^{-1}
C═C—COR	1685～1665cm^{-1}
Ar—COR	1700～1680cm^{-1}
α-卤代酮	1750～1720cm^{-1}

不同类型的羰基化合物 $\nu_{C=O}$ 的吸收频率是：

① 酮　脂肪酮约 $1715cm^{-1}$，环丁酮 $1800\sim1750cm^{-1}$，环戊酮 $1780\sim1700cm^{-1}$，环己酮 $1760\sim1680cm^{-1}$，当羰基与苯环或双键共轭时，$\nu_{C=O}$ 向低波数方向移动。

② 醛　$\nu_{C=O}$ 一般约在 $1725cm^{-1}$ 处。

③ 羧酸　$\nu_{C=O}$ 一般在 $1730\sim1700cm^{-1}$ 范围。羧酸通常以二聚体的形式存在，$\nu_{C=O}$ 约 $1720cm^{-1}$。游离态羧酸 $\nu_{C=O}$ 约 $1760cm^{-1}$，常以肩峰形式出现。

④ 羧酸盐　与羧酸相比有显著变化，$R—COO^-$ 有对称与不对称伸缩振动之分，$\nu_{C=O}^{as} 1650\sim1500cm^{-1}$，$\nu_{C=O}^{s}$ 约 $1400cm^{-1}$。

⑤ 酯　$\nu_{C=O}$ 一般在 $1740\sim1710cm^{-1}$。脂肪酸酯 $\nu_{C=O}$ 约 $1735cm^{-1}$，α,β-不饱和酸酯和芳香酸酯在 $1730\sim1715cm^{-1}$，脂肪酸的芳基酯和烯醇酯则向高波数位移至 $1770cm^{-1}$。

⑥ 酰卤　有很强的 $\nu_{C=O}$ 吸收峰，在约 $1800cm^{-1}$ 处。

⑦ 酸酐　酸酐中两个羰基振动耦合产生两强度不等的强吸收峰，$\nu_{C=O}$ 出现在 $1850\sim1800cm^{-1}$（不对称伸缩振动）和 $1780\sim1740cm^{-1}$（对称伸缩振动），两峰相距 $60\sim80cm^{-1}$。

⑧ 酰胺　游离态 $\nu_{C=O}$ 在 $1700\sim1680cm^{-1}$，由氢键形成的缔合态 $\nu_{C=O}$ 在 $1660\sim1640cm^{-1}$。

（2）C＝C 伸缩振动（$\nu_{C=C}$）

① 烯烃　$\nu_{C=C}$ 位于 $1680\sim1600cm^{-1}$ 处，吸收峰强度中等或弱。$\nu_{C=C}$ 吸收峰的位置、强度和其分子结构的对称性、共轭效应以及张力等因素有关。双键与氧相连时，吸收强度显著增大。共轭烯烃的 $\nu_{C=C}$ 向低波数方向移动，与苯环共轭时，在约 $1625cm^{-1}$ 处；与羰基共轭时，$\nu_{C=C}$ 吸收向低波数位移约 $30cm^{-1}$，强度明显增大。双键处于端位时，$\nu_{C=C}$ 吸收带较强。若双键对称地被取代，峰很弱甚至观察不到，完全取代的 C＝C 键振动为非红外活性，如图 3-11 所示。

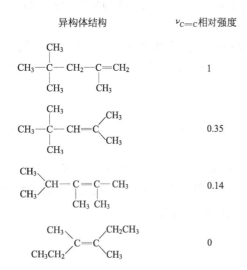

异构体结构	$\nu_{C=C}$相对强度
CH₃—C(CH₃)(CH₃)—CH₂—C(CH₃)=CH₂	1
CH₃—C(CH₃)(CH₃)—CH=C(CH₃)(CH₃)	0.35
(CH₃)(CH₃)CH—C(CH₃)=C(CH₃)(CH₃)	0.14
CH₃CH₂(CH₃)C=C(CH₂CH₃)(CH₃)	0

图 3-11　不同取代的 $\nu_{C=C}$ 相对强度

共轭多烯有时发生 C＝C 的振动耦合，图 3-12 为异戊二烯的红外光谱图，在 $1600cm^{-1}$ 附近出现两个吸收峰：$1640cm^{-1}$，对称振动耦合，很弱；$1598cm^{-1}$，不对称振动耦合，很强，为共轭二烯特征峰。

② 芳环的 C＝C 骨架振动　苯环、芳杂环的骨架伸缩振动位于 $1600\sim1450cm^{-1}$ 范围，出现 3 条谱带 $1600cm^{-1}$、$1500cm^{-1}$ 和 $1450cm^{-1}$。其中，$1450cm^{-1}$ 处的谱带因与饱和烃基的 C—H 弯曲振动重叠，特征性不强。通常 $1500cm^{-1}$ 的峰最强，$1600cm^{-1}$ 处峰较弱。当不饱和取代基或带孤对电子的取代基与苯环共轭时，$1600cm^{-1}$ 处明显分裂为 $1600cm^{-1}$ 和 $1580cm^{-1}$ 两个峰，特征性强。苯衍生物的 C—H 面外和 C＝C 面内变形振动的泛频吸收出现在 $2000\sim1650cm^{-1}$ 处，强度虽然很弱，但因其特征性很强，在判断芳环取代类型上非常有用。图 3-13 为取代苯在该区域的特征吸收。

（3）其他　这个区域还有硝基化合物、亚硝基化合物的 $\nu_{N=O}$，含 C＝N 键化合物如肟

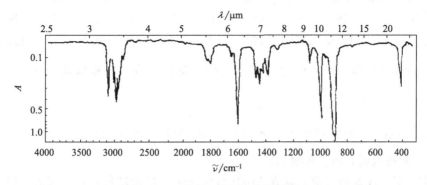

图 3-12 异戊二烯的红外光谱图

（R—CH ＝N—OH）、亚胺（R—CH ＝N—R）的 $\nu_{C=N}$ 吸收，胺、酰胺化合物 N—H 键的面内弯曲振动。另外，在此区域还有芳环及烯烃面外弯曲振动的倍频峰出现。

3.3.2.5 C—X（X≠H）单键伸缩振动及各类弯曲振动区（1500～400cm⁻¹）

（1）C—H 弯曲振动

① 烷烃 多数有机物含有甲基和亚甲基，甲基的不对称变形振动 $\delta_{CH_3}^{as}$ 在约 1460cm⁻¹，亚甲基的剪式振动 δ_{CH_2} 在约 1468cm⁻¹，通常不可区分。甲基的对称变形振动 $\delta_{CH_3}^{s}$ 在约 1380cm⁻¹ 有吸收，特征很强，可用此判断有没有甲基。当有两个或三个甲基连在同一个碳上时，由于振动耦合发生谱峰分裂，如图 3-14 所示，异丙基—CH(CH₃)₂ 约 1385cm⁻¹、约 1368cm⁻¹，强度相近的两峰；叔丁基—C(CH₃)₃ 约 1395cm⁻¹、约 1368cm⁻¹，一弱一强的两峰。

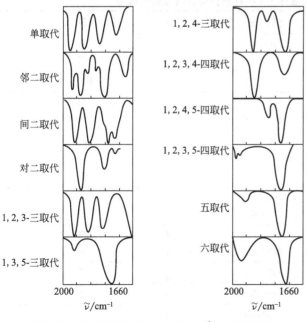

图 3-13 取代苯在 2000～1660cm⁻¹ 的特征吸收

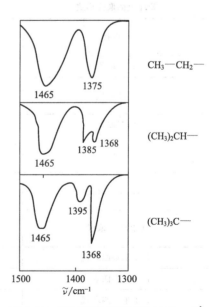

图 3-14 异丙基和叔丁基在 1380cm⁻¹ 处的分裂情况

当甲基与不同基团相连时，$\delta_{CH_3}^s$ 吸收位置会发生变化，例如 $X—CH_3$

X	N	F	O	Cl	S	Br	P	I	Si
$\tilde{\nu}(\delta_{CH_3}^s)/cm^{-1}$	1488	1475	1460	1355	1323	1305	1280	1255	1260

此外，在 $800\sim700cm^{-1}$ 还有 $\begin{matrix}\left(CH_2\right)_n\end{matrix}$ 平面摇摆振动，弱吸收带，可用于判断 n 的数目。

n	1	2	3	4
$\tilde{\nu}(\rho_{CH_2})/cm^{-1}$	$785\sim770$	$743\sim734$	$729\sim726$	$725\sim722$

但 $n<4$ 时吸收弱，不易观察到。

② 烯烃　C—H 面内弯曲振动在 $1400\sim1300cm^{-1}$ 处强度较弱，干扰大，特征性不强，很少用于结构分析。面外弯曲振动位于 $1000\sim670cm^{-1}$，吸收峰强度大，容易识别，可用以鉴别各种取代的烯烃。$RCH=CH_2$ 在 $990cm^{-1}$、$910cm^{-1}$ 出现两强吸收峰；$R^1R^2C=CH_2$ 在 $890cm^{-1}$ 出现一强吸收峰；反式 $R^1HC=CHR^2$ 在 $730\sim675cm^{-1}$ 处出现一弱而宽的吸收峰。

③ 炔烃　$\delta_{\equiv C-H}$ 在 $700\sim610cm^{-1}$ 范围出现强度中等或弱的吸收带，其倍频峰在 $1370\sim1220cm^{-1}$ 出现弱而宽的谱带。

④ 芳烃　C—H 面内弯曲振动位于 $1300\sim1000cm^{-1}$ 范围，出现多条谱带，因吸收强度弱，受其他谱带干扰，很少用于结构分析。面外弯曲振动位于 $900\sim650cm^{-1}$ 范围，出现强吸收带，谱带位置及数目与苯环的取代情况有关，利用此范围的吸收带可判断苯环上取代基个数和位置，如表 3-4 所示。芳环 C—H 弯曲振动的倍频出现在 $2000\sim1660cm^{-1}$，是一组弱谱带，谱带的形状与苯环的取代情况有关，可辅助判断苯环的取代情况。

表 3-4　各种取代类型的苯环上 C—H 面外弯曲振动的吸收带

苯环上的取代形式	峰位/cm^{-1}	峰强度
单取代	$770\sim730$ $710\sim690$	强 强
邻二取代	$770\sim735$	特强
间二取代	$810\sim750$ $725\sim680$	强 中→强
对二取代	$860\sim800$	特强
1,2,3-三取代	$780\sim760$ $745\sim705$	强 强
1,3,5-三取代	$865\sim810$ $730\sim675$	强 强
1,2,4-三取代	$885\sim870$ $825\sim805$	强 强
1,2,3,4-四取代	$810\sim800$	强
1,2,4,5-四取代	$870\sim855$	强
1,2,3,5-四取代	$850\sim840$	强
五取代	约 870	强

（2）C—O 伸缩振动（ν_{C-O}）　C—O 键的伸缩振动位于 $1300\sim1000cm^{-1}$，通常为强吸

收带。

① 醇、酚 C—O 伸缩振动在 $1250 \sim 1000 \mathrm{cm}^{-1}$，伯醇约 $1050 \mathrm{cm}^{-1}$，仲醇约 $1120 \mathrm{cm}^{-1}$，叔醇约 $1190 \mathrm{cm}^{-1}$，酚约 $1200 \mathrm{cm}^{-1}$。

② 醚 C—O—C 伸缩振动位于 $1250 \sim 1020 \mathrm{cm}^{-1}$ 范围。可存在不对称伸缩振动 $\nu_{\mathrm{C-O-C}}^{\mathrm{as}} 1250 \sim 1210 \mathrm{cm}^{-1}$ 和对称伸缩振动 $\nu_{\mathrm{C-O-C}}^{\mathrm{s}} 1075 \sim 1020 \mathrm{cm}^{-1}$。对称醚通常在 $1150 \sim 1060 \mathrm{cm}^{-1}$ 处因不对称伸缩振动出现一较强的吸收带，对称伸缩振动约 $940 \mathrm{cm}^{-1}$ 太弱常观察不到。不对称醚，如苯基或烯基烷基醚，两个吸收带都较强。

③ 酯 C—O—C 伸缩振动位于 $1300 \sim 1050 \mathrm{cm}^{-1}$ 出现 2 条谱带。对应于 $\nu_{\mathrm{C-O-C}}^{\mathrm{as}}$ 和 $\nu_{\mathrm{C-O-C}}^{\mathrm{s}}$，均为较强吸收带，通常两吸收带波数之差为 $130 \sim 170 \mathrm{cm}^{-1}$。

④ 酸酐 酸酐分子中 C—O—C 伸缩振动吸收带强而宽，线形酸酐的 $\nu_{\mathrm{C-O-C}}$ 在 $1170 \sim 1050 \mathrm{cm}^{-1}$，环状酸酐的 $\nu_{\mathrm{C-O-C}}$ 在 $950 \sim 890 \mathrm{cm}^{-1}$ 出现强吸收。

(3) 其他

① C—C C—C 伸缩振动一般很弱，很少用于结构鉴定。酮类化合物在 $1300 \sim 1100 \mathrm{cm}^{-1}$ 出现一条或几条 $\nu_{\mathrm{C-C}}$ 谱带，可辅助判断分子中有无酮基。

② C—N C—N 伸缩振动位于 $1350 \sim 1100 \mathrm{cm}^{-1}$，强度较 C—O 伸缩振动弱，比 C—C 伸缩振动强。但硝基苯中由于强吸电子基的影响 $\nu_{\mathrm{C-N}}$ 低波数位移显著，吸收强度增大。

③ C—X X 为卤素，碳卤键的伸缩振动频率随卤素原子量的增加而减小。

碳卤键（$\nu_{\mathrm{C-X}}$）　　　C—F　　　C—Cl　　　C—Br　　　C—I

$\tilde{\nu}/\mathrm{cm}^{-1}$　　　　$1400 \sim 1000$　$800 \sim 600$　$600 \sim 500$　约 500

3.4 典型有机化合物红外吸收光谱的主要特征

3.4.1 烷烃

(1) —CH$_3$ 对称、不对称伸缩振动：$2870 \mathrm{cm}^{-1}$、$2960 \mathrm{cm}^{-1}$ 附近；对称变形振动：$1380 \mathrm{cm}^{-1}$ 附近；有异丙基时，$1380 \mathrm{cm}^{-1}$ 分裂为 $1385 \mathrm{cm}^{-1}$ 与 $1375 \mathrm{cm}^{-1}$（两强度相似）；有叔丁基时，$1380 \mathrm{cm}^{-1}$ 分裂为 $1395 \mathrm{cm}^{-1}$ 及 $1370 \mathrm{cm}^{-1}$（两强度不等）。

(2) —CH$_2$— 不对称、对称伸缩振动：$2925 \mathrm{cm}^{-1}$、$2850 \mathrm{cm}^{-1}$ 附近；剪式振动：$1480 \sim 1440 \mathrm{cm}^{-1}$ 区，强度中等；$\mathrm{\{CH_2\}_n}$（$n \geqslant 4$），面内摇摆：$722 \mathrm{cm}^{-1}$。

正己烷的红外光谱图见图 3-15。

3.4.2 烯烃和炔烃

(1) 烯烃 1-己烯的红外光谱图见图 3-16。

=C—H 伸缩振动：$3100 \sim 3000 \mathrm{cm}^{-1}$，峰尖锐，强度中等；C=C 伸缩振动：$1680 \sim 1620 \mathrm{cm}^{-1}$，共轭时向低波数方向位移约 $20 \mathrm{cm}^{-1}$；=C—H 面外弯曲：$1000 \sim 650 \mathrm{cm}^{-1}$；—CH=CH$_2$ 面外弯曲：$990 \mathrm{cm}^{-1}$，$910 \mathrm{cm}^{-1}$，两个很强谱带。

(2) 炔烃 1-己炔的红外光谱图见图 3-17。

≡C—H 伸缩振动：$3310 \sim 3300 \mathrm{cm}^{-1}$；弯曲振动：$642 \sim 615 \mathrm{cm}^{-1}$。

C≡C 伸缩振动：$2140 \sim 2100 \mathrm{cm}^{-1}$（末端）；$2260 \sim 2190 \mathrm{cm}^{-1}$（中间）。

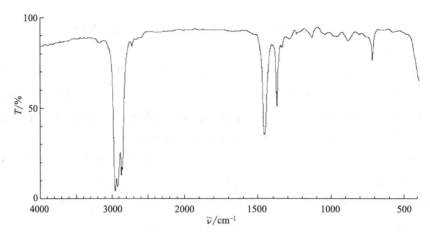

图 3-15　正己烷的红外光谱图

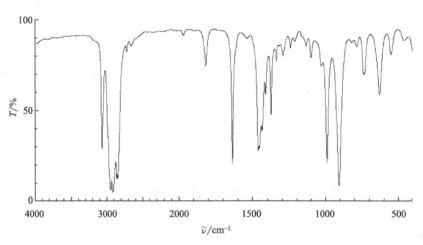

图 3-16　1-己烯的红外光谱图

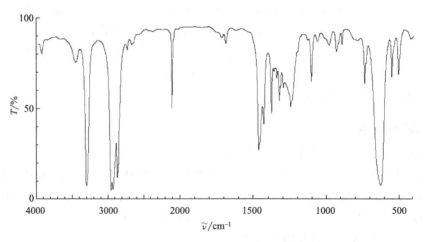

图 3-17　1-己炔的红外光谱图

3.4.3　芳烃

芳环上＝C—H，伸缩振动，3100～3000cm^{-1} 之间有 3 个吸收带；芳环的骨架 C＝C，伸缩振动，1600cm^{-1}、1500cm^{-1} 及 1450cm^{-1} 附近有 3 个吸收带，特别是前两个带是芳环的最重要特征带；芳环与其他不饱和体系发生共轭时，1600cm^{-1} 带往往分裂成 1600cm^{-1} 及 1580cm^{-1} 两吸收带。

芳环上＝C—H 面外弯曲振动 900～650cm^{-1}，随相邻芳氢数的增加移向低波数。

单取代：2 个吸收带 740cm^{-1}、690cm^{-1}；邻二取代：1 个吸收带 740cm^{-1}；间二取代：2 个强吸收带 780cm^{-1}、710cm^{-1}，1 个弱吸收带 860cm^{-1}；对二取代：1 个吸收带 800cm^{-1}。

邻二甲苯的红外光谱图见图 3-18。

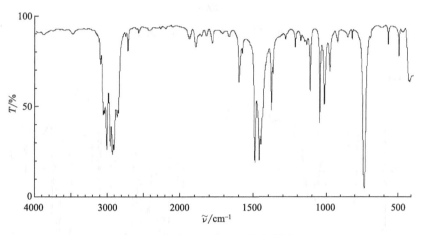

图 3-18　邻二甲苯的红外光谱图

3.4.4　醇和酚

醇、酚呈液态或固体时，由于分子间生成氢键而缔合。

① O—H 伸缩振动　3550～3200cm^{-1} 之间，强而宽（越是多缔合体，吸收带越向低波数移动）；

② O—H 面外弯曲　750～650cm^{-1} 之间，带很宽；

③ C—O 伸缩振动　1260～1000cm^{-1} 之间强度大（从伯醇、仲醇和叔醇，吸收带向高波数移动，分别在 1050cm^{-1}，1120cm^{-1}，1190cm^{-1} 附近）。

异丙醇和邻甲酚的红外光谱图见图 3-19 和图 3-20。

3.4.5　醚

① C—O—C（饱和）伸缩振动　强 1125cm^{-1}（不对称）和弱 940cm^{-1}（对称），α-碳上有侧链，1170～1070cm^{-1} 双带；

② 芳基烷基醚　1280～1220cm^{-1} 及 1100～1050cm^{-1} 两个强吸收带。

乙醚和苯甲醚的红外光谱图见图 3-21 和图 3-22。

3.4.6　酮和醛

（1）酮　2-丁酮的红外光谱图见图 3-23。

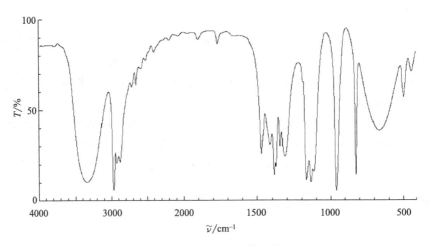

图 3-19　异丙醇的红外光谱图

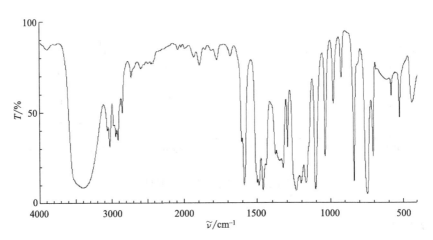

图 3-20　邻甲酚的红外光谱图

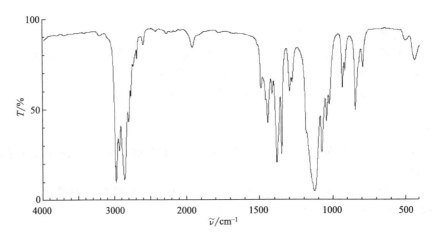

图 3-21　乙醚的红外光谱图

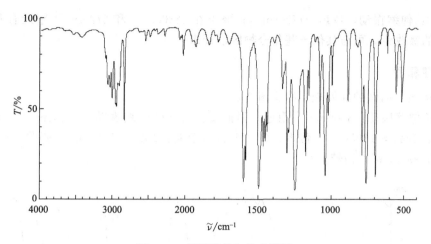

图 3-22　苯甲醚的红外光谱图

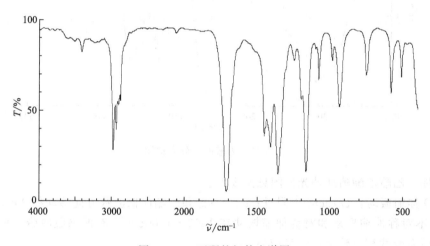

图 3-23　2-丁酮的红外光谱图

C＝O：伸缩振动（饱和），1715cm^{-1}；芳酮向低波数移动约 20cm^{-1}；α,β-不饱和酮向低波数移动约 40cm^{-1}。

（2）醛　丙醛的红外光谱图见图 3-24。

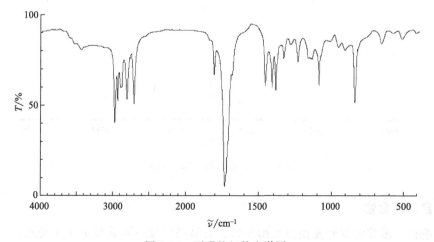

图 3-24　丙醛的红外光谱图

C═O：伸缩振动，1740～1720cm^{-1}；醛类在2830cm^{-1}和2720cm^{-1}附近有两个C—H伸缩振动的吸收带，可与其他羰基化合物区别开来。

3.4.7 酸和酯

（1）羧酸　丙酸的红外光谱图见图3-25。

O—H伸缩振动：3000cm^{-1}附近，强而宽；C═O伸缩振动：1720cm^{-1}附近；C—O伸缩振动：1440～1395cm^{-1}强带；O—H面内弯曲：1320～1210cm^{-1}强带；O—H面外弯曲：955～915cm^{-1}强带。

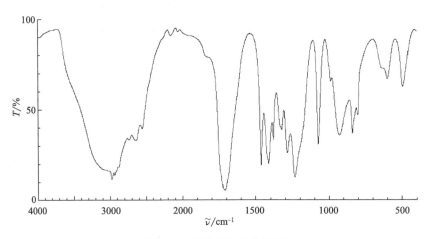

图3-25　丙酸的红外光谱图

（2）酯　乙酸乙酯的红外光谱图见图3-26。

C═O伸缩振动：1740cm^{-1}附近；α,β-不饱和酸酯向低波数方向移动约20cm^{-1}；酯的C—O—C不对称伸缩振动和对称伸缩振动在1300～1000cm^{-1}有两强吸收带，前者为强而宽的峰，后者峰性相对较窄，强度较小。

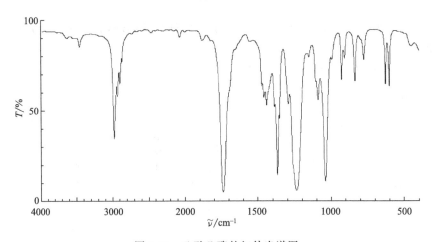

图3-26　乙酸乙酯的红外光谱图

3.4.8 含氮化合物

（1）胺类　苯胺的红外光谱图见图3-27。芳香胺的吸收峰强度大于脂肪胺。

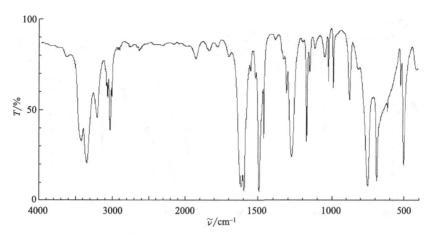

图 3-27　苯胺的红外光谱图

① 伯胺 N—H　不对称、对称伸缩，3500～3300cm^{-1} 双峰，中强；面内弯曲，1600～1640cm^{-1}，较宽较强。

② 仲胺 N—H　伸缩振动，约 3400cm^{-1}；面内弯曲，1600～1640cm^{-1}，较弱。

（2）酰胺类　苯酰胺的红外光谱图见图 3-28。

① N—H　伸缩振动：3350cm^{-1}、3200cm^{-1} 双峰，中强（伯酰胺）；约 3400cm^{-1}，强（仲酰胺）。

② C＝O　伸缩振动：1650～1690cm^{-1}，强，尖（酰胺 Ⅰ 带）；面外弯曲：850～750cm^{-1}（伯酰胺），750～650cm^{-1}（仲酰胺）。

③ N—H　面内弯曲：中强；约 1600cm^{-1}（伯酰胺），约 1550cm^{-1}（仲酰胺）（酰胺 Ⅱ 带）。

④ C—N　伸缩振动：中强；约 1400cm^{-1}（伯酰胺），约 1300cm^{-1}（仲酰胺）（酰胺Ⅲ带）。

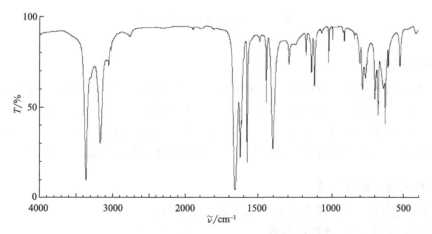

图 3-28　苯酰胺的红外光谱图

（3）硝基化合物　硝基苯的红外光谱图见图 3-29。

$\nu_{NO_2}^{as}$　1590～1500cm^{-1}，强；$\nu_{NO_2}^{s}$　1390～1330cm^{-1}，强。

（4）腈类化合物　正丁腈的红外光谱图见图 3-30。

$\nu_{C\equiv N}$　2260～2215cm^{-1}，中强，尖。

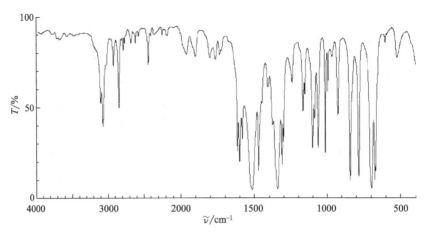

图 3-29　硝基苯的红外光谱图

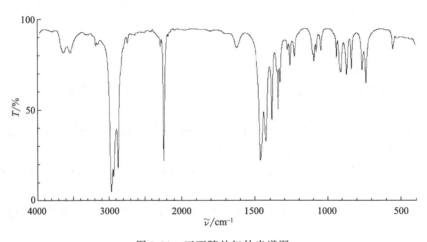

图 3-30　正丁腈的红外光谱图

3.4.9　有机卤化物

　　2-溴丙烷的红外光谱图见图 3-31。卤素的原子量比较大，C—X 的伸缩振动出现在较低波数范围，吸收峰强度大。在 $1300 \sim 1100 cm^{-1}$ 之间出现 C—C 伸缩振动强吸收峰。

　　C—F 伸缩振动：$1400 \sim 1000 cm^{-1}$，强带；C—Cl 伸缩振动：$800 \sim 600 cm^{-1}$，强带；C—Br 伸缩振动：$660 \sim 500 cm^{-1}$，强带；C—I 伸缩振动：约 $500 cm^{-1}$，强带。

3.4.10　有机硫、磷化合物

　　(1) 含硫化合物　二甲亚砜的红外光谱图见图 3-32。

　　① S—H，S—C，S—S 吸收很弱。

　　② C＝S 伸缩振动：$1200 \sim 1050 cm^{-1}$，强带。

　　③ S＝O 伸缩振动：$1060 \sim 1040 cm^{-1}$，强带（亚砜）；约 $1090 cm^{-1}$，强带（亚磺酸）；$1135 \sim 1125 cm^{-1}$，强带（亚磺酸酯）；$1440 \sim 1350 cm^{-1}$，强带（亚硫酸酯 S＝O 不对称伸缩振动）；$1230 \sim 1150 cm^{-1}$，强带（亚硫酸酯 S＝O 对称伸缩振动）。

　　④ S—O 伸缩振动：$900 \sim 700 cm^{-1}$，强带。

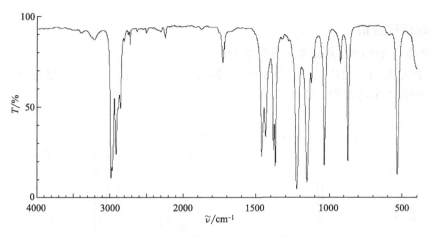

图 3-31　2-溴丙烷的红外光谱图

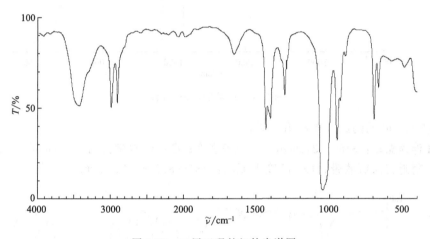

图 3-32　二甲亚砜的红外光谱图

（2）含磷化合物　敌敌畏的红外光谱图见图 3-33。

P—H 伸缩振动：2425～2325cm^{-1}，中等强度，尖峰；P＝O 伸缩振动：1350～1140cm^{-1}，强带；P—O 伸缩振动：1050～1030cm^{-1}，强带；O—H（有机磷酸）伸缩振动：2700～2500cm^{-1}，中等强度，宽峰。

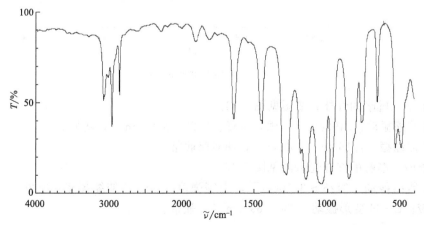

图 3-33　敌敌畏 [O,O-二甲基-O-(2,2-二氯乙烯基) 磷酸酯] 的红外光谱图

3.4.11 杂环化合物

（1）吡啶 吡啶的红外光谱图见图 3-34。

C—H 伸缩振动：3075cm^{-1}、3030cm^{-1} 附近，强，尖峰；C—C 伸缩振动：1600cm^{-1}、1500cm^{-1} 附近，中等强度，尖峰。

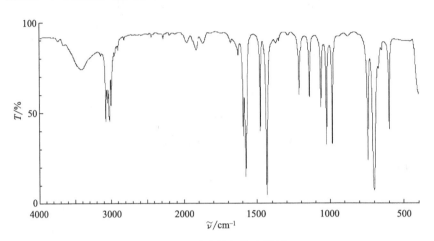

图 3-34 吡啶的红外光谱图

（2）呋喃 呋喃的红外光谱图见图 3-35。

C—H 伸缩振动：3165～3125cm^{-1}，中等强度；C＝C 伸缩振动：1600cm^{-1}、1500cm^{-1}、1400cm^{-1} 附近三条吸收带；C—H 变形振动：885～870cm^{-1}，尖峰。

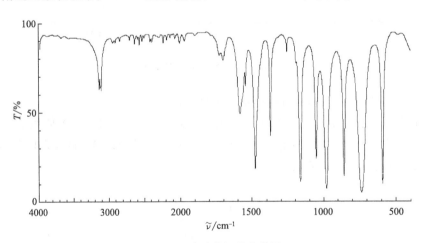

图 3-35 呋喃的红外光谱图

（3）吡咯 吡咯的红外光谱图见图 3-36。

C—H 伸缩振动：3490cm^{-1}，强，尖峰；3125～3100cm^{-1}，弱峰。

C＝C 伸缩振动：1600～1500cm^{-1}，两条吸收带。

（4）噻吩 噻吩的红外光谱图见图 3-37。

C—H 伸缩振动：3125～3050cm^{-1}，中等强度；C＝C 伸缩振动：1520～1410cm^{-1}，两条吸收带；C—H 变形振动：750～690cm^{-1}，强带。

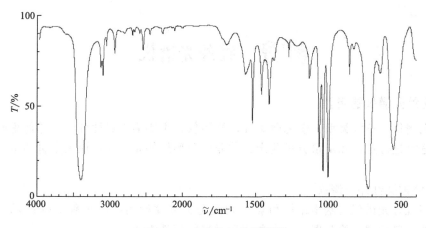

图 3-36　吡咯的红外光谱图

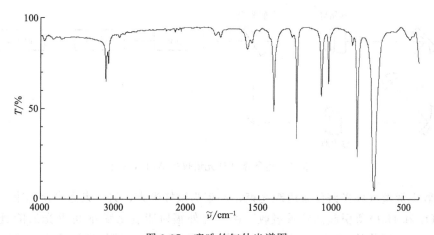

图 3-37　噻吩的红外光谱图

3.4.12　高分子化合物

高分子化合物的分子量比较大，其他的分析仪器如核磁、质谱等很难对其进行检测。但是因其由重复单元组成，红外光谱并不复杂，主要出现的是重复单元的吸收峰，所以红外光谱在研究高分子化合物的组成结构方面应用广泛。典型高分子化合物聚苯乙烯的红外光谱图如图 3-38所示。

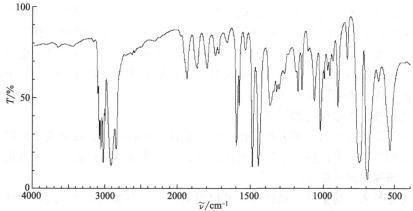

图 3-38　聚苯乙烯的红外光谱图

3.5 红外光谱仪

3.5.1 红外光谱仪的类型

红外光谱仪有三种类型：①色散型红外光谱仪，主要用于定性分析；②傅里叶变换红外光谱仪，适宜进行定性和定量分析测定；③非色散型红外光度计，用来定量测定大气中的有机物质。

3.5.1.1 色散型红外光谱仪

色散型红外光谱仪的基本结构和紫外-可见分光光度计类似，如图 3-39 所示，主要由光源、样品池、单色器、检测器、放大器和记录仪等部件组成。

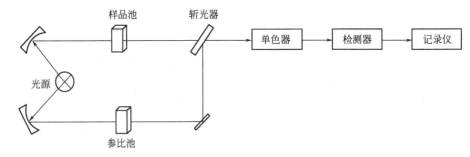

图 3-39　色散型红外光谱仪的结构示意图

大多数色散型红外光谱仪采用双光束，一束为试样光束，另一束为参比光束，可以消除大气中 CO_2 和 H_2O 等引起的背景吸收。由于红外辐射能量比紫外-可见光的能量小，在光路设计上，不同于紫外-可见分光光度计的是，色散型红外光谱仪将样品池放在光源和单色器之间，这样使试样接收更多光源的照射，还可减少来自试样和样品池的杂散光到达检测器。

3.5.1.2 傅里叶变换红外光谱仪

傅里叶变换红外光谱仪（Fourier transform infrared spectrometer，FTIR）是 20 世纪 70 年代出现的新一代仪器，它由光源、干涉仪、样品池、检测器、计算机等部分构成，如图 3-40 所示。它没有色散元件，干涉仪是 FTIR 的核心部分，最常用的是迈克尔逊干涉仪，其由光分束器、固定镜、动镜和动镜驱动结构组成。迈克尔逊干涉仪的作用是将光源发出的光分成两光束后，分别经固定镜和动镜反射后又合并到同一光路，因动镜移动产生不同的光程差，由此发生随时间而变化的干涉现象，每个时间或光程差所对应的光强度都是各波长光干涉的加和，因此干涉图是包含全部频率及其对应强度信息的时域图，经计算机进行傅里叶变换而得到普通的红外光谱图。

傅里叶变换红外光谱仪有如下优点。

（1）多路，扫描速度快　傅里叶变换红外光谱仪能同时测量记录全波段光谱信息，其扫描速度较色散型快数百倍，更适于与气相色谱仪、高效液相色谱仪联用，并可用于快速化学反应的追踪，研究瞬间的变化。

（2）辐射通量大　傅里叶变换红外光谱仪没有狭缝，其辐射通量比色散型仪器大得多，灵敏度高，检测限低。

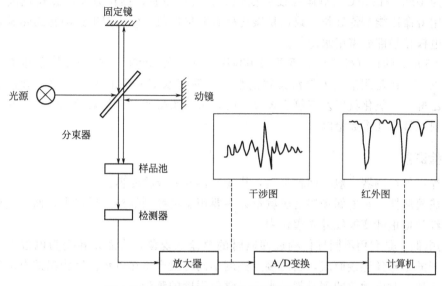

图 3-40　傅里叶变换红外光谱仪的结构示意图

（3）**波数准确度高**　由于将激光参比干涉仪引入迈克尔逊干涉仪，用激光干涉条纹准确测定光程差，从而使傅里叶变换红外光谱仪在测定光谱上比色散型测定的波数更为准确，波数精度可达 0.01cm^{-1}。

（4）**杂散光低**　在整个光谱范围内杂散光低于 0.3％。

（5）**光谱范围宽**　一般的色散型红外分光光度计测定的波长范围为 $4000\sim400\text{cm}^{-1}$，而傅里叶变换红外光谱仪可以研究的范围包括了中红外和远红外光区，即 $1000\sim10\text{cm}^{-1}$。这对测定无机化合物和金属有机化合物是十分有利的。

（6）**分辨率高**　色散型仪器的分辨率通常为 $0.2\sim1\text{cm}^{-1}$，而傅里叶变换红外光谱仪能达到 0.1cm^{-1}，甚至可达 0.005cm^{-1}。因此可以研究因振动和转动吸收带重叠而导致的气体混合物的复杂光谱。

3.5.1.3　非色散型红外光度计

非色散型红外光度计结构简单，价格低廉，适于气体或液体被测组分的连续测定。非色散型红外光度计分为滤光型和非滤光型两种。前者用滤光片或滤光器件进行分光，后者则是不用波长选择设备的简易式红外分析仪。滤光型红外光度计主要用于大气中的某些有机物质，如：卤代烃、光气、氢氰酸、丙烯腈等的定量分析。非滤光型红外光度计可用于单一组分的连续监测，如：气体混合物中的一氧化碳的含量，气体试样中的杂质等。

3.5.2　红外光源

作为红外光谱仪的光源，要求能发射出稳定的、高强度的连续红外光，中红外区通常使用能斯特灯和硅碳棒。

能斯特灯是由氧化锆、氧化钇和氧化钍等粉末按一定比例混合压制成棒状，并在高温下烧结而成。能斯特灯在室温下是非导体，当温度升高到 700℃ 以上时，才变成导体，工作温度为 1750℃。因此要点亮能斯特灯，需由一个辅助加热器预热。该灯的优点是发出的光强度高，使用寿命较长，稳定性好，可达 2000h。缺点是机械强度差，受压或扭动易损坏。

硅碳棒是由硅碳砂压制成型后经高温烧结而成，在室温下是一导体，工作前不需预热，

工作温度为 $1000\sim1300\,^{\circ}\mathrm{C}$。硅碳棒发光面积大，价格便宜，操作方便，波长范围较能斯特灯宽，使用寿命比能斯特灯长。缺点是碳化硅有升华现象，使用温度过高将缩短碳化硅的寿命，所以电极接触部分需用水冷却。

在 $\lambda>50\mu\mathrm{m}$ 的远红外光区，需要采用高压汞灯。在 $20000\sim8000\,\mathrm{cm}^{-1}$ 的近红外光区通常采用钨丝灯。在监测某些大气污染物的浓度和测定水溶液中的吸收物质（如：氨、丁二烯、苯、乙醇、二氧化氮以及三氯乙烯等）时，可采用可调二氧化碳激光光源，它的辐射强度比热辐射光源高几个数量级。

3.5.3 检测器

红外光区的检测器一般有两种类型：热检测器和光导检测器。

（1）热检测器　热电偶和辐射热测量计主要用于色散型红外光谱仪中，而热电检测器主要用于中红外傅里叶变换红外光谱仪中。

① 热电偶　是利用不同导体构成回路时的温差电现象，将温差转变为电位差。热电偶由两种不同的金属丝连接而成，当两接点温度不同时就产生热电势。因为温差电动势同温度的上升成正比，对电动势的测量就相当于对辐射强度的测量。

② 辐射热测量计　将很薄的黑化的金属片作受光面安装在惠斯登电桥的某个臂上，当光照射到金属片上时，由于温度的变化引起电阻的改变，由此来测量辐射强度。

③ 热电检测器　通常采用硫酸三苷肽的单晶片作为检测元件。将硫酸三苷肽薄片正面真空镀铬（半透明），背面镀金，形成两电极。当红外辐射光照射到薄片上时，引起温度升高，硫酸三苷肽发生极化反应，极化强度随温度升高而降低，表面电荷减少，相当于"释放"了部分电荷，经放大转变成电压或电流进行测量。

（2）光导检测器　光导检测器是将一层半导体薄膜沉积到玻璃表面，真空密封后制成。半导体材料可以吸收红外辐射，某些价电子获得能量成为自由电子，半导体的电阻随之降低，同时电流或电压发生改变，由此可以测量辐射的强度。近红外光区使用硫化铅，中红外和远红外光区主要采用汞/镉碲化物作为敏感元件。光导检测器响应性能优于热电检测器，广泛应用于傅里叶变换红外光谱仪以及与气相色谱仪联用的红外光谱仪器中。

3.5.4 红外吸收光谱分析的制样技术

在进行红外吸收光谱分析时，首先要针对不同状态和性质的试样，采用相应的制备方法，才能适应不同的分析目的和测试仪器，有利于获取高质量的红外光谱图。

红外分析的样品需要达到一定的纯度，纯度不高的样品要进行提纯处理。含有水分和溶剂的样品要进行干燥处理。不稳定样品要避免使用压片法。制样过程中，要避免空气中的水分、二氧化碳和其他污染物的混入。

（1）气体试样　气体试样通常在两端黏合着盐窗的气体池内进行测定。盐窗的材质一般是 NaCl 或 KBr。进样时，先将气体池抽成真空，然后导入测试气体至所需压力，即可进行测量。

（2）液体试样　液体池的透光面通常是用 NaCl 或 KBr 等晶体做成。常用的液体池有三种，即厚度一定的密封固定池，其垫片可自由改变厚度的可拆池以及用微调螺丝连续改变厚度的密封可变池。通常根据不同的情况，选用不同的试样池。

液体试样可采用液膜法或溶液法进行测定。

① 液膜法　是将试样直接滴 $1\sim2$ 滴在一块盐片上，使之形成薄薄的液膜，然后盖上另

一块盐片, 夹紧 (根据实际情况, 选择垫片的厚度), 放到样品架上进行测定。该法操作简便, 适用于高沸点及不易清洗的试样进行定性分析。

② 溶液法 是将液体 (或固体) 试样溶解在适当的溶剂中, 如 CS_2、CCl_4、$CHCl_3$ 等, 然后注入固定池中进行测定。溶剂的选择要注意: 对试样有一定的溶解度, 不侵蚀窗片, 不与试样发生反应, 对试样没有强烈的溶剂化效应, 在所测光谱范围内没有强烈吸收。如非极性的四氯化碳和二硫化碳使用最多, 极性较强的氯仿, 因其溶解能力较强也广为应用。较之液膜法, 溶液法特别适于定量分析, 还能用于低沸点、高挥发性样品的测试。

(3) 固体试样 可用溶液法、糊状法、压片法、薄膜法、反射法等制备固体试样, 其中尤以压片法、糊状法和薄膜法最为常用。

① 压片法 是分析固体试样应用最广的方法。把固体试样分散在 $400 \sim 4000 cm^{-1}$ 光区不产生吸收的碱金属卤化物中, 压片后进行测定。通常用 300mg 的 KBr 与 $1 \sim 3mg$ 固体试样共同研磨, 磨成很细的粉末后, 装入模具中, 用压片机在一定压力下将其压成透明的薄片。

② 糊状法 是将研细的试样粉末分散在与其折射率相近的液体介质 (即糊剂) 中进行测定。最常用的分散剂是石蜡油, 但它不适于用来研究结构与其相似的饱和烃, 此时可采用六氯丁二烯代替石蜡油。操作时, 用干净的玛瑙研钵将 $3 \sim 4mg$ 固体试样研细, 滴两滴石蜡油后继续研磨, 用不锈钢刀刮到盐片上, 压上另一块盐片, 放在可拆液体池的池架上, 测定光谱图。

③ 薄膜法 主要用于高分子化合物的测定, 通常将试样热压成膜, 或将试样溶解在沸点低、易挥发的溶剂中, 然后倒在平板上, 待溶剂挥发后成膜, 制成的膜直接插入光路即可进行测定。此法常因溶剂未除尽而干扰图谱, 或因熔融试样时温度过高, 使试样分解。对于不溶、难熔又难粉碎的样品, 可用机械切片成膜。

3.6 红外光谱解析

红外光谱的解析是通过对化合物的红外吸收谱带的位置、形状和强度, 及其变化规律的研究, 通过谱带归属的确认来进行定性鉴定和结构分析。一般红外谱图解析步骤如下:

① 检查谱图质量, 排除可能的 "假谱带", 如溶剂峰、水、二氧化碳、杂质谱带等。

② 了解样品的来源和制备方法、物理化学性质、其他的分析参数、溶剂、纯度等信息。

③ 根据分子式计算不饱和度

$$\Omega = 1 + n_4 + \frac{n_3 - n_1}{2}$$

式中, n_4, n_3, n_1 分别为分子中四价、三价、一价元素原子数目。

④ 观察特征谱带区, 同时与其他相关谱带对照, 确定官能团的存在。一般来讲, 只要对应的特征谱带没有出现, 就可以判定该官能团不存在。

⑤ 研究指纹区的特征, 确定基团连接方式和相对位置, 进一步推断可能的结构。

⑥ 计算机谱图库检索、与标准谱图或已知物谱图对照: 只有谱带的位置、形状、数目和强度一致, 才能确定结构完全相同。常见的标准红外光谱图有萨特勒标准光谱库、Wyandotte-ASTM 红外光谱卡片、Aldrich/Nicolet 凝聚相谱图库、Sigma Fourier 生物化学谱库、Nicolet 蒸气相谱库、Aldrich 蒸气相谱库等。

【例 3-3】 已知某化合物的分子式为 C_9H_{10}，其红外光谱图如图 3-41 所示，试推断其结构式。

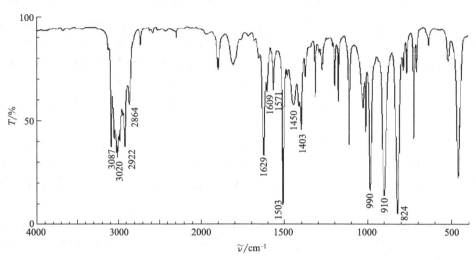

图 3-41 C_9H_{10} 的红外光谱图

解 不饱和度为 5。

3087～3020 cm^{-1}：苯环与烯双键上 C—H 的伸缩振动；2922 cm^{-1}、2864 cm^{-1}：饱和烃基的 C—H 伸缩振动；1950～1750 cm^{-1}：苯环的泛频峰，对二取代；1629 cm^{-1}：C=C 伸缩振动；1609 cm^{-1}、1571 cm^{-1}、1503 cm^{-1}：苯环的 C=C 骨架伸缩振动，并与不饱和基团共轭；1403 cm^{-1}：CH_3 的对称变形振动；990 cm^{-1}、910 cm^{-1}：=CH_2 的弯曲振动；824 cm^{-1}：苯环的 C—H 面外弯曲振动，对二取代。

该化合物为：CH_3—⟨苯环⟩—CH=CH_2

【例 3-4】 某化合物分子式为 $C_{10}H_{10}$，其红外光谱图如图 3-42 所示，试推断其结构式。

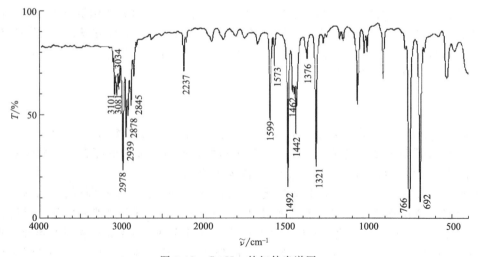

图 3-42 $C_{10}H_{10}$ 的红外光谱图

解 不饱和度为 6。

3101cm^{-1}、3081cm^{-1}、3034cm^{-1}：苯环上 C—H 的伸缩振动；2978cm^{-1}、2939cm^{-1}：CH$_3$、CH$_2$ 的 C—H 不对称伸缩振动；2878cm^{-1}、2845cm^{-1}：CH$_3$、CH$_2$ 的 C—H 对称伸缩振动；2237cm^{-1}：C≡C 伸缩振动；1599cm^{-1}、1573cm^{-1}、1492cm^{-1}、1442cm^{-1}：苯环的 C=C 骨架伸缩振动，并与不饱和基团共轭；1462cm^{-1}：CH$_3$ 的不对称变形振动；1376cm^{-1}：CH$_3$ 的对称变形振动；1442cm^{-1}：CH$_2$ 的不对称弯曲振动；766cm^{-1}、692cm^{-1}：苯环的 C—H 面外弯曲振动，单取代。

该化合物为：〔苯环〕—C≡C—CH$_2$CH$_3$

【例 3-5】 化合物的分子式为 C$_7$H$_8$O，其红外光谱图如图 3-43 所示，试推断其结构式。

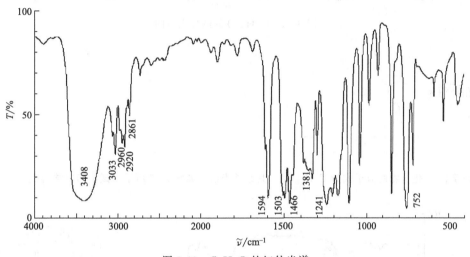

图 3-43 C$_7$H$_8$O 的红外光谱

解 不饱和度为 4。

3408cm^{-1}：O—H 伸缩振动（强而宽）；3033cm^{-1}：苯环上 C—H 的伸缩振动；2960～2861cm^{-1}：CH$_3$ 的 C—H 伸缩振动；2000～1690cm^{-1}：苯环的泛频峰，邻二取代；1594cm^{-1}、1503cm^{-1}、1466cm^{-1}：苯环的 C=C 骨架伸缩振动；1466cm^{-1}：CH$_3$ 的不对称变形振动；1381cm^{-1}：CH$_3$ 的对称变形振动；1241cm^{-1}：酚的 C—O 伸缩振动；752cm^{-1}：苯环的 C—H 面外弯曲振动，邻二取代。

该化合物为邻甲酚，结构式为：〔苯环，邻位有 CH$_3$ 和 OH〕

【例 3-6】 化合物的分子式为 C$_9$H$_{10}$O，其红外光谱图如图 3-44 所示，试推断其结构式。

解 不饱和度为 5。

3029cm^{-1}：苯环的 C—H 伸缩振动；2923cm^{-1}：CH$_3$ 的 C—H 不对称伸缩振动；2865cm^{-1}：CH$_3$ 的 C—H 对称伸缩振动；2000～1700cm^{-1}：苯环的泛频峰，间二取代；1685cm^{-1}：C=O 伸缩振动；1603cm^{-1}、1587cm^{-1}、1485cm^{-1}：苯环的 C=C 骨架伸缩振动，并与不饱和基团共轭；1379cm^{-1}：CH$_3$ 的对称变形振动；1276cm^{-1}：C=C 的伸缩振动；857cm^{-1}、789cm^{-1}、692cm^{-1}：苯环的 C—H 面外弯曲振动，间二取代。

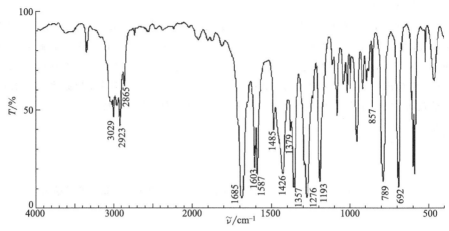

图 3-44　$C_9H_{10}O$ 的红外光谱图

该化合物为：

该化合物为：（间甲基苯乙酮结构式）

【例 3-7】　化合物的分子式为 $C_8H_{12}O_4$，其红外光谱图如图 3-45 所示，试推断其结构式。

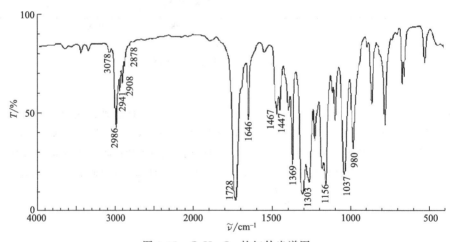

图 3-45　$C_8H_{12}O_4$ 的红外光谱图

解　不饱和度为 3。

$3078cm^{-1}$：=C—H 伸缩振动；$2986cm^{-1}$、$2941cm^{-1}$、$2908cm^{-1}$、$2878cm^{-1}$：饱和烃基的 C—H 伸缩振动；$1728cm^{-1}$：酯 C=O 伸缩振动，共轭向低波数移动；$1646cm^{-1}$：C=C 伸缩振动；$1467cm^{-1}$、$1447cm^{-1}$：饱和烃基的 C—H 变形振动；$1369cm^{-1}$：CH_3 的弯曲振动；$1303cm^{-1}$、$1156cm^{-1}$、$1037cm^{-1}$：酯基中 C—O 的伸缩振动；$980cm^{-1}$：=C—H 面外弯曲振动。

该化合物为：　$CH_3CH_2-O-\overset{O}{\underset{\|}{C}}-CH=CH-\overset{O}{\underset{\|}{C}}-O-CH_2CH_3$

【例 3-8】　化合物的分子式为 $C_8H_8O_2$，其红外光谱图如图 3-46 所示，试推断其结构式。

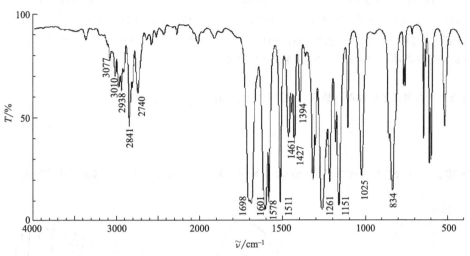

图 3-46　$C_8H_8O_2$ 的红外光谱图

解　不饱和度为 5。

$3077cm^{-1}$、$3010cm^{-1}$：苯环的 C—H 伸缩振动；$2938cm^{-1}$：CH_3 的 C—H 不对称伸缩振动；$2841cm^{-1}$、$2740cm^{-1}$：醛基 C—H 伸缩振动；$1698cm^{-1}$：C═O 伸缩振动；$1601cm^{-1}$、$1578cm^{-1}$、$1511cm^{-1}$、$1427cm^{-1}$：苯环的 C═C 骨架伸缩振动，并与不饱和基团共轭；$1461cm^{-1}$：CH_3O 中 C—H 不对称变形振动；$1394cm^{-1}$：CH_3O 中 C—H 对称变形振动；$1261cm^{-1}$、$1151cm^{-1}$：C—O—C 不对称与对称伸缩振动；$834cm^{-1}$：对二取代苯环 C—H 面外弯曲振动。

该化合物为：　CH_3O—⬡—CHO　（茴香醛）

【例 3-9】　化合物分子式为 $C_6H_8N_2O_2S$，其红外光谱图如图 3-47 所示，试推断其结构式。

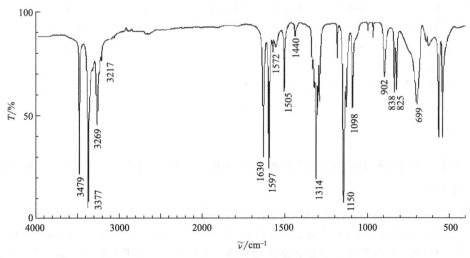

图 3-47　$C_6H_8N_2O_2S$ 的红外光谱图

解 不饱和度为 4。

3479cm^{-1}、3377cm^{-1}：伯胺的 N—H 伸缩振动；3269cm^{-1}、3217cm^{-1}：磺酰胺的 N—H 伸缩振动；1630cm^{-1}：NH$_2$ 面内弯曲振动；1597cm^{-1}、1572cm^{-1}、1505cm^{-1}、1440cm^{-1}：苯环的 C=C 骨架伸缩振动；1314cm^{-1}：SO$_2$ 不对称伸缩振动，与 1300cm^{-1} C—N 伸缩振动重叠；1150cm^{-1}：SO$_2$ 对称伸缩振动；1098cm^{-1}：芳环 C—H 面内弯曲振动；902cm^{-1}：S—N 伸缩振动；838cm^{-1}、825cm^{-1}：对二取代苯环 C—H 面外弯曲振动；699cm^{-1}：NH$_2$ 面外弯曲振动。

该化合物为对氨基苯磺酰胺（磺胺），结构式为： H$_2$N—⟨苯环⟩—S(=O)$_2$—NH$_2$

【例 3-10】 化合物分子式为 C$_3$H$_7$NO$_2$S，其红外光谱图如图 3-48 所示，试推断其结构式。

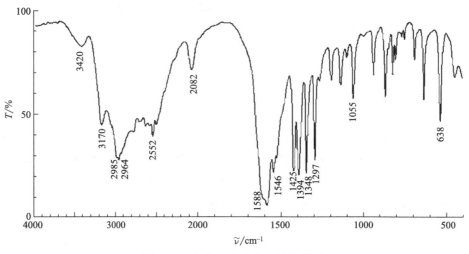

图 3-48 C$_3$H$_7$NO$_2$S 的红外光谱图

解 不饱和度为 1。3420cm^{-1}、3170cm^{-1}：伯胺的 N—H 伸缩振动；约 3000cm^{-1}：宽峰，O—H 伸缩振动；2985cm^{-1}、2964cm^{-1}：烃基的 C—H 伸缩振动；2552cm^{-1}：S—H 伸缩振动；2082cm^{-1}：NH$_2$ 弯曲振动；1588cm^{-1}：C=O 伸缩振动；1546cm^{-1}：NH$_2$ 面内弯曲振动；1425cm^{-1}、1394cm^{-1}：烃基的 C—H 弯曲振动；1348cm^{-1}、1297cm^{-1}：C—N 伸缩振动；1055cm^{-1}：C—S 伸缩振动；638cm^{-1}：NH$_2$ 面外弯曲振动。

该化合物为 L-半胱氨酸，结构式为 HS—CH$_2$—CH(NH$_2$)—C(=O)—OH

【例 3-11】 高聚物聚对苯二甲酸乙二醇酯（PET）的红外光谱图如图 3-49 所示，试分析各峰所对应的基团振动形式。

解 3431cm^{-1}：O—H 的伸缩振动；3081cm^{-1}：芳环的 C—H 的伸缩振动；2968cm^{-1}、2909cm^{-1}：饱和烃基 C—H 伸缩振动；1720cm^{-1}：C=O 的伸缩振动；1615cm^{-1}、1579cm^{-1}、1505cm^{-1}、1455cm^{-1}：苯环的 C=C 骨架伸缩振动，并与不饱和基团共轭；1472cm^{-1}、1455cm^{-1}、1410cm^{-1}：烃基的 C—H 弯曲振动；1250cm^{-1}、1110cm^{-1}：酯基的 C—O—C 伸缩振动；873cm^{-1}：对二

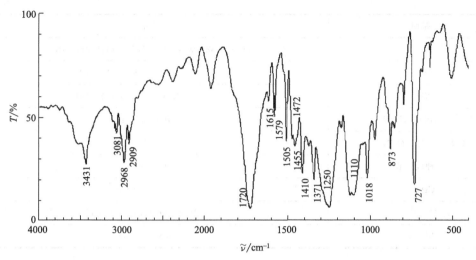

图 3-49 聚对苯二甲酸乙二醇酯（PET）的红外光谱图

取代苯环 C—H 面外弯曲振动；$727cm^{-1}$：C—H 面内摇摆。

3.7 红外在无机中的应用

无机化合物分子，往往具有极性或呈离子状态存在，它们之间有不同程度的相互作用，可以形成氢键、缔合物、配合物等，引起红外吸收谱带位移，谱带的形状、强度的改变，甚至可以出现新谱带。对于无机金属配合物而言，配位体在形成配位化合物以后，其振动光谱会发生变化。一方面配位体的对称性在配位后有所下降，使某些简并模式解除，使谱带数增加；另一方面，配位原子参与配位，会使化学键伸缩振动频率发生变化，导致谱带位移。

由双原子构成的离子型无机化合物，如氯化钠（$366cm^{-1}$）、溴化钾（$216cm^{-1}$）等，多在 $200\sim300cm^{-1}$ 左右出现一个吸收峰。但多原子离子型无机化合物却在 $4000\sim600cm^{-1}$ 区有吸收带。无机化合物红外光谱主要是由阴离子基团的晶格振动引起的，它的吸收谱带位置与阳离子关系较小，通常当阳离子的原子序数增大时，阴离子基团的吸收位置将向低波数方向做微小的位移。表 3-5 列出了多种无机盐中基团的红外吸收谱带。

表 3-5 无机盐中基团的红外吸收谱带

基团	$\tilde{\nu}/cm^{-1}$
CO_3^{2-}	$1450\sim1410(vs),880\sim800(m)$
HCO_3^-	$2600\sim2400(w),1000(m),850(m),700(m),650(m)$
SO_3^{2-}	$1000\sim900(s),700\sim625(vs)$
SO_4^{2-}	$1150\sim1050(s),650\sim580(s)$
ClO_3^-	$1000\sim900(m\sim s),650\sim600(s)$
ClO_4^-	$1100\sim1025(s),650\sim600(s)$

续表

基团	$\widetilde{\nu}/cm^{-1}$
NO_2^-	1380~1320(w),1250~1230(vs),840~800(w)
NO_3^-	1380~1350(vs),840~815(m)
NH_4^+	3300~3030(vs),1430~1390(s)
PO_4^{3-},HPO_4^{2-},$H_2PO_4^-$	1100~950(s)
CN^-,SCN^-,OCN^-	2200~2000(s)
各种硅酸盐	1100~900(s)
CrO_4^{2-}	900~775(s~m)
$Cr_2O_7^{2-}$	900~825(m),750~700(m)
MnO_4^-	925~875(s)

红外光谱可研究多晶现象，同质多晶体在固态时，由于晶型的不同测得的红外光谱不同。例如，碳酸钙有方解石、文石（又称霰石）、球霰石和无定形四种同质异构体，方解石属三方晶系，文石属斜方晶系，球霰石属六方晶系，它们的红外光谱都有很大差别。方解石型特征峰为 712cm^{-1} 和 879cm^{-1}；文石型特征峰为 712cm^{-1}、700cm^{-1}、866cm^{-1} 和 1080cm^{-1}；球霰石型特征峰为 745cm^{-1} 和 876cm^{-1}。

同核双原子分子 N_2、O_2、H_2 在自由状态振动为非红外活性的，在与金属配位后则表现为红外活性。表 3-6 列出了几种无机金属配合物中 $N\equiv N$ 的伸缩振动频率。

表 3-6　配位化合物中 $N\equiv N$ 的红外光谱伸缩振动频率

配合物	$\widetilde{\nu}/cm^{-1}$
N_2（自由）	非红外活性,2331(拉曼)
$[Ru(NH_3)_5N_2]^{2+}$	2114
$[Os(NH_3)_5N_2]^{2+}$	2028
$CoH(N_2)(PR_3)_3$	2090

SO_4^{2-}、ClO_4^-、NO_3^-、CO_3^{2-} 等阴离子在配位时会有不同配位方式，自由的阴离子对称性高，单齿配位时对称性降低，双齿配位时更低。随着对称性降低，谱带增多。例如，NO_3^- 为 4 个原子的体系，在 $NaNO_3$ 中有 1400cm^{-1}、1068cm^{-1}、831cm^{-1}、710cm^{-1} 4 个吸收带。当 NO_3^- 参与配位，可以为单齿形式 M—O—N，也可以为双齿形式 M—N，配位后对称性皆降低，谱带增多。在 $Sn(NO_3)_4$ 中有 1630cm^{-1}、1250cm^{-1}、985cm^{-1}、785cm^{-1}、750cm^{-1}、700cm^{-1} 6 个吸收带。

金属氨配位化合物的振动光谱已被广泛研究，图 3-50 是典型的六氨配合物的红外光谱，NH_3 的伸缩振动、NH_3 的简并变形振动、NH_3 的对称变形振动以及 NH_3 的面内摇摆振动分别出现在 3400~3000cm^{-1}、1650~1550cm^{-1}、1370~1000cm^{-1} 以及 950~600cm^{-1} 处。配位化合物中 NH_3 的伸缩振动频率较之游离 NH_3 分子的低，这是因为配位效应导致 N—H 键减弱所致。当其他条件相同时，M—N 键越强，N—H 键越弱，则 NH_3 的伸缩振动频率就越低。如果形成氢键，会进一步削弱 N—H 键。例如，氯化物中由于形成了 N—H---Cl

型氢键，NH_3 的伸缩振动频率就要比高氯酸盐中的低得多。上述配位效应和氢键的作用却使得 NH_3 的变形振动和面内摇摆振动频率向高波数方向位移。

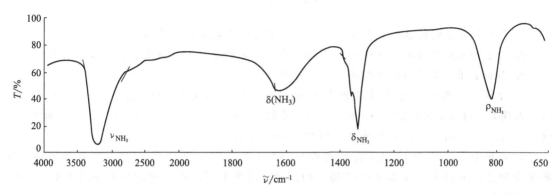

图 3-50　$\left[Co(NH_3)_6\right]Cl_3$ 的红外光谱图

红外光谱还可以用于配合物异构体的区分。例如，当 $\left[Os(NH_3)_4(N_2)_2\right]$ 是顺式异构体时，$2000cm^{-1}$ 附近会出现 $\nu_{N\equiv N}^{as}$ 和 $\nu_{N\equiv N}^{s}$ 两个吸收峰；而当其为反式异构体时，因对称伸缩是红外非活性的，则只出现 $\nu_{N\equiv N}^{as}$ 一个吸收峰。键合异构体是配合物异构现象中的一种，当一个配位体有几种不同的配位原子时，它与中心原子配位时可能会有不同的异构体，利用红外光谱可以区分这种键合异构体。例如，亚硝酸根离子 NO_2^- 可以通过氮原子和中心原子配位（硝基配合物），也可以通过氧和中心原子配位（亚硝基配合物），从图 3-51 可以看出，两种异构体其所对应的红外吸收峰是有区别的。

$$\left[Co(NH_3)_5(NO_2)\right]Cl_2 \qquad \nu_{NO_2}^{as} \qquad 1428cm^{-1} \qquad Co—N{\overset{O}{\underset{O}{\Big\backslash\!\!\!=}}}$$

$$\left[Co(NH_3)_5(ONO)\right]Cl_2 \qquad \nu_{ONO}^{as} \qquad 1453cm^{-1} \qquad Co—O{\diagdown}N{=}O$$

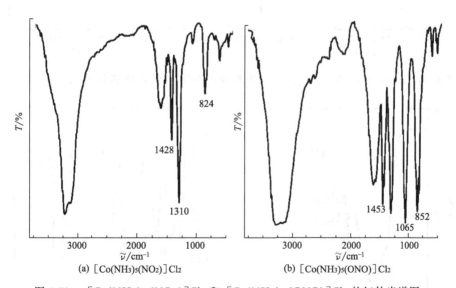

图 3-51　$\left[Co(NH_3)_5(NO_2)\right]Cl_2$ 和 $\left[Co(NH_3)_5(ONO)\right]Cl_2$ 的红外光谱图

习　题

1. 产生红外光谱的条件是什么？是否所有的分子振动都会产生红外吸收？

2. 分子的基本振动形式有哪些？乙炔、甲烷、苯的振动自由度理论值各是多少？

3. 影响基团频率的因素有哪些？请举例说明。

4. 计算下列各化学键的振动频率（cm^{-1}）。（1）乙烷 C—H 键，$k=5.1N \cdot cm^{-1}$；（2）乙炔 C—H 键，$k=5.9N \cdot cm^{-1}$；（3）乙烷 C—C 键，$k=4.5N \cdot cm^{-1}$；（4）苯 C—C 键，$k=7.6N \cdot cm^{-1}$；（5）甲醛 C=O 键，$k=12.3N \cdot cm^{-1}$。

5. 四种分子式同为 $C_4H_6Cl_2$ 的化合物（1,4-二氯-2-丁烯、反式-1,4-二氯-2-丁烯、3-氯-2-氯甲基-1-丙烯和 3,4-二氯-1-丁烯）的红外光谱图如下所示，请指出各谱图分别对应哪一种化合物。

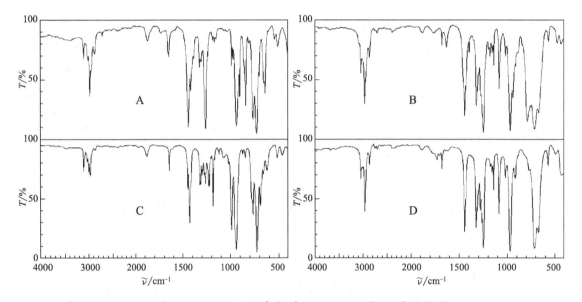

6. 某化合物的分子式为 C_7H_8O，红外光谱图如下，试推测其结构式。

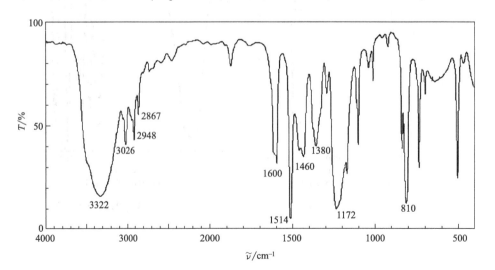

7. 某化合物的化学式为 $C_9H_{10}O$，它的红外光谱图如下，试推测其结构式。

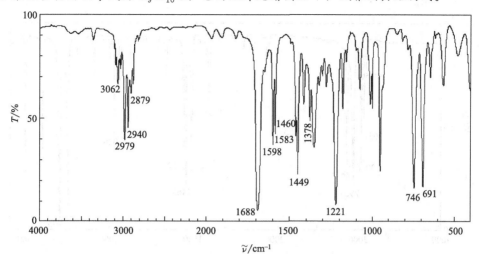

8. 某未知物分子式为 $C_9H_{10}O_2$，试从其红外光谱图推断结构式。

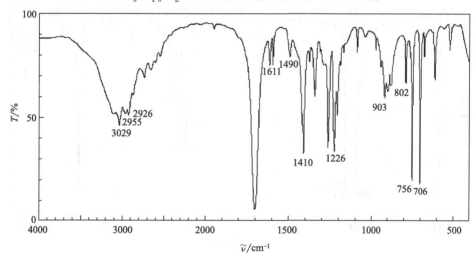

9. 某化合物的化学式为 $C_8H_{14}O_3$，红外光谱如下图所示，试推断其结构式。

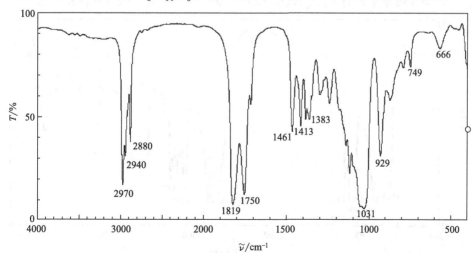

10. 分子式同为 $C_{16}H_{18}$ 的两个化合物 A 和 B 的红外光谱如下所示，试推断它们的结

构式。

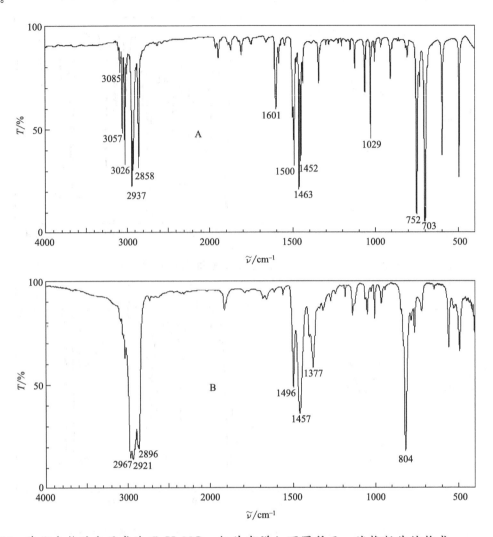

11. 某化合物的分子式为 C_4H_7NO，红外光谱如下图所示，试推断其结构式。

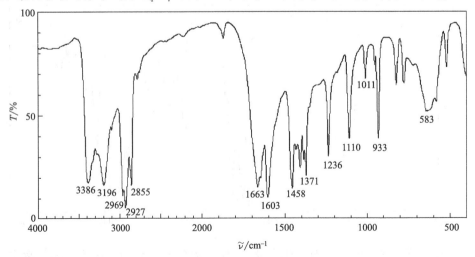

第 4 章　核磁共振波谱

学习要求

　　通过本章的学习，要求掌握核磁共振的基本概念和原理，了解核磁共振。掌握各类官能团以及化合物的典型化学位移，通过图谱解析，判断化合物光谱图归属。

　　核磁共振（nuclear magnetic resonance，NMR）是有机四大谱中起步最晚，但发展速度最快的一种检测技术。1946 年 Harvard 大学 Purcell 小组观测到石蜡中质子的核磁共振信号，几乎同时，Stanford 大学 Bloch 小组也观测到液态水的核磁共振信号，为核磁共振波谱学奠定了理论和实验基础，他们两人因此分享了 1952 年诺贝尔物理学奖。随后，Proctor 等人在 1950 年，Arnold 等人在 1951 年分别发现了化学位移现象，接着 Hahn 和他的同事又发现了自旋耦合现象，所有这些都表明核磁共振技术可以用来研究分子结构，这引起了科学家们的极大兴趣，核磁共振作为一种分析测试手段得到了不断发展、完善。

　　从 20 世纪 50～60 年代，核磁共振主要采用的是连续波技术，因此被研究的核一般仅是有较高的天然丰度和较大的磁旋比的核，例如 ^1H 和 ^{19}F，这就限制了核磁共振的应用范围。Ernst 和 Anderson 在 1966 年完成了脉冲傅里叶变换核磁共振实验，大大提高了核磁共振的检测灵敏度。脉冲傅里叶变换的引入是核磁共振技术的一次革命性飞跃。随着一维脉冲傅里叶变换技术的发展，Jeener 在 1971 年提出了具有两个独立时间变量的核磁共振实验，首先引入了二维谱概念。三年之后 Ernst 小组首次成功地实现了二维核磁共振实验，从此核磁共振技术进入了一个全新的时代。Ernst 本人也因此被授予 1991 年诺贝尔化学奖。

　　20 世纪 80 年代是二维核磁共振飞速发展的 10 年，各种各样的脉冲序列层出不穷，使二维谱在有机化合物的结构鉴定，分子在溶液中的三维空间结构的测定和分子动态过程的研究中得到了广泛的应用，特别是近年来多维核磁共振技术的发展，对利用核磁共振研究生物大分子（如蛋白质、核酸等）的结构以巨大的推动，使核磁共振方法成为研究溶液中分子构象最有效的也几乎是唯一的办法。多维核磁共振技术因此被誉为"溶液中的 X 射线衍射技术"。除在生物学、化学中的广泛应用之外，核磁共振成像技术在医学中也是一种非常重要的无损检测手段。

　　与此同时，核磁共振波谱仪的商品化进展也非常迅速，1988 年高分辨 600MHz 共振谱仪刚刚开始商品化，1995 年 800MHz 的超高分辨的核磁共振仪器又研制成功。目前具有超高场强的 GHz 级波谱仪已经成功进行了商品化，可用于蛋白质和蛋白质复合物的功能结构生物学的研究。核磁共振谱仪与核磁共振理论、方法和技术的飞速发展相辅相成，使核磁共振在化学、物理、生物和医学及材料科学研究中发挥着越来越重要的作用。

4.1 核磁共振基本原理

4.1.1 原子核的磁矩

核磁共振是由原子核的自旋运动引起的，原子核的自旋可以用自旋量子数 I 表征，I 与中子数和质子数之间存在一定的关系，可以分为三种情况：

① 中子数、质子数均为偶数，$I=0$，如 ^{12}C、^{16}O、^{32}S 等。

② 中子数、质子数为一奇一偶，I 为半整数，如 ^{1}H、^{13}C、^{19}F 等 $(I=1/2)$；^{7}Li、^{11}B、^{37}Cl、^{39}K 等 $(I=3/2)$；^{17}O、^{27}Al 等 $(I=5/2)$。

③ 中子数、质子数均为奇数，I 为整数，如 ^{2}H、^{14}N 等。

$I=0$ 的原子核没有核磁共振信号，因此只有②、③类原子核才是核磁共振关注的对象。其中，$I=1/2$ 的原子核，如 ^{1}H、^{13}C、^{15}N、^{19}F、^{29}Si、^{31}P、^{77}Se、^{119}Sn、^{199}Hg 等，原子核的正电荷均匀分布在原子核表面，没有核四极矩，弛豫机制最简单，核磁谱线较窄，最利于核磁共振检测。

原子核的自旋角动量 P 与自旋量子数 I 有对应关系：

$$P=\frac{\left[I(I+1)\right]^{1/2}h}{2\pi} \tag{4-1}$$

式中，h 是 Planck 常数。

具有自旋角动量 P 的原子核同时具有磁矩 μ：

$$\mu=\gamma P \tag{4-2}$$

式中，γ 为磁旋比或旋磁比，它是原子核的重要属性。

当空间存在静磁场 B_0，假设其方向为 z 轴方向，由量子力学原理，原子核自旋角动量在 z 轴上的投影也只能是量子化的，即：

$$P_z=\frac{mh}{2\pi} \tag{4-3}$$

式中，m 是原子核的磁量子数，$m=-I$，$-I+1$，$\cdots$，I。

原子核磁矩在 z 方向上的投影为 μ_z：

$$\mu_z=\gamma P_z=\frac{\gamma mh}{2\pi} \tag{4-4}$$

磁矩和磁场的相互作用能为：

$$E=-\mu B_0=-\mu_z B_0=\frac{-\gamma mhB_0}{2\pi} \tag{4-5}$$

由于量子力学的选择定律，只有相邻能级之间的跃迁才是允许的，即相邻能级之间的能级差 ΔE：

$$\Delta E=\frac{\gamma hB_0}{2\pi} \tag{4-6}$$

4.1.2 核磁共振的产生条件

具有磁矩的原子核在静磁场中自旋能级发生分裂，如果施加某一特定频率［满足式(4-6)］的电磁波来激发样品，原子核可以进行能级之间的跃迁，这就是核磁共振现象。即核磁

共振的产生条件为电磁波的频率 ν 满足

$$h\nu = \frac{\gamma h B_0}{2\pi} \tag{4-7}$$

即：

$$\nu = \frac{\gamma B_0}{2\pi} \tag{4-8}$$

其对应的圆频率 ω 为：

$$\omega = 2\pi\nu = \gamma B_0 \tag{4-9}$$

为了满足式（4-8）或式（4-9）核磁共振条件，有两种扫场方式：可以固定静磁场强度 B_0，扫描电磁波频率 ν；或者固定电磁波频率 ν，扫描静磁场强度 B_0。

4.2　核磁共振主要参数

4.2.1　化学位移

1950 年 W. G. Proctor 和虞福春研究硝酸铵的 ^{14}N 核磁共振谱图时，发现有两条谱线，分别对应铵离子和硝酸根离子中的 ^{14}N 原子。这说明核磁共振信号能够反映同一种原子核所处的不同化学环境。

由式（4-7）可知，在磁感应强度 B_0 下，对于同一种原子核来说，其共振频率应该是相同的。但在实际情况中，由于所处的化学环境不同，其共振频率会有微小的差别。这是因为核外电子对原子核有一定的屏蔽作用，原子核实际感受到的外磁场不是 B_0，而是 $B_0(1-\sigma)$。σ 被称作屏蔽常数，反映了核外电子对原子核的屏蔽作用的大小，它与原子核所处的化学环境有密切的关系。σ 通常远小于 1。因此，式（4-7）应改写为：

$$h\nu = \frac{\gamma h B_0(1-\sigma)}{2\pi} \tag{4-10}$$

σ 具体可表示为：

$$\sigma = \sigma_d + \sigma_p + \sigma_a + \sigma_s \tag{4-11}$$

σ_d 代表抗磁屏蔽。例如氢原子的 s 电子在外磁场中产生抵消原磁场的附加磁场，使原子核感受的实际磁场略有降低，故称此屏蔽为抗磁屏蔽。

σ_p 代表顺磁屏蔽。分子中其他原子的存在，使所关注的原子核的核外电子运动受阻，即导致非球形电子云。这种非球形的电子云产生的磁场加强了外磁场，故称作顺磁屏蔽。因 s 电子是球形对称，所以不会导致顺磁屏蔽，而 p、d 轨道电子对顺磁屏蔽有贡献。

σ_a 代表相邻基团的磁各向异性。

σ_s 代表溶剂的影响。

对于某种原子核，如氢核，不同化学环境的氢核谱线位置略有不同，其频率间的差值相对于 B_0 或 ν_0 来说非常小，仅有百万分之十左右，所以核磁共振峰的绝对位置难以精确确定。在实验中常采用某一标准物质作为基准，以其谱线的位置作为核磁谱图的坐标原点。其他各共振吸收峰相对于标准峰（原点）的距离，与它们所处的化学环境有关，用化学位移 δ 表示。δ 的计算公式如下：

$$\delta = \frac{(\nu_{样} - \nu_{标}) \times 10^6}{\nu_{标}} \tag{4-12}$$

δ 是无量纲单位。它是一个相对值，与所用的谱仪型号没有关系，即用不同核磁共振谱仪所检测的化学位移值相同。

20 世纪 60 年代除采用 δ 表示化学位移外，也有文献用 τ 值表示。

$$\tau = 10 - \delta \tag{4-13}$$

因为 1970 年国际理论与应用化学协会推荐使用 δ 值，τ 值就很少被使用了。

四甲基硅烷（tetramethylsilane，TMS）是最常用的标准物质，主要是因为它有如下性质：TMS 只有一个峰；沸点仅 27℃，易于样品回收；核外电子屏蔽作用较强，如果以它的峰定义零点，大多数化合物的各个基团氢谱、碳谱的化学位移均为正值。由于 TMS 不溶于水，在重水试剂中常用 3-(三甲基硅基)丙酸-d_4 钠盐（TSP-d_4）或者 3-(三甲基硅基)-1-丙磺酸-d_6 钠盐（DSS-d_6）作为标准物质。

4.2.2 耦合常数

自旋核与自旋核之间的相互作用称自旋-自旋耦合，简称自旋耦合。Gutowsky 等人在 1951 年发现 $POCl_2F$ 溶液中 ^{19}F 谱图中有两条谱线，而分子中只含有一个 ^{19}F，该现象不能用化学位移来解释，由此发现了自旋耦合现象。

$POCl_2F$ 溶液中，^{19}F 的两条谱线是 ^{31}P 与 ^{19}F 作用的结果。^{31}P 的自旋量子数是 1/2，在外磁场 B_0 中有两种取向，一是平行于外磁场，使 ^{19}F 实际接受的磁感应强度略有增强；二是反平行于外磁场，使 ^{19}F 实际接受的磁感应强度略有减弱。因此，^{19}F 出现了两条谱线，分别在计算 [按式(4-12)] 所得的化学位移值两边等距离处。

推广到一般情形，当所观察的原子核有 n 个相关耦合的核，并且每个核有相同的耦合作用，这些核的磁矩都有 $2nI+1$ 个取向（I 为自旋量子数），因此所观察的核的谱线裂分为 $2nI+1$ 条。对于 ^1H、^{13}C、^{15}N、^{19}F、^{29}Si、^{31}P 等 $I=1/2$ 的常见原子核，自旋-自旋耦合产生的谱线数目为 $2nI+1=n+1$，称为 $n+1$ 定律。

当自旋体系存在自旋-自旋耦合时，谱线将发生裂分。由于裂分所产生的间距反映了耦合作用的大小，称为耦合常数（J）。J 的单位是 Hz，与所用的核磁共振谱仪型号没有关系。耦合常数的大小与两个原子核间隔的化学键数目密切相关。由于自旋耦合是通过成键电子传递的，随着化学键数目的增加，耦合常数将快速减小，因此需要在 J 左上方标注出两个核间距的化学键数目。如 $^1H—^{13}C—^1H$ 中两个 ^1H 原子的耦合常数写作 ^2J。

J 是有正负的，当有耦合关系的两个原子核取向一致时能量较高，此时 $J>0$；反之，取向相反时能量较低，$J<0$。核磁共振谱图的裂分间距反映了 J 的大小，即 J 的绝对值。因此，通常情况下只讨论 J 的大小，不涉及 J 的正负。

4.2.3 弛豫过程

当能量为 $h\nu$ 的电磁波恰好是分子的能级差 ΔE 时，样品能够吸收电磁波能量，从低能级跃迁到高能级。高能级的粒子可以通过自发辐射回到低能级，但自发辐射的概率正比于两个能级之间的能级差 ΔE。在核磁共振波谱中，由于 ΔE 非常小，实际上几乎不能发生自发辐射。因此如果需要能够连续检测到核磁共振信号，必须存在某种过程，使高能级的原子核返回到低能级，以保持低能级的粒子数多于高能级的粒子数。这个过程称作弛豫过程。需要指出，按照玻尔兹曼分布，无激发条件下的核磁共振相邻能级之间的粒子数之差是非常小的。室温下 400MHz 谱仪低能级与高能级的 ^1H 核数目比为 1.000064。如果没有有效的弛豫机制，高低能级的粒子数将会很快相等，就不再有核磁共振信号，即出现信号饱和。

弛豫过程具体可以分为纵向弛豫和横向弛豫。纵向弛豫反映了体系和环境之间的能量交换，也称为自旋-晶格弛豫，高能态自旋核将能量转移至周围的分子，导致高能态的核数目下降。自旋-晶格弛豫时间（半衰期）用 T_1 来表示。横向弛豫反映了核磁矩之间的相互作用，又叫自旋-自旋弛豫，高能态的自旋核把能量转移给同类低能态的自旋核，结果是各自旋核的数目不变，总能量不变。自旋-自旋弛豫时间（半衰期）用 T_2 来表示，其值比 T_1 小。

4.2.4 核磁共振谱线宽度

谱线宽度源于量子物理的测不准原理：

$$\Delta E \Delta t \approx h \tag{4-14}$$

其中，Δt 是粒子停留在某个能级上的时间。在核磁共振实验中，它被自旋-自旋相互作用所决定，这个作用的特征时间尺度是 T_2，故：

$$\Delta E T_2 \approx h \tag{4-15}$$

又由于 $\Delta E = h \Delta \nu$，可以得出：

$$\Delta \nu \approx \frac{1}{T_2} \tag{4-16}$$

按照上式得到的谱线宽度是自然线宽。但由于磁场不均匀性的存在，实际谱线宽度要远大于自然线宽。

4.3 核磁共振波谱仪

4.3.1 连续波核磁共振波谱仪

连续波核磁共振波谱仪主要由磁铁、探头、射频发生器、检测和记录单元组成，如图 4-1 所示。①磁铁：提供强、高度均匀、稳定的磁场，有永久磁铁、电磁铁和超导磁铁，电磁铁应用不多，低档仪器使用永久磁铁，高场强的仪器多采用超导磁铁；②探头：使样品管保持在磁场中某固定位置的器件，不仅包含样品管，还包括射频振荡线圈和接收线圈；③射频发生器：通常采用石英晶体振荡产生基频，经过倍频、调谐及功率放大后馈入射频振荡线圈；④扫描发生器：是安装在磁极上的 Helmholtz 线圈，提供一个附加可变磁场，用于扫描测定；⑤检测和记录单元：共振核产生的射频信号通过接收线圈加以检测，放大后被记录。

当使用连续波谱仪时，无论是扫场方式还是扫频方式，都是连续改变某个物理参数使不同基团的原子核依次满足共振条件而得到完整的核磁共振谱图。在每个瞬间，最多只有一种原子核处于共振状态，而其他的原子核都没有信号。为保障谱图质量，每一次都必须控制扫描速度。由于信噪比与采样次数 $N^{1/2}$ 成正比，当样品浓度小时，需要多次累加以提升信噪比。所以对于低浓度的样品，所需要的时间将大大延长，而且也很难保证在这么长的时间内谱仪的稳定性。

20 世纪 60 年代出现了脉冲-傅里叶变换核磁共振波谱仪，缩短了实验时间，同时大大提高了核磁共振的检测灵敏度。

4.3.2 脉冲-傅里叶变换核磁共振波谱仪

在脉冲-傅里叶变换核磁共振波谱（PFT-NMR）仪中，不是通过扫频或扫场的方式产生

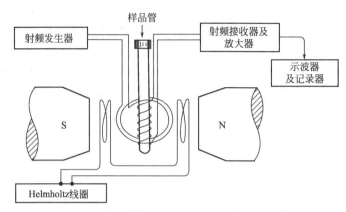

图 4-1　连续波核磁共振波谱仪示意图

共振信号，而是采用恒定磁场，用一定频率宽度的射频强脉冲辐照试样，激发全部欲观测的核，得到全部共振信号。一个时间域上的短而强的脉冲对应频率域上的非常宽的方波脉冲，而脉冲的长短与激发的方波宽度成反比。即一个非常短而强的脉冲可以激发一个宽的频率带，处于不同的化学环境的原子核就会被同时激发，检测线圈将同时检测所有被激发核的自由感应衰减信号（free induction decay，FID）。再通过傅里叶变换将时间域上的 FID 信号变换到频率域上，得到常见的核磁共振谱图，这就是脉冲-傅里叶变换核磁共振波谱仪的原理。

由于材料等因素的限制，目前 PFT-NMR 的脉冲通常作用时间为几微秒到十几微秒，强度在几十瓦到几百瓦，这意味着一次只能激发有限宽度的化学位移范围中的原子核信号，即一次只能有效地激发一部分原子核。而对于个别化学位移分布非常宽的样品，通常需要调整参数多次实验，将所得实验结果进行拼接，才能得到完整的谱图。

相比于连续波核磁共振波谱仪，脉冲-傅里叶变换核磁共振谱仪具有以下优点：①可以同时检测不同官能团的原子核，脉冲作用时间短，为微秒级别，在进行信号累加测量时，远比连续波谱仪节约时间；②灵敏度较连续波谱仪大大提高，可测天然丰度极低的核，如^{13}C；③可以使用多种脉冲序列，可以对信号进行编辑。

4.3.3　核磁共振技术的新进展

（1）分辨率、灵敏度逐渐提高　　1988 年高分辨 600MHz 共振谱仪刚刚开始商品化，1995 年 800MHz 的超高分辨的核磁共振仪器又研制成功。目前 1.2GHz 的谱仪已经成功进行了商品化，更高场的谱仪正在研究试制中。随着谱仪场强增加，仪器的分辨率、灵敏度也在稳步提高。超低温探头的出现，可以有效降低线圈的热涨落噪声，在不提高磁场强度的前提下提高谱仪灵敏度。

（2）与其他分析手段联用　　常见的联用技术有高效液相色谱（high performance liquid chromatography，HPLC）。HPLC 是非常好的样品分离手段，而核磁共振技术是很好的成分分析鉴定方法，二者联用可以非常有效地进行复杂混合物的组分鉴定。

（3）梯度场的应用　　在竖直方向（z 方向）附加梯度场，即 z 方向附加一个线性变化的小的磁场。由于噪声是无规的，梯度场与各种脉冲序列结合，可以大大抑制谱图的背景噪声，当然同时也会稍微降低信号强度。但总体上说，梯度场的应用可以明显地提高信噪比。

（4）多种脉冲序列的应用　　现在的核磁共振谱仪已经自带了多种脉冲序列，每年还会新增许多新的脉冲序列来实现特定的实验效果。最早的核磁共振谱仪只能作一维谱，而且通常

检测 ^{1}H 这个灵敏度最高的核，现在的谱仪已经可以实现对 ^{11}B、^{13}C、^{17}O、^{31}P、^{51}V、^{199}Hg 等多种原子的一维谱检测。随后为了提高谱图的分辨率，将在一维谱上不易分开的信号通过第二个时间变量区分，就出现了通过两次傅里叶变换得到的二维谱。随着同位素标记技术的发展，三维谱图、四维谱图使核磁共振技术能够与 X 射线衍射技术一起共同推算生物大分子的空间构象。针对二维谱耗时较多等缺点，近年来又出现了快速二维实验（automated projection spectroscopy，APSY），可以将常规的二维谱由 1～2h 缩短至几分钟。

双通道谱仪，即一个观测通道加一个去耦通道，原来只能完成单个溶剂峰的压制，但整型脉冲的出现使得双通道谱仪也能开展多重溶剂峰的压制实验，这在红酒鉴定等方面有重要的应用，一维 ^{1}H 检测时可以同时压制酒精中甲基、亚甲基、水峰的信号。

核磁共振技术本身是一个全波段扫描技术，这将有可能会导致谱图异常复杂，例如血液、尿液样本的代谢组学的检测实验，通常需要色谱分离后再进行核磁共振检测。最近发展的选择性激发实验则在全部的观测核被激发以后，通过在能量传递的过程中人为地设置一些"门槛"，例如 J 耦合大小等，使得只有被关注的信号能够传递下去，而其他的信号则被耗散掉，压制了杂质信号的干扰，只有特定分子的信号出现，这样无需色谱分离就可以直接采集所关注分子的信息。

（5）固体核磁共振波谱仪 在液相核磁共振技术飞速发展的同时，固体核磁共振技术也取得了长足的发展，固体核磁探头已经商品化。由于偶极-偶极耦合、化学位移各向异性以及核四极矩等因素的影响，固体核磁共振谱仪的分辨率和灵敏度远逊于液相核磁共振谱仪，但是在某些方面、某些情况下具有液相核磁无法比拟的优势：如某些样品根本不溶于氘代试剂，因此无法用液相核磁共振谱仪检测；某些样品可以溶于浓酸，但一旦溶解，其固体结构将发生变化；用溶剂抽提某些组织器官作代谢组学研究时，抽提过程可能会漏掉一部分物质，而这部分物质有可能是非常重要的代谢中间产物。目前，固体核磁已应用于无机材料（分子筛催化剂、陶瓷、玻璃等）、有机材料（高分子聚合物）、生物体系（膜蛋白）以及液晶材料等的化学结构、空间结构的表征与分析，固相反应的反应动力学、反应机理、特定物种的结构变化的分析测定。为提高分辨率，大多数情况下固体核磁采用魔角旋转（magic angle spinning，MAS）技术与交叉极化（cross polarization，CP）技术。对于 ^{1}H 则必须采用魔角旋转与多脉冲结合方式（combined rotation and multipulse spinning，CRAMPS）将质子的磁化矢量转至魔角方向方能得到高分辨核磁。

4.4 核磁共振氢谱

氢核是天然存在的原子核中核磁共振最灵敏的核，多年的发展已积累了丰富的核磁共振氢谱数据。

图 4-2 显示了一张典型的核磁共振氢谱（乙醇溶于氘代 DMSO 中）。谱图的横坐标从左至右代表了磁场增强的方向，也是化学位移变小的方向。谱图的纵坐标代表谱峰的强度。谱图上部的数字给出了每个谱峰（包括裂分）的准确化学位移值，谱图下部的数字给出了每个积分段内的信号积分面积，如果实验参数选择适当，积分面积正好对应所观测官能团中原子核的个数。图中化学位移 4.33 处的峰积分为 1.00，它对应乙醇中羟基的 1 个氢原子；化学位移 3.44 处的峰积分为 2.02，它对应乙醇中亚甲基的 2 个氢原子；化学位移 1.05 处的峰积分为 3.09，它对应乙醇中甲基的 3 个氢原子。在谱图中化学位移零点处为标准样品 TMS 的

谱峰，化学位移 2.50 处的五重峰是未氘代 DMSO 残留的溶剂峰，化学位移 3.31 处的信号是试剂中残留的水峰。标准样品峰、溶剂峰、水峰只标出化学位移，不积分。

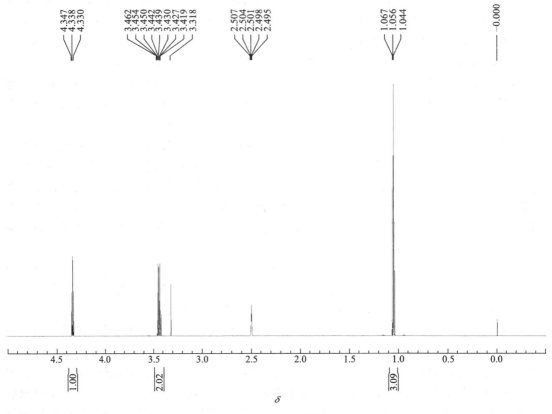

图 4-2　乙醇的核磁共振氢谱

核磁共振氢谱能够给出含氢物质的重要的结构信息：化学位移、耦合常数、峰的裂分、积分面积。氢谱的积分面积能定量地给出氢核的数量信息，即峰面积与氢核的原子数目成正比。因此，检测核磁共振氢谱，得到各个官能团的氢原子数目比，对于推断物质的结构式很有帮助。

4.4.1　氢谱的化学位移

化学位移由屏蔽常数 σ 决定，σ 的表达式如式（4-11）所示。由于氢原子核外只有 s 电子，故抗磁屏蔽起主要作用，σ_a 和 σ_s 起辅助作用。如果结构上的变化或介质的影响使得氢的核外电子云密度下降，则更低的外磁场就能使氢原子发生共振，谱峰的位置向低场移动，化学位移值增大，这就是去屏蔽作用；反之，则为屏蔽作用。

4.4.1.1　氢谱中化学位移的影响因素

下面详细讨论氢谱中化学位移的影响因素。

（1）取代基团的电负性　因诱导效应的影响，与取代基团连接于同一个碳原子的氢原子上的电子云密度下降，导致氢原子共振峰向低场移动。取代基团的电负性越强，诱导效应越强，氢质子化学位移值越大。例如，普通甲基的化学位移在 1 附近，而甲氧基的化学位移在 3～4，就是因为甲基旁边的氧原子电负性很强，使甲基上的氢原子电子云密度下降。又如：

化合物	CH_3F	CH_3Cl	CH_3I	CH_3CH_3	$Si(CH_3)_4$
化学位移	4.3	3.1	2.2	0.9	0.0

需要注意，取代基团的诱导效应能够沿碳链延伸，但影响迅速变小。通常连在同一碳原子（即 α 碳原子）上的氢原子化学位移影响最大，相邻的 β 碳原子上的氢原子有一定影响，γ 碳原子及更远的碳原子上的氢受到的影响就很小了。由于常见的有机官能团的电负性均大于氢原子的电负性，因此通常情况下，叔碳上的氢化学位移大于仲碳上的氢化学位移，而仲碳上的氢化学位移大于伯碳上的氢化学位移。取代基对不饱和烃的影响机制比较复杂，要同时考虑诱导效应和共轭效应。

（2）碳原子的 s-p 杂化影响　当碳原子从 sp^3 杂化变化到 sp^2 杂化，s 电子所占成分从 25％增加到 33％，即成键电子更靠近碳原子，对与之相连的氢原子有去屏蔽的效果，因此烯氢原子的信号向低场移动。但是由于其他因素的影响，炔氢比烯氢处于更高场，苯环上的氢相较于烯氢处于低场。

（3）环状共轭体系的环电流效应　乙烯的化学位移为 5.2，苯环化学位移是 7.3，而它们都属于 sp^2 杂化。由于环电流效应的影响，苯环上的氢原子化学位移明显偏向低场。

当苯环分子与外磁场垂直时，它的 π 电子将产生环电流，如图 4-3 所示。环电流产生的磁力线在环的上下表面与外磁场方向相反，但在苯环侧面，即苯环上氢原子附近与外磁场方向相同，即增强了外磁场，氢原子核被去屏蔽，共振信号移向低场。

由于溶液中的布朗运动，所检测的分子实际上是处于不停息的无规则运动中，而核磁共振谱图反映的是各种状态的平均。所以，应该考虑苯环平面相对于外磁场各种取向情况下苯环 π 电子环电流效应的影响。当苯环平面与外磁场方向一致时，环电流产生的附加磁场与外磁场垂直正交，外磁场的大小不受影响，氢原子不受屏蔽作用影响。综合考虑苯环平面与外磁场垂直和一致等多种情况，苯环上氢原子被去屏蔽，化学位移移向低场移动。

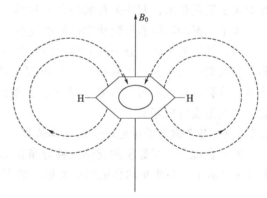

图 4-3　苯环上的环电流效应

除了苯环，其他含有 $4n+2$ 个离域 π 电子的环状共轭体系均有强烈的环电流效应。如果氢核处于环的上方或者下方，则受到强烈的屏蔽效应，氢原子信号向高场移动，化学位移甚至可能为负值；如果氢核处于环的侧面，则受到强烈的去屏蔽作用，氢原子信号向低场方向移动。

（4）邻键的磁各向异性　炔氢处在碳碳叁键连线外侧，由于相邻键的磁各向异性，受到强烈的磁屏蔽，图 4-4 中以"＋"表示。与此相反，烯氢处于碳碳双键的去屏蔽圆锥内，图 4-4 中以"－"表示。由此，炔氢比烯氢处于更高场。

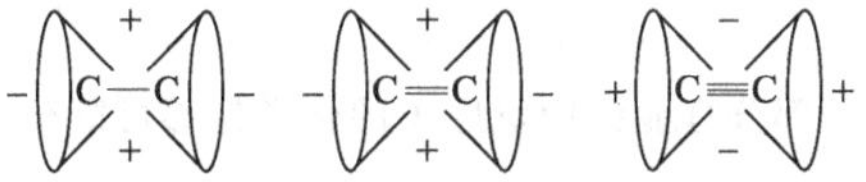

图 4-4　乙烷、乙烯、乙炔的屏蔽圆锥（"＋"表示）和去屏蔽圆锥（"－"表示）

由于碳碳单键也有磁各向异性，当 CH_2 不能自由旋转时，CH_2 上的两个氢原子的化学位移的差别就不能在采样时间内被化学键的快速旋转所平均掉，即化学位移的差别就能表现出来，如六元碳环上的平伏氢和直立氢。而甲基上的三个氢原子通常可以围绕碳碳单键自由旋转，它们之间的差别可以被化学键的快速旋转所平均掉，因此通常观测不到三个氢原子之间化学位移的区别。

（5）相邻基团范德华力的影响　当所观测的氢原子与邻近的其他原子核间距小于范德华半径之和的情况下，由于电子云相互排斥，导致氢原子周围的电子密度降低，核磁共振信号向低场偏移。例如，化合物 中，H^2 原子受到羟基的挤压，其化学位移为 3.6，明显比 H^1 原子的化学位移（0.9）偏向低场。

（6）溶剂的影响　不同的氘代试剂有不同的磁导率，导致样品实际接收到的磁感应强度会有差别，从而对化学位移有影响。溶剂分子接近溶质可能会改变溶质的电子云分布形状，产生去屏蔽作用；氘代试剂分子的磁各向异性可能造成对溶质分子不同位置的原子产生屏蔽作用或去屏蔽作用等。在氘代氯仿作溶剂的体系中，如果有一些信号混杂在一起，实验中可以加入少量氘代苯，利用苯环的磁各向异性，使信号分离。

由于试剂的不同会导致化学位移的变化，通常在核磁共振的谱图中要标出所用的试剂。

（7）氢键的影响　分子间和分子内部的氢键均使氢原子受到去屏蔽作用，导致参与氢键形成的氢原子信号向低场移动，例如羧酸上羧基氢的化学位移常超过 10。正是由于氢键对化学位移影响比较明显，羟基、氨基、巯基的氢原子变化范围较大，且与样品的状态（浓度、测试温度等）相关。

4.4.1.2　各个官能团中氢原子的化学位移

各个官能团中氢原子的化学位移分布在 20 世纪 60 年代已有总结，常以图表形式表现。图 4-5 显示了一些常见的官能团中氢原子的可能的化学位移分布区域。

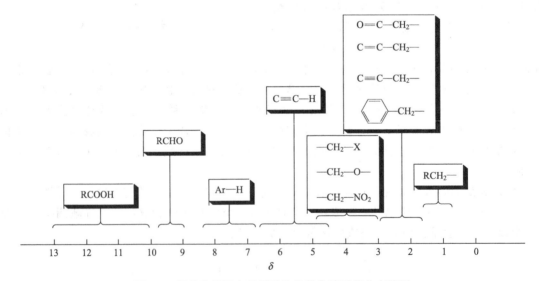

图 4-5　部分官能团中氢原子的化学位移可能分布范围

活泼氢是指与氧、氮、硫原子相连的氢原子。活泼氢的化学位移与氢键紧密相关，和样品温度、浓度、所用的溶剂等相关（见表 4-1）。

表 4-1　部分化合物中活泼氢的化学位移可能分布范围

化合物	化学位移	化合物	化学位移
醇	0.5~5.5	R—SH	0.9~2.5
烯醇	15~19	RNH_2,R_2NH	0.4~3.5
羧酸	10~13	$RCONH_2$	5~6.5
酚(分子内缔合)	10.5~16	$RCONHR'$	6~8.2
其余酚	4~8	RSO_3H	11~12

4.4.2　氢谱的耦合常数

耦合常数能够反映有机分子结构的信息，尤其是立体化学结构的信息。核磁共振氢谱除了能够给出含氢官能团的化学位移之外，通常还能从中读出耦合常数的大小。

(1)^1J 和 ^2J　当氢原子与另一个磁矩不为零的异核直接相连时，氢核的 ^1J 才会表现出来。最重要的 ^1J 当然是 $^1J_{H-C}$，这种耦合将会在下一节碳谱中给予讨论。

氢核最常见的 ^2J 为同碳二氢的耦合常数。自旋耦合始终存在，但是只能在相互耦合的两个氢原子的化学位移不相同时，由它引起的共振峰的分裂才能表现出来。例如，端烯的两个氢原子，由于双键引起磁各向异性，通常化学位移不同，就能显示出 ^2J 导致的裂分。又如长链中的 CH_2 基团，由于碳链可以自由旋转，两个氢原子的化学位移十分接近，此时在氢谱上就不容易观察到 ^2J 耦合。

(2)^3J　在核磁共振氢谱中，由于同碳二氢的化学位移值常常相等，故通常不产生裂分；氢核之间的 ^4J 耦合大小又通常远小于 ^3J 大小，因此 ^3J 耦合在氢谱中占有非常重要的地位。

有以下因素会影响 ^3J 耦合大小。

① 二面角 ϕ　^3J 与二面角 ϕ 的关系可以由 Karplus-Conroy 关系概括，如图 4-6 所示，即：

$$^3J = J_0 \cos^2\phi + C \quad (0° < \phi < 90°) \tag{4-17}$$

$$^3J = J_{180} \cos^2\phi + C \quad (90° < \phi < 180°)$$

式中，J_0 为 $\phi = 0°$ 的 J 值大小；J_{180} 为 $\phi = 180°$ 的 J 值大小；C 为常数项。

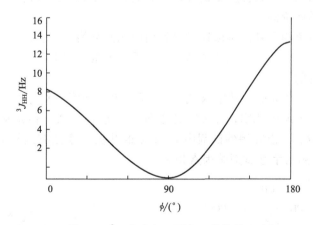

图 4-6　^3J 大小与二面角 ϕ 的关系

由于 $J_{180} > J_0$，因此式(4-17) 又可以写成：

$$^3J = A + B\cos\phi + C\cos^2\phi \qquad (4\text{-}18)$$

其中，A、B、C 均为常数。如果设 $A=7$，$B=-1$，$C=5$，式（4-17）和式（4-18）可以解释烯烃中 $J_反 > J_顺$。

② 取代基团的电负性　随着取代基电负性增加，^3J 的绝对值下降，而且烯烃的 ^3J 下降较为明显。

③ 键长　随着键长的增加，^3J 的绝对值下降。

④ 键角　^3J 随着键角的减小而变大。

（3）长程耦合的 J 值　相隔 4 键或以上之间的氢原子之间的耦合称为长程耦合。饱和体系的 J 值大小随着氢原子间共价键数目的增加而快速下降。通常长程耦合的 J 值小于 2Hz。不饱和体系中由于 π 电子的存在，使得耦合作用能够传递到较远的距离。在长程耦合 J 值较小的情况下，不容易观察到它所引起的峰的裂分，就只能从共振峰的半峰宽变大而确认长程耦合的存在。

（4）芳环和杂芳环　芳环上的氢 ^3J 大小通常为 $6 \sim 9$Hz。因为苯环是大共轭体系，所以存在 ^4J 和 ^5J 等长程耦合。^4J 大小通常为 $1 \sim 3$Hz，而 ^5J 大小通常小于 1Hz。

杂芳环中因为有杂原子的影响，所观察的氢原子的 ^3J 与氢原子相对杂原子的位置相关，紧接着杂原子的氢原子 ^3J 较小，远离杂原子的氢原子的 ^3J 较大。

4.4.3　化学等价与磁等价

4.4.3.1　化学等价

如果分子中的两个相同原子或基团处于相同的化学环境，则它们是化学等价的。而化学不等价的两个基团，在化学反应中可以有不同的反应速率，用光谱、波谱测量可以得到不同的结果。因此，可以用谱学方法研究两个原子或原子基团是否为化学等价。以柠檬酸（图 4-7）为例，两个与亚甲基相连的羧基的酶解速率不同，所以它们不是化学等价的。

现分两种情形讨论化学等价问题。

（1）分子中各个原子处于相对静止的情形　分子中各个原子相对静止时，可以采用对称操作将两个原子或基团相互交换来判断它们是否化学等价。

如果分子中的两个基团经过某些对称变换（例如轴对称旋转）可以互换，则它们是等位的。在任何溶剂中都在同一共振频率出峰，即它们是等频的。这样的两个原子或基团在任何化学环境中都是化学等价的。

如果分子中的两个相同基团可以通过对称面而相互交换，则它们是对映异位的，即一个物体与其镜像的关系。对映异位的两个基团在非手性试剂中是等频的，即化学等价的；而在手性试剂中不是等价的。

以图 4-8 中的化合物为例，其中 R 与 R′ 是两个相同基团，X 与 Y 是两个不同基团。从 R 方向观察余下的三个取代基团，按顺时针方向标记为 X-R′-Y。但是从 R′ 方向观测，顺时针方向标记为 Y-X-R。所以在手性试剂中 R 与 R′ 的共振频率是有差异的，其差异的大小与 X、Y 基团性质、所用的手性试剂等因素相关。

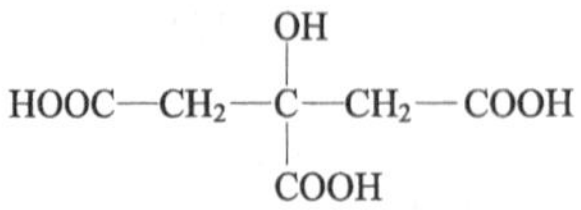

HOOC—CH$_2$—C—CH$_2$—COOH
（带 OH 和 COOH 取代基的中心碳）

图 4-7　柠檬酸结构式 　　　　　图 4-8　对映异位分子示意图

如果分子中两个相同基团不能通过对称操作而相互交换，则称它们是非对映异位的。在理论上说，非对映异位的两个基团在手性试剂或非手性试剂中共振频率都不是相同的，也就是非化学等价的。在某些特定情况下可能非常巧合地出现共振频率相同，此时它们的谱峰重叠在一起。

(2) 分子中各个原子处于快速运动的情形　最常见的分子内运动包括链的旋转、环的翻转等情形。由于分子内的快速运动，部分不能通过对称操作而交换的原子基团有可能变成化学等价、等频的基团。如环己烷翻转时，直立氢和平伏氢相互交换，因此二者等频，在谱图上是一个共振峰。

上面讨论了化学等价的定义、判断原则及方法，下面举例说明一些常见的化学不等价的情况。

① 与手性碳相连的 CH_2 的两个氢不是化学等价的，如图 4-9(a) 中 H_a 与 H_b。

② 固定环上 CH_2 的两个氢不是化学等价的，如图 4-9(b) 中四元环有单个 Cl 取代，则 H_a 与 H_b 化学不等价，H_c 与 H_d 化学不等价，核磁图谱中共有五组信号。

③ 单键不能快速旋转时，同一原子上两相同基团不是化学等价的。典型的例子如图 4-9(c) 化合物，由于 C—N 单键具有部分双键的性质，不能自由旋转，N 上两个甲基受到分子内不同的屏蔽作用，因此这两个甲基呈现两个峰（高温下则只出现一个峰）。

④ 图 4-9(d) 化合物中乙氧基中 CH_2 的两个氢，由于分子的对称面不能平分该 CH_2 的键角，所以两个氢不等价，产生 AB 体系的 4 条谱线，它们再受邻位 CH_3 裂分，因此若无谱线重叠，此 CH_2 可观察到 16 条谱线。

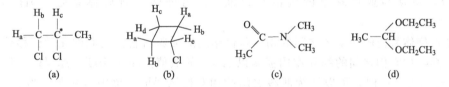

图 4-9　化学不等价结构举例

4.4.3.2　磁等价

两个原子核或基团是磁等价必须同时满足以下两个条件：

① 它们是化学等价的；

② 它们对分子中任意一个其他核的耦合常数 J 不论大小和正负都相同。

因此，磁等价是在化学等价的基础上，一种更高级的等价。质子的磁等价性与峰的裂分情况密切相关。磁等价的质子，相互之间虽然也有自旋耦合作用，但不会引起自旋裂分。而化学等价但磁不等价的质子，相互之间一般也会产生自旋裂分，并且裂分峰数目不符合 $n+1$ 规律，从而产生高级图谱。

化学等价而磁不等价通常出现于特定构型或者特定构造的分子中。

CH_2CF_2 [图 4-10(a)] 是化学等价但磁不等价的典型例子。从分子的对称性很容易判断，两个氢原子是化学等价，两个氟原子也是化学等价的。但是，以某个氟原子来说，一个氢原子与其是顺式耦合，另一个氢原子与其是反式耦合，不符合磁等价的第二个条件。因此，两个氢原子是化学等价，但不是磁等价。同理，CH_2CF_2 中的两个氟原子也是化学等价，但是磁不等价。由于两个氢磁不等价，其氢谱谱线数目超过 10 条。

在某些特定构造的分子中，化学等价的质子可能是磁不等价的。例如，1,4-二氯丁烷中

[图 4-10(b)]，C1 和 C4 上的质子是化学等价的，C2 和 C3 上的质子是化学等价的，但不同碳上的这些化学等价的质子是磁不等价的。C1 和 C4 上的质子与 C2 上质子的耦合情况明显不同，同样，C1 和 C4 上的质子与 C3 上质子的耦合情况也明显不同，所以 C1 和 C4 上的质子是磁不等价的。同理，C2 和 C3 上的质子也是磁不等价的。核磁图谱表现为两组复杂的多重峰。

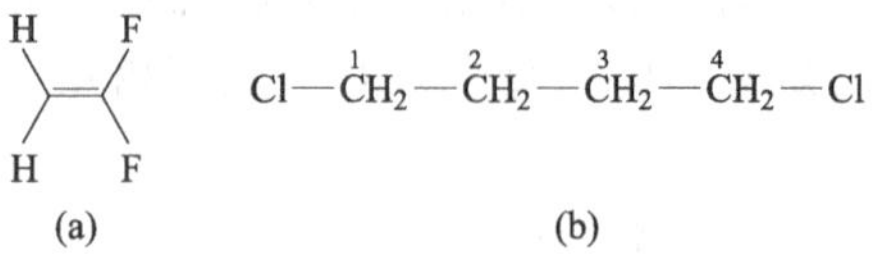

$$
\underset{H}{\overset{H}{>}}C=C\underset{F}{\overset{F}{<}} \qquad \overset{1}{Cl-CH_2}-\overset{2}{CH_2}-\overset{3}{CH_2}-\overset{4}{CH_2}-Cl
$$

(a)   (b)

图 4-10 磁不等价结构举例

4.4.4 自旋体系

（1）自旋体系的定义 相互耦合的原子核组成一个自旋体系。一个自旋体系内部的核相互耦合但是不与体系外的任何一个原子核耦合。在自旋体系内部，不要求某一个原子核与体系内的所有其他原子核都发生耦合关系。自旋体系与自旋体系之间是隔离的。例如，化合物 $CH_3-CH_2-\underset{O}{\overset{O}{S}}-NH-CH_2-\underset{O}{\overset{O}{C}}-O-CH_3$ 中 CH_3-CH_2- 是一个自旋体系，该体系内部的核都不与体系外的任何核有耦合作用。在体系内部，甲基上的三个氢互相耦合，亚甲基上的两个氢也互相耦合，甲基与亚甲基上的氢也互相耦合。另外两个自旋体系是—NH—CH_2—与—CH_3。

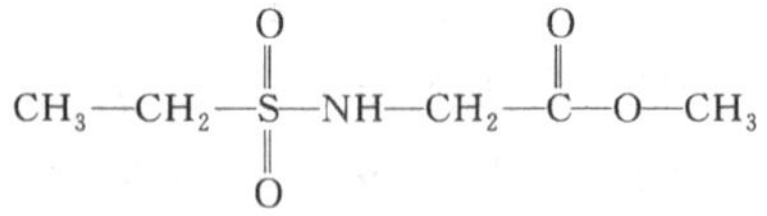

一个自旋体系内的两个核之间的相互耦合作用的强弱与它们之间的化学位移差别（$\Delta\nu$）有密切关系，即它们之间的相互作用强弱以 $\Delta\nu/J$ 的数值大小来判断（$\Delta\nu$ 与 J 都以赫兹为单位）。当 $\Delta\nu/J\gg1$ 时，可以认为两核之间的相互作用很弱，谱图较简单。当 $\Delta\nu/J\approx1$ 或 $\Delta\nu/J<1$ 时，两核之间的相互作用较强，谱图较复杂。

同一个自旋体系中化学位移相同的核组成一个核组，以一个大写的英文字母表示。几个核组之间分别用不同的字母标注。如果它们之间的化学位移差别大，则标注的字母之间距离也大，反之亦然。例如，强耦合的两个核组通常用 A、B 代表，而弱耦合的两个核组以 A、X 代表。核组内的核如果磁等价，需在大写字母的右下角用数字标出此核组的数目；核组内的核如果磁不等价，需在大写字母的右上角用"′"符号加以区别。例如某一个核组内有两个磁不等价的核可以用 AA′表示。

（2）一级谱图与二级谱图 核磁共振谱图分为一级谱图和二级谱图。

一级谱图可用 $2nI+1$ 规律分析（对于 $I=1/2$ 的原子核，如氢核，该定律变为 $n+1$ 规则）。$2nI+1$ 规律不适合二级谱图。

产生一级谱图的条件是：$\Delta\nu/J\geqslant6$；同一核组的核是磁等价的。CH_2CF_2 分子中两个氢原子是磁不等价的，所以其谱图不是一级谱图。

一级谱图具有以下特点：

① 谱峰的数目可以用 $n+1$ 规律讨论，但此时这 n 个氢原子与所讨论的氢原子是磁等价的。如果所讨论的 n 个氢原子存在两个耦合常数 J_1 和 J_2，对应的原子核数目分别是 n_1 与 n_2（$n_1+n_2=n$），则所观测核组具有（n_1+1）（n_2+1）个峰。

② 多重峰内各个信号的相对强度符合二项式展开系数（表 4-2）。

③ 从氢谱中可以直接读出化学位移值和耦合常数大小。多重峰的中心位置是化学位移；两个信号的距离为耦合常数，单位是赫兹。

不能同时符合一级谱图两个条件的谱图是二级谱图。相对于一级谱图，二级谱图峰的数目超过 $n+1$ 规律所计算的结果；多重峰内各个信号的相对强度关系复杂；通常不可以直接读出化学位移值和耦合常数大小。

表 4-2　耦合裂分的结果用二项式 $(a+b)^n$ 展开后的系数表征

n	二项式展开系数	峰形
0	1	单峰(s)
1	1　1	二重峰(d)
2	1　2　1	三重峰(t)
3	1　3　3　1	四重峰(q)
4	1　4　6　4　1	五重峰
5	1　5　10　10　5　1	六重峰
6	1　6　15　20　15　6　1	七重峰

注：多重峰用 m 表示。

4.4.5　氢谱分析

对于结构不太复杂的小分子有机化合物，通常不需要采集二维核磁共振谱图，仅仅依靠一维氢谱和碳谱，再适当结合其他谱图就可以推断其结构式。因此，核磁共振一维氢谱就显得比较重要，它不仅可以依靠化学位移给出官能团的信息，还可以依靠耦合常数给出原子之间的相关性，有利于结构推断。

4.4.5.1　样品制备与溶剂选择

液相核磁共振实验一般采用氘代试剂作为溶剂。氘代试剂中的氘信号又可以用来锁场、匀场，以提高谱仪的分辨率。非氘代试剂也可以选作溶剂，但此时不能锁场、匀场，因此需要限制采样时间来减少谱仪的磁场漂移。

选择氘代试剂主要考虑样品的溶解度。以 400MHz 谱仪采样 16 次为例，对于分子量 400 左右的小分子，通常需要在溶液中加入 2～3mg 的样品以得到较好的谱图。加入的样品量过少，会导致谱图信噪比变差；加入的样品量过大，会导致体系的黏滞系数变大，导致样品分子的翻滚变慢、氢谱的裂分变差。氘代氯仿是常见的溶剂，它极性适中、价格便宜，沸点较低有利于样品回收，但是见光容易分解出氘代盐酸。氘代 DMSO 极性较强，适合观测活泼氢，但沸点较高，不利于样品回收。氘代苯或氘代丙酮适合弱极性分子。

选择氘代试剂还需要考虑温度、价格、毒性大小等因素。在做低温实验时，常选用凝固点低的溶剂，如氘代甲醇。在高温实验可以选用沸点高的氘代 DMSO。

选用的溶液应该有较低的黏滞系数。当溶液黏度过大影响谱图分辨率时，应减少样品的分量。

4.4.5.2　氢谱的采集

采集氢谱需要注意以下方面：

① 应该有足够的谱宽覆盖所有的信号，样品中可能含有羧基时将会在化学位移十几处出峰。

② 当样品浓度很低时，需要适当提高采样次数，而谱图的信噪比与采样次数的 1/2 次方成正比。例如信噪比如果需要提高到原来的 3 倍，采样次数需要提高到原来的 9 倍。

③ 当样品谱峰与溶剂的残留信号重叠时，通常应更换溶剂。

④ 样品中可能含有活泼氢时，可作重氢交换实验，以证实或排除活泼氢的存在。

⑤ 当样品信号互相重叠时，可以滴加少量磁各向异性溶剂（如氘代苯）使之分开。

4.4.5.3 样品分子信号识别

顺利完成氢谱的采集后，经过傅里叶变换，相位、基线和零点校准，标峰和积分后就得到一张完整的谱图。在谱图解析时，应该首先区分杂质信号。通常杂质的量比样品分子少，因此杂质的共振峰面积也比样品的峰面积小，而且一般情况下样品和杂质的峰面积比不是简单的整数比。综上，可以将杂质信号区别开来。

由于氘代试剂不可能达到100%的氘代率，因此氘代试剂中未被氘代的氢原子会在氢谱上出现共振信号，如重水中的残留氢在化学位移4.79附近出峰。在氘代试剂中通常还有少量的水，也会在氢谱中出现相应的信号。由于水峰信号较宽，也比较易于识别。表 4-3 列出了常用氘代试剂中未被氘代的氢和残留水的化学位移值。

表 4-3　氘代试剂中未被氘代的氢和残留水的化学位移值

试剂	氘代 DMSO	氘代氯仿	氘代苯	氘代丙酮	氘代甲醇
残留氢	2.50	7.26	7.16	2.05	3.31
残留水	3.33	1.56	0.40	2.84	4.87

为提高样品匀场的效果，并提高谱线的分辨率，可以在匀场和采样时使样品在磁体中快速旋转，但这样做会产生旋转边带：以谱线为中心，左右等距出现一组弱峰。它们左右对称，以 Hz 为单位时，边带到谱线中心的距离等于旋转速度。如果改变样品管的转速，旋转边带到谱线中心的距离随之改变，这样可以进一步确认旋转边带。

^{13}C 原子核可以与 ^{1}H 耦合而产生 ^{1}H 信号的裂分，这就是 ^{13}C 的卫星峰。由于 ^{13}C 天然丰度为 1.1%，故在 ^{1}H 主峰信号两边左右对称的 ^{13}C 卫星峰强度只有主峰信号的 0.55%，因此只有强峰（例如甲基）才能观测到卫星峰的存在。

4.4.5.4 不饱和度的计算

不饱和度又可以称为"环加双键"数，它是由分子式计算得到的该样品所含有的环加上双键的数目。不饱和度 Ω 的计算公式为：

$$\Omega = 1 + n_4 - \frac{n_1}{2} + \frac{n_3}{2} + \frac{3n_5}{2} \tag{4-19}$$

式中，n_1，n_3，n_4，n_5 分别为分子中一价，三价，四价，五价原子数目。

例如，$CH_3CHClCH_2NO_2$，分子中含有 3 个四价 C 原子，6 个 H 原子和 1 个 Cl 原子；合计 7 个一价原子，1 个五价原子，其不饱和度 Ω：

$$\Omega = 3 + 1 - 7/2 + 3/2 = 2$$

一个吡啶环或一个苯环相当于四个不饱和度（一个环加上三个双键）。当化合物的不饱和度大于等于 4 时，分子中可能含有一个苯环或吡啶环。

4.4.5.5 氢原子的归属

根据氢谱的积分面积比可以得到各个不同化学位移的基团之间氢原子数目比。如果已知样品的分子式，就可以非常方便地推算出每个基团的氢原子数目。如果不知道分子式，但能从谱图中判断出一些特殊的含氢基团，例如甲基、羟基等，以此为基准也能推断未知物中各个官能团中所含氢原子数目。当样品分子具有某种对称性时，谱图中的峰组数目会相应减少，但每个峰组的积分强度会相应增加。

接下来通过每个峰组的化学位移、氢原子数目对该基团进行初步推断，同时通过对谱图裂分情形分析得到相应的耦合常数 J。由于每个基团可能与不同的邻近基团有耦合，所以每个峰组可能含有若干个耦合常数。互相有耦合关系的峰组间会有相同的耦合常数，因此若两个峰组间有共同的耦合常数，则可以判断这两个峰组之间有耦合关系，很可能是相邻基团。

若干个互相有耦合关系的基团组成一个自旋体系，这样我们就得到一个结构片段。再把若干个结构片段组合起来，同时结合立体化学的知识进行推导，得到一种或几种可能的结构式。

对于推导出的可能的结构式，它必须与氢谱的谱峰相一致，即每个官能团与谱图上相应的共振峰相符，包括官能团中氢原子个数与氢谱积分面积，官能团类型与峰形及化学位移值，官能团内部以及官能团之间的耦合关系与相应峰组的耦合常数。如果发现有比较明显的矛盾，则说明所推断的结构是不合理的，应予以排除。这样通过检查所有可能的结构式，最后得到一个最合理的结构式。

需要注意的是，氢原子的归属必须结合峰形的分析。这是因为实际化合物的化学位移值很难用近似公式或图表准确概括，往往有例外的情形，而峰形分析很少有例外的情况发生。因此，当峰形分析与化学位移值分析有冲突时，建议优先考虑峰形分析的结果。例如，某未知物的氢谱中有两个无耦合裂分的单峰信号，结构推导得知该化合物含有—CO—CH—CO—基团和—OH基团。根据化学位移值无法进行 CH 和 OH 基团峰的归属。但是，由峰形分析可以明显区别出共振信号较窄的峰属于 CH，较宽的峰属于—OH 基团。

【**例 4-1**】 图 4-11 是某化合物 $C_8H_{12}O_4$ 的 ^1H NMR 图（400MHz），试推断其结构。

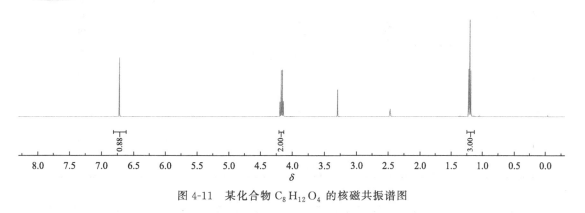

图 4-11 某化合物 $C_8H_{12}O_4$ 的核磁共振谱图

解 由分子式 $C_8H_{12}O_4$ 计算化合物的不饱和度为 3；

谱图中三组峰比例约为 1:2:3，化合物应为对称结构；

化学位移为 1.32 和 4.25 的三重峰和四重峰说明分子含有乙基，且亚甲基应与氧相连，可能是乙酯基团；

化学位移为 6.9 应为烯氢，可能处于羰基的去屏蔽区；

因此该分子为：丁烯二酸乙酯 $CH_3CH_2OOCCH =CHCOOCH_2CH_3$。

4.4.5.6 常见官能团的氢谱

（1）单取代苯环 如果在苯环区内，从积分面积推断含有 5 个氢原子时，可以判断分子中含有单取代苯环。不同的取代基对苯环耦合常数的影响较小，但是取代基的性质对苯环邻、间、对位氢原子化学位移的偏移影响很大，决定了谱图的形状。

当取代基为—CH$_3$、—CH$_2$R、—CHR$_2$、—CH =CHR、—C≡CR、—Cl、—Br 时，邻、间、对位的氢原子的化学位移相差不大，因此它们的谱峰通常不容易分开。当仪器分辨率不够时，将产生一个中间高、两边低的大峰。

当取代基是—OH、—OR、—NH$_2$、—NHR、—NRR$'$等含饱和杂原子基团时，由于饱和杂原子的未成键电子对苯环上的离域电子有 p-π 共轭作用，苯环邻、对位氢原子电子密度有明显增高，其谱峰明显偏向高场；间位氢原子的高场位移较小。由此，苯环上余下的 5 个氢原子信号分为两组：较高场的邻、对位 3 个氢原子与相对低场的间位 2 个氢原子。间位氢原子两侧的氢原子的^3J耦合导致间位氢原子呈现三重峰。

还有一类取代基含有不饱和杂原子，如—CHO、—COR、—COOR、—NO$_2$、—N =NR 等，它们与苯环形成大的共轭体系，但因为杂原子的电负性影响，苯环上电子密度下降，尤其是对邻位氢原子影响较大。所以苯环上剩余的 5 个氢原子向低场移动，而邻位的两个氢原子位移较明显。不同取代基的单取代苯环的核磁共振谱图见图 4-12。

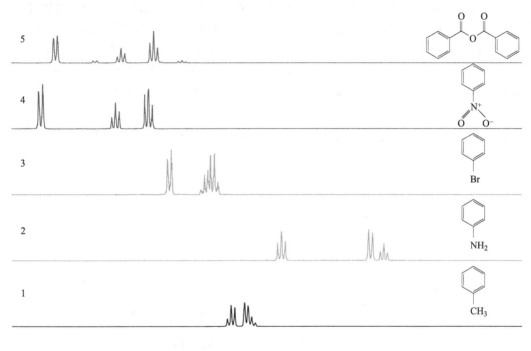

图 4-12　不同取代基的单取代苯环的核磁共振谱图（仅展示芳香区）

（2）对位取代苯环　在对位取代苯环上存在二重旋转轴，苯环上剩余的 4 个氢原子形成 AA$'$BB$'$体系，谱图左右对称，并具有鲜明的特征，是取代苯环谱图中最容易辨认的。谱图粗看是左右对称的四重峰，中间是一对强峰，两边一对弱峰。每个信号可能还有各自的卫星峰。对位取代苯环的核磁共振谱图如图 4-13 所示。

如果取代基与其邻位二氢有长程耦合，则该长程耦合使得谱峰变宽、高度降低。当两个取代基性质相近时，例如—OCH$_3$ 与—OH，则两对化学位移等价氢原子的信号靠近，外侧一对弱峰信号变得更弱。当两个取代基完全一样时，外侧一对弱峰信号消失。

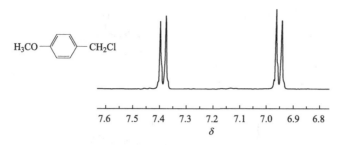

图 4-13 对位取代苯环的核磁共振谱图（仅展示芳香区）

（3）邻位取代苯环 邻位取代苯环的核磁共振谱图见图 4-14。相同基团的邻位取代，形成典型的 AA'BB'体系，谱图左右对称，一般比脂肪族 X—CH$_2$—CH$_2$—Y 的 AA'BB'体系复杂。不同基团的邻位取代，形成 ABCD 体系，谱图非常复杂。由于单取代苯环具有对称性；二取代苯环中，对、间位取代谱图比邻位取代谱图简单；多取代苯环由于苯环上剩余的氢原子数目变少也使得谱图简化，因此不同基团的邻位取代，是最复杂的苯环谱图。

当邻位取代的两个取代基性质差别较大或使用高频谱仪时，苯环上 4 个氢原子近似形成 AKPX 体系：每个氢原子信号首先按照^3J 裂分（两侧邻碳有氢的粗看为三重峰，单侧邻碳有氢的粗看为双峰），然后信号再按照^4J、^5J 裂分。

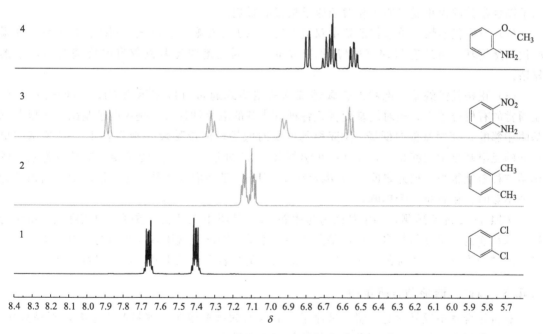

图 4-14 邻位取代苯环的核磁共振谱图（仅展示芳香区）

（4）间位取代苯环 间位取代苯环的核磁共振谱图见图 4-15。相同基团的间位取代，形成 AB$_2$C 体系；不同基团的间位取代，形成 ABCD 体系。间位取代的苯环通常谱图也比较复杂，但两个取代基团之间的氢原子因为没有^3J 耦合，通常显示粗略的单峰，凭借该单峰可以判断分子中含有间位取代苯环。

（5）多取代苯环 苯环上三取代时，按照取代基位置的不同，剩余的三个氢原子形成 AMX 或 ABX 或 ABC 或 AB$_2$ 体系。苯环上四取代时，剩余的两个氢原子形成 AB 体系。苯

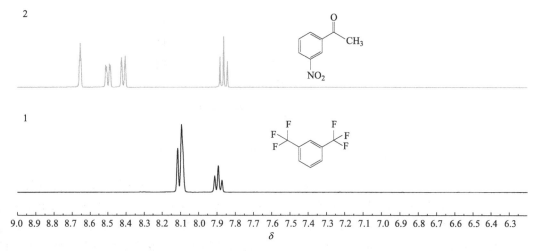

图 4-15　间位取代苯环的核磁共振图（仅展示芳香区）

环上五取代时，剩余的一个氢原子形成单峰。

（6）取代杂芳环　由于杂原子的存在，芳环上相对杂原子处于不同位置的氢原子的化学位移已经分开，取代基使之进一步分开，所以取代的杂芳环通常可以按照一级谱图处理。氢原子耦合常数的大小受氢原子相对杂原子位置的影响。

（7）单取代乙烯　单取代乙烯中双键上的氢原子存在顺式、反式、同碳耦合关系。如果取代基是烷基，将还有与烷基的 ^3J 和长程耦合，因此谱线比两侧都有取代基的乙烯谱图复杂。

（8）正构长链烷基　饱和的长碳链烷基的结构式通常可以表示为 $CH_3—(CH_2)_n—X$。在通常的有机分子中，相对烷基而言，各种取代基的电负性较大，是吸电子基团。所以与 X 基团相邻的 α-亚甲基偏向低场，β-亚甲基也偏向低场，但位移较 α-亚甲基小。离 X 基团更远处的亚甲基化学位移相近，通常在化学位移 1.25 处形成一个大的单峰。这是因为它们的化学位移差别很小，彼此之间的 ^3J 耦合在 6～7Hz，是强耦合体系，峰形很复杂，当谱仪分辨率不够时，粗看是一个单峰。

按照 $n+1$ 理论预测，端甲基因为与相邻 CH_2 基团相连呈现三重峰。但实际上，由于与端甲基相连的亚甲基与很多个亚甲基是强耦合体系，因此把端甲基与相邻的亚甲基单独划出来考虑耦合裂分是不正确的，应该统一考虑端甲基与若干个亚甲基形成的强耦合体系。

4.4.6　其他氢谱辅助分析手段

有机化合物中通常含有大量的氢原子，而氢谱的谱宽较窄，容易产生重叠，不易分辨，所以常需要借助其他方法来区分重叠的信号或简化谱图。

（1）利用高场谱仪　$\Delta\nu/J$ 的大小决定了谱图的复杂程度。耦合常数 J 的大小反映了原子核磁矩间相互作用能的大小，是分子的固有性质，不随实验条件的改变而改变。以 Hz 为单位的化学位移频率差 $\Delta\nu$ 的大小与谱仪的共振频率（或磁场强度）成正比。因此，随谱仪共振频率（或磁场强度）的增加，$\Delta\nu/J$ 增加，谱图复杂程度降低。

例如，$\Delta\nu=0.1$ 时，在 60MHz 谱仪的谱图上对应化学位移频率差 6Hz，而在 600MHz 谱仪的谱图上对应化学位移频率差 60Hz。假如耦合常数 J 为 6Hz，在 60MHz 谱仪上检测，将得到二级谱（$\Delta\nu/J=1$）；在 600MHz 谱仪上检测，将得到一级谱（$\Delta\nu/J=10$）。

使用高场谱仪还可以提高信噪比。因为激发态和基态的能级差 ΔE 与磁场强度 B_0 成正比 [式(4-6)]，而共振频率 ν 也与 B_0 成正比 [式(4-8)]，即 ΔE 与 ν 成正比。所以随着共振频率的变大，激发态和基态的能级差 ΔE 变大，从而提高了信噪比。

正因如此，研究者们不遗余力地提高着核磁共振波谱仪的磁场强度。

（2）**改变实验温度**　由于在不同温度条件下，氢原子共振信号的化学位移可能会有一定的漂移，并因氢原子的不同，化学位移漂移的大小可能是不一样的。这样通过选择适当的实验温度，可以使得原本重叠的信号分离开来，有利于简化谱图和信号识别。

（3）**重水交换实验**　分子中—OH、—SH、—NH$_2$ 等基团上的氢原子属于活泼氢。在采集完正常氢谱后向核磁管中加入少量重水，振荡后再次采集核磁共振氢谱。此时活泼氢已部分或完全被氘原子取代，相应的谱峰将会明显变小甚至消失。通过加入重水前后两张氢谱的对比，可以确认分子内是否存在活泼氢以及哪些信号是活泼氢信号。

例如，通过对比 17α-羟基黄体酮的氢谱（图 4-16）及其重水交换实验（图 4-17），可以确认分子中存在一个活泼氢，化学位移为 5.23。

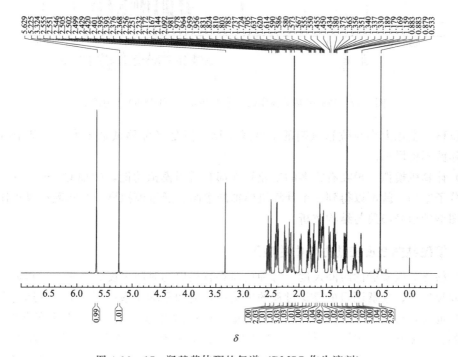

图 4-16　17α-羟基黄体酮的氢谱（DMSO 作为溶剂）

（4）**介质效应（溶剂效应）**　由于苯、乙腈等分子具有强的磁各向异性，因此在溶液中加入少量的此类物质，它们会对溶质分子的不同部位产生不同的屏蔽效应。通常在氘代氯仿体系中如果某些谱峰重叠，可以考虑加入少量氘代苯，重叠的谱峰有可能分开，从而有利于谱峰识别。

（5）**位移试剂**　常见的位移试剂是镧系元素 Eu 或 Pr 与 β-二酮的配合物。金属离子的未配对电子有顺磁矩，它可以作用到溶质分子中各个有磁矩的原子核，并且这种作用与空间距离的三次方成反比。位移试剂和样品分子形成复合物的接触位点处的基团，如样品中的氨基、羟基等，化学位移变化量最大。当所观测基团渐渐远离位移试剂时，各个基团的化学位移变化值逐渐变小，因此原本重叠的谱线不再相互重叠，谱线变得简单，相对易于解析。样

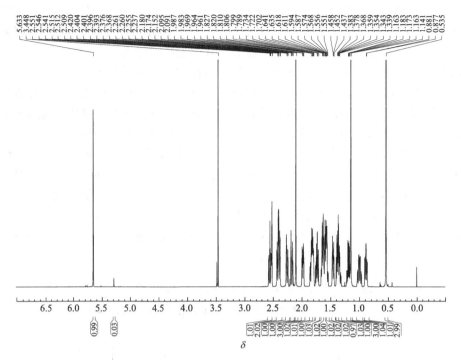

图 4-17　17α-羟基黄体酮的重水交换谱图（DMSO 作为溶剂）

品化学位移的变化大小与位移试剂的浓度成正比。但是当位移试剂浓度达到某个特定数值后，位移就不再增加。

（6）计算机模拟　现在有很多的专业软件都有谱图模拟功能，例如 Chemdraw。在软件中输入分子结构，就可以得到一个计算机模拟的谱图。通过模拟谱图与实验结果对比，有助于复杂图谱的信号归属与结构解析。

4.4.7　核磁共振在反应动力学中的应用

（1）核磁共振实验的时间尺度　每种仪器都有相应的时间尺度。当一个过程远远快于仪器的时间尺度时，仪器测量的是该过程的平均值，例如平均速率；当一个过程远远慢于仪器的时间尺度时，仪器测量的是该过程的瞬时值，例如瞬时速率。从红外到紫外的吸收光谱，电磁波的频率范围为 $10^{12} \sim 10^{15}$ Hz。现阶段核磁共振谱仪的频率大致在几百兆赫兹，即 10^8 Hz，比红外、可见光、紫外慢了几个数量级。在实际测量中，由于高分辨液相核磁共振谱仪所研究的体系经常涉及分子旋转、化学交换反应等过程，而这些旋转、交换在核磁共振谱图上反映出来的是化学位移差值 $\Delta\nu$。这样的反应动力学过程的时间尺度为 $1/\Delta\nu$，相当于毫秒的时间单位。因此，如果以核磁共振实验的时间尺度作为参考，改变体系温度，很多化学反应过程可以从快的过程一直变到慢的过程，而核磁共振技术则可以对这一过程进行系统的研究。

动力学过程是多种多样的，下面以分子的旋转受阻为例讨论 NMR 在其中的应用。

分子中，C—N 单键具有部分双键的性质，因此不能自由旋转。N 原子上的两个甲基不等价，有不同的化学位移值。在常温下采集氢谱，可以看到两个单峰。随着温度的升高，分子的转动动能升高，有越来越多的分子可以克服 C—N 旋转的势垒，所以两个单峰逐渐靠近，最后合并为一个单峰，如图 4-18 所示。类似的现象还可以在环的船式构象和椅式构象互换、环上的直立氢和平伏氢的互换等过程中观察到。

图 4-18　（从左至右）温度升高时 N,N-二甲基乙酰胺的核磁共振谱图的变化

（2）活泼氢的解析　当体系中存在快速的交换反应时，例如：

$$CH_3CH_2OH_A + HOH_B \rightleftharpoons CH_3CH_2OH_B + HOH_A$$

即乙醇中羟基氢原子与水中的氢原子有快速交换反应，则观察到的活泼氢的平均化学位移值 $\delta_{观察}$：

$$\delta_{观察} = N_A\delta_A + N_B\delta_B \tag{4-20}$$

式中，N_A 和 N_B 分别是 A、B 两种活泼氢原子的摩尔比；δ_A 和 δ_B 分别是 A、B 两种活泼氢原子的化学位移值。由式(4-20) 可知，在乙醇和水的混合溶液中，核磁共振氢谱不单独显示乙醇和水的羟基信号，而只能观察到一个平均的羟基信号。当我们观测的样品中含有多种活泼氢时，例如同时含有氨基、羧基、羟基，而且它们彼此之间都进行快速交换，则核磁共振氢谱上也只会显示一个平均信号，化学位移数值是各个信号化学位移值按照摩尔比的算术平均值。

—OH、—SH、—NH$_2$ 是常见的活泼氢基团，它们的交换速度由大到小为—OH、—NH$_2$、—SH。当它们进行快速交换时，除了只表现一个活泼氢信号外，活泼氢与相邻基团的氢原子的耦合裂分通常也不会显现。

① 羟基　通常醇、酚、羧酸类羟基的交换反应都比较快。因为存在氢键的缔合作用，其化学位移变化范围均较大，与实验条件（如浓度、温度、溶剂的选择等）相关。由于酸和碱可以催化交换反应，所以当样品非常纯、完全不含酸或碱时，交换反应较慢，此时可能会观测到羟基氢与相邻碳原子上氢的 ^3J 耦合。

可以通过重氢交换实验判断羟基活泼氢之外，也可以用加入少量氘代乙酸的办法判断羟基。氘代乙酸的活泼氢在低场出峰，由于交换反应的作用，样品加入氘代乙酸后观测到的活泼氢的平均信号将会向低场移动。

在常见的有机氘代试剂中，氘代二甲亚砜（DMSO）或氘代吡啶作溶剂时，比较容易观测到羟基。用氘代氯仿作溶剂时，由于氘代氯仿见光容易分解出氘代盐酸，可以交换掉样品中的活泼氢，有可能观测不到活泼氢，而且有的样品分子不耐酸。用氘代甲醇、重水作溶剂时，溶剂中的—OD 很容易交换掉样品中的活泼氢，通常观测不到活泼氢。

当用氘代 DMSO 作溶剂时，醇羟基可与之强烈缔合，氢原子交换速率明显降低，可以分别观测到样品羟基和水的信号；可以区分多元醇中的不同羟基信号；中性溶液中可以观测到羟基氢与相邻碳原子上氢的 ^3J 耦合，有助于区分伯、仲、叔醇。但是，氘代 DMSO 沸点较高，通常较难除去，不利于样品回收。

② 氨基　氨基氢的峰形受到交换反应和 N 原子核的影响。由于 ^{14}N 的天然丰度超过

99%，主要考虑^{14}N 对氢核峰形的影响。

若只考虑交换反应的影响。当交换反应很快时，—NH$_2$ 显现尖锐的单峰；当交换反应很慢时，由于^{14}N 自旋量子数为 1，根据 $2nI+1$ 原则，—NH$_2$ 上的氢原子受到^{14}N 影响，裂分为强度 1∶1∶1 的三重峰。

接下来考虑^{14}N 原子核四极矩的影响。^{14}N 核的电子云是非球形对称的，当样品分子在溶液中不停翻滚运动时，不对称的电子云会产生波动的电场，此电场作用于具有四极矩的原子核，导致原子核在外磁场中的定向发生改变，从而使具有四极矩的核得到弛豫，这就是四极矩弛豫机制。当这种弛豫机制强时，核的弛豫速度很快，它对附近的其他核只产生一个平均的效果，即不与其他核耦合、裂分，此时若不考虑交换反应的影响，—NH$_2$ 应表现尖锐的单峰。当这种弛豫机制弱时，则类似无四极矩的原子核情形，它对附近的核产生正常的耦合裂分，—NH$_2$ 应该表现尖锐的三重共振峰。当这种弛豫机制介于两者之间时，—NH$_2$ 则表现较宽的单峰。

综上，考虑交换反应和^{14}N 原子核的核四极矩影响，氨基峰形有可能比较尖锐，也可能比较钝，但出现峰形较钝的情形较多。

4.5　核磁共振碳谱

有机化合物的骨架是由碳原子组成的，因此获得碳原子的信息在有机化合物的结构鉴定中具有特别重要的意义。

碳谱的化学位移范围比氢谱宽，一般可以超过 200，约是氢谱的 20 倍，化合物结构上的细微变化可以在碳谱上得到更明显的反映。由于常规的碳谱检测是对氢宽带去耦的碳谱，每个碳原子对应一条尖锐的没有耦合裂分的谱线（如果不考虑^{19}F、^{31}P 等其他原子核的耦合），因此谱图重叠的可能性也比氢谱小。

碳谱有多种相关的脉冲激发序列，可以做不去耦的碳谱，其谱线通常较复杂；也可以做（对氢原子）去耦的碳谱，其谱线大大简化；可以用特殊的脉冲序列区分碳原子的级数（伯、仲、叔、季）。对于常规的对氢宽带去耦的碳谱，由于 NOE 效应的存在以及伯碳、仲碳、叔碳、季碳的弛豫时间不同，将导致碳谱的信号强度与碳原子的个数不成比例，因此常规的碳谱只标出共振峰的化学位移，不积分。定量碳谱将采用反转门控去耦的序列来实现。

图 4-19 是 17α-羟基黄体酮（DMSO 作为溶剂）的碳谱，图的上部标出不同碳信号的化学位移，其中化学位移 40 附近的七重峰是 DMSO 中的碳原子被氘原子裂分造成的，其余 21 个碳原子信号对应 17α-羟基黄体酮中的 21 个碳原子。

由于自然界中大量存在的^{12}C 核自旋量子数为 0，没有核磁共振信号，而^{13}C 的天然丰度只有 1.1%，约为^{1}H（天然丰度接近 100%）的 1/100。再加上^{13}C 的 γ 值是^{1}H 的 1/4，而核磁共振灵敏度与 γ 值的立方成正比，因此常规碳谱的灵敏度约为氢谱的 1/6400。这就造成核磁共振碳谱通常要求样品浓度较高，并且信号累加时间较长，限制了碳谱的应用范围。随着 PFT-NMR 仪器以及去耦技术的不断发展，碳谱的应用也越来越广泛，成为化学、生物、医药领域不可缺少的测试方法。

4.5.1　常见官能团的化学位移及其影响因素

不像氢原子处于分子的"外围"，碳原子构成了有机化合物的骨架，因此分子结构的变

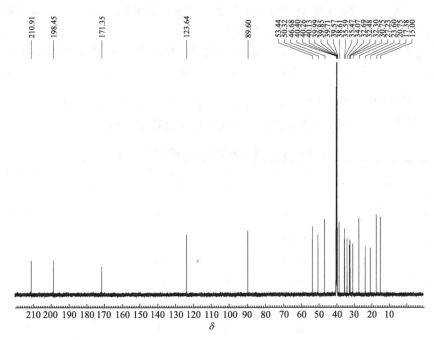

图 4-19　17α-羟基黄体酮的碳谱（DMSO 作为溶剂）

化在碳谱中可得到较好的反映。以烷基而论，氢谱中化学位移的变化范围大约只有 3，而碳谱中可达 80～90。以取代苯环而论，氢谱中化学位移的变化范围大约只有 1.5，而碳谱中可达 60。

（1）链状烷烃　对于脂肪族的链状烷烃及其衍生物的碳原子来说，取代基团的电负性是影响它们化学位移值的主要因素。与电负性取代基直接相连的 α-碳原子化学位移明显偏向低场，β-碳原子的化学位移值也会变大。当脂肪族的碳原子不与杂原子相连时，化学位移值通常在 0～55，当与杂原子相连时，化学位移值可达 80 甚至更大。

当脂肪链中的碳原子上的氢原子被烷基取代后，其化学位移值会变大，一般情况下 $\delta_C > \delta_{CH} > \delta_{CH_2} > \delta_{CH_3}$。例如 CH_3CH_3 中伯碳的化学位移是 5.7，$CH_2(CH_3)_2$ 中仲碳的化学位移是 15.4，$CH(CH_3)_3$ 中叔碳的化学位移是 24.3，$C(CH_3)_4$ 中季碳的化学位移是 31.4。取代烷基越大、支链越多，被取代的碳原子的化学位移值也越大，这些都是由取代烷基的空间效应所引起的。

虽然电负性的取代可以使 α-碳原子和 β-碳原子的化学位移值变大，但由于 γ-旁式效应的影响，取代基会压迫 γ-原子上的氢原子，使 γ-碳原子上的电子云密度变大，导致化学位移值变小，即移向高场。因为脂肪链的 σ 键可以旋转，处于 γ-旁式构象的分子数约占总数的 1/3。经过统计平均后，γ-碳原子的吸收峰仍然是偏向高场。

可见，碳谱的化学位移对立体构象很敏感，因此可以通过它来研究有机物的立体化学问题。

（2）环状烷烃　上面讨论的对链状烷烃化学位移的影响因素对环状烷烃同样适用。需要注意的是，对于刚性环，若取代基处于 γ-旁式位置，空间效应的影响较脂肪链状烷烃更明显；若处于反式，则几乎没有空间效应的影响。

图 4-20 是 17α-羟基黄体酮的结构。表 4-4 给出了对应的碳谱化学位移值。从表中可以看出空间效应的影响是非常显著的。例如，17 号碳原子的化学位移为 89.6，比 15 号的

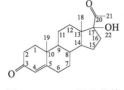

图 4-20　17α-羟基黄体酮的结构式

23.6 和 16 号的 32.7 要大得多，大基团的取代使被取代碳原子的化学位移值有明显的增加。

（3）烯烃　乙烯的化学位移值为 123，取代烯烃的化学位移通常在 100～150。一般情况下，$\delta_{\underset{C=}{\diagdown}} > \delta_{-CH=} > \delta_{CH_2=}$。端头的烯烃化学位移要比有取代基的烯烃碳原子小 10～40。共轭双键中间的碳原子因为键级变小，共振峰化学位移值变小。

表 4-4　17α-羟基黄体酮的碳谱化学位移值

碳原子	化学位移	碳原子	化学位移
1	35.6	12	30.8
2	34.1	13	46.7
3	198.5	14	50.3
4	123.6	15	23.6
5	171.4	16	32.7
6	32.5	17	89.6
7	32.3	18	15.0
8	35.5	19	17.4
9	53.4	20	210.9
10	38.6	21	27.2
11	20.8		

在氢谱中，由于苯环的环电流效应使得苯环上的氢原子比烯烃的氢原子偏向低场。在碳谱中，由于各种磁各向异性较 σ_p 弱，因此烯烃与苯环的碳原子共振峰在大致相同的区间。

（4）苯环及取代物　苯环的 δ 值为 128，取代苯的 δ 值为 100～160。与取代基直接相连的苯环上碳原子受影响最明显，δ 变化可以达 35；取代基对邻、对位的碳原子影响也比较大，δ 变化可以达 16；对间位碳原子化学位移值几乎无影响。

取代烷基的分支越多，与烷基相连的碳原子的化学位移值增加越多，例如当取代基分别为—CH_3、—CH_2CH_3、—$CH(CH_3)_2$、—$C(CH_3)_3$ 时，直接相连的碳原子的化学位移相对于苯分别增加 9.3、15.6、20.2、22.4。

重原子效应可以产生高场位移，例如碘、溴原子的取代会使相连的碳原子化学位移值下降。

仅仅考虑电子效应并不能很好地解释邻位碳原子的化学位移值的变化。例如硝基苯，由于硝基是电负性基团，邻位碳原子应该向低场位移，但实际上却是向高场移动 5.3，这是因为硝基的电场驱使邻位的 C—H 键上的电子向碳原子移动，从而使得邻位碳原子的化学位移值变小。

（5）羰基　由于羰基碳原子上的电子被氧原子吸引，故羰基碳原子缺少电子，其化学位移值通常在低场 160～220 处。

如果羰基与带有孤对电子的原子或不饱和基团相连时，羰基碳原子缺少电子的情况得到某种程度缓解，碳原子的信号将向高场偏移。因此，醛和酮的信号通常在最低场，化学位移值通常大于 195。例如，图 4-21 中 1,1-二苯基丙酮 2 号位的碳原子化学位移是 206.6；而酰胺、酯、酸酐等羰基碳原子偏向高场，化学位移值通常小于 185。例如，在图 4-22 中 N-(α-羟基甲基-β-羟基-对硝基苯乙基)-2,2-二氯乙酰胺 13 位的碳原子化学位移值只有 163.9。

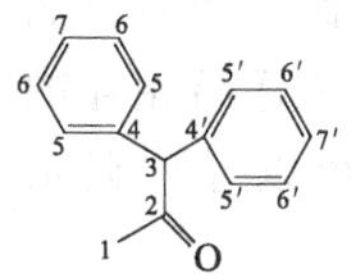

图 4-21　1,1-二苯基丙酮结构式

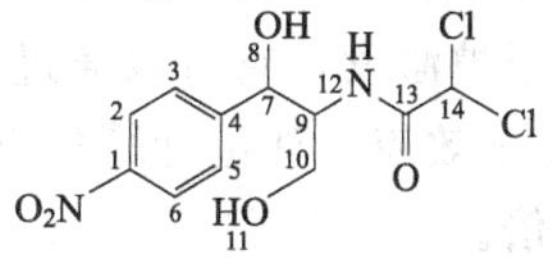

图 4-22　N-(α-羟基甲基-β-羟基-对硝基苯乙基)-
2,2-二氯乙酰胺结构式

（6）氢键　不论是分子内氢键或是分子间的氢键，都将使得羰基化合物上的氧原子上的孤对电子偏向氢原子，因此造成羰基碳原子更加缺少电子，其共振峰更加移向低场。

溶液的稀释或变更都可能引起样品分子化学位移大小的变化，这些都可能是因为改变了样品分子内的氢键或是样品与溶剂之间的氢键造成的。

4.5.2　去耦碳谱

由于 ^{13}C 的天然丰度只有 1.1%，而 ^{12}C 自旋量子数为零，所以可以忽略碳原子之间的耦合作用。与此同时，^{1}H 的天然丰度接近 100%，碳原子很容易被相连或相邻的氢原子裂分，造成谱图的异常复杂。例如，图 4-23 是乙醇的甲基上一个碳原子的未去耦的碳谱，它被甲基上 3 个氢原子和相邻的亚甲基上的 2 个氢原子裂分成 12 重峰。

（1）碳原子与氢原子的耦合常数碳原子与氢原子最重要的耦合常数是 $^1J_{C-H}$，对它的大小起决定作用的是 C—H 键中 s 电子的比重。对于 CH_4（sp^3 杂化），s 电子的比重约为 25%，^1J 是 125Hz；对于 $CH_2\!=\!CH_2$（sp^2 杂化），s 电子的比重约为 33%，^1J 是 157Hz；又如 C_6H_6（sp^2 杂化），s 电子的比重约为 33%，^1J 是 159Hz；$CH\!\equiv\!CH$（sp 杂化），s 电子的比重约为 50%，^1J 是 249Hz。

因为 ^1J 值很大，将有可能造成碳谱谱线相互重叠，因此有必要在采集碳谱时对氢原子进行去耦照射。

另外，取代基团的电负性也会对 ^1J 大小造成影响。例如对于取代甲烷，随着取代基电负性增加，^1J 可增大约 40Hz。

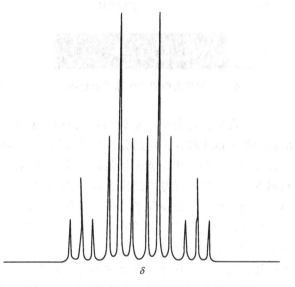

图 4-23　乙醇的甲基上碳原子的未去耦的碳谱

$^2J_{C-H}$ 的大小可以达到约 60Hz，$^3J_{C-H}$ 的大小一般在十几赫兹左右，并且和位置相关。但是在芳香环中，$^2J_{C-H}$ 的大小要小于 $^3J_{C-H}$ 的大小。

$^4J_{C-H}$ 的大小通常小于 1Hz。

（2）宽带去耦　宽带去耦也称为质子噪声去耦，是目前最常用的碳谱去耦技术。在测碳谱时，同时用一个短而强的脉冲对样品中氢原子的共振频率进行照射（图 4-24），相当于激发了样品中所有的氢原子，使之在不同的自旋状态下来回跃迁。这样在宏观的采样过程中，氢原子的不同自旋状态会被平均掉，^{13}C 原子与 ^{1}H 原子的耦合被全部去掉，每个 ^{13}C 仅表现出一条谱线。

宽带去耦除了能简化谱图之外，还可以提高碳原子谱线的信噪比。当对样品中的氢核进行照射，氢原子被激发，它可以通过与碳原子之间的共价键将能量传递给相连的碳原子，即核的 Overhauser 效应。理论计算告诉我们，Overhauser 效应最大可以导致碳原子的信号增加到原来的 3 倍。

由于碳原子，尤其是季碳的弛豫时间较长，因此需要注意实验条件的选择。如果系统的等待时间不足，碳原子的信号会被降低。这是因为当碳原子的纵向弛豫时间 T_1 较长，而激发脉冲的间隔时间小于 5 倍的 T_1 时，在一个脉冲之后，总有部分碳原子还没有回到基态，第二个脉冲又出现了。这部分碳原子将始终处于激发态，不再受激发脉冲的影响，会出现类似于信号饱和的现象，导致谱图信号降低。另外，如果设置了较长的系统等待时间，将占用的机时较长导致更高的测试费用，因此有时需要在更好的碳原子信号与较低的测试成本之间作出某种平衡。

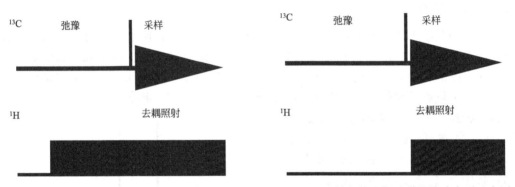

图 4-24　宽带去耦碳谱的脉冲示意图　　　　图 4-25　反转门控去耦碳谱的脉冲序列示意图

（3）反转门控去耦　反转门控去耦的脉冲序列如图 4-25 所示。相较于宽带去耦实验，反转门控去耦实验在系统的弛豫等待阶段，并不对氢核进行照射，只是在采样的过程对氢原子进行去耦照射。由于能量从氢原子传递给碳原子需要一定的时间，这样 Overhauser 效应刚刚发生，采样已经基本结束。因此碳谱中影响碳原子积分准确性的 Overhauser 效应被最小化，同时保留了对氢原子去耦、简化谱图的优点。

同时，反转门控去耦的碳谱对系统的等待时间有比较严格的要求。通常需要检测体系中每个碳原子的纵向弛豫时间 T_1，并以若干个 T_1 中最长的 T_1 为标准，以其 5 倍设置实验的系统弛豫时间，以保证两次脉冲的时间间隔中，溶液中所有的碳原子都有足够的时间从激发态回到基态。不同于氢谱中各个氢原子的 T_1 值通常在几百毫秒，差别一般不大，碳谱中不同碳原子，尤其是不同级数的碳原子的 T_1 值一般差别很大，这一点在定量碳谱实验中尤为重要。以乙炔苯为例，各个碳原子的 T_1 值差别非常明显，如图 4-26 所示。因此在乙炔苯的定量碳谱实验中，两次脉冲之间的弛豫时间应该设定为 132s 的 5 倍，即 660s。这个弛豫时间远远大于普通不定量碳谱设定的弛豫时间（为 1～2s）。

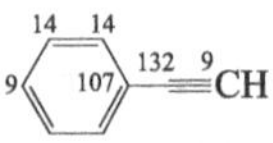

图 4-26　乙炔苯中各个碳原子的纵向弛豫时间 T_1（单位：s）

　　由于 Overhauser 效应被最小化和足够的弛豫时间，反转门控去耦碳谱中碳原子积分面积是与碳原子个数成正比的，这是反转门控去耦碳谱相较于宽带去耦碳谱的优势。图 4-27 显示了一张反转门控去耦碳谱，其积分面积比已经可以代表样品中的碳原子个数比。另外，反转门控去耦碳谱设置的系统弛豫时间较长，采集相同采样次数的碳谱所花的机时将高于宽带去耦碳谱。

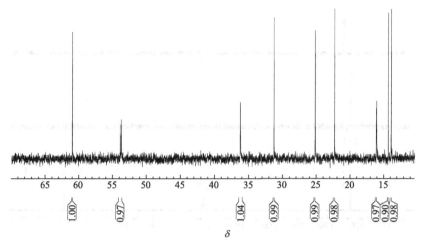

图 4-27　反转门控去耦碳谱

4.5.3　碳原子级数的确定

　　在常规的去耦碳谱上通常是不能直接判断碳原子级数的，目前常采用的方法是 DEPT (distortionless enhancement by polarization transfer) 技术来判断碳原子的级数。它又细分为三种脉冲序列：DEPT 45、DEPT 90、DEPT 135。相较于去耦碳谱所有的碳原子都产生相应的共振峰，DEPT 45 只有季碳不出峰；DEPT 90 只有叔碳出峰；DEPT 135 伯碳和叔碳产生向上的共振峰，而仲碳产生向下的共振峰，季碳不出峰。可以用表 4-5 来总结 DEPT 脉冲序列与常规去耦碳谱对不同级数的碳原子的检测结果。

表 4-5　DEPT 序列与常规碳谱对不同级数的碳原子的检测结果

碳谱	伯碳	仲碳	叔碳	季碳
DEPT 45	↑	↑	↑	不出峰
DEPT 90	不出峰	不出峰	↑	不出峰
DEPT 135	↑	↓	↑	不出峰
常规碳谱	↑	↑	↑	↑

　　将样品的常规碳谱与 DEPT 系列的谱图对比可以非常容易地推断出碳原子级数。图 4-28 显示了乙基苯在 $CDCl_3$ 溶液中的 DEPT 135、DEPT 90、DEPT 45 以及普通碳谱（从上到下）。从图中可以看到，在普通碳谱中出现所有的 6 种碳原子信号和溶剂峰。在 DEPT 45 谱图中，3 位季碳没有出峰，其余 1 位、2 位、4 位、5 位、6 位碳原子都出峰。在 DEPT 90 谱图中，只有 4 位、5 位、6 位叔碳出峰。在 DEPT 135 谱图中，1 位伯碳和 4 位、5 位、6 位叔碳出正峰；2 位仲碳出负峰。由此，DEPT 系列的谱图与碳原子的级数完全吻合。

　　由于 DEPT 45 谱图提供的信息可以全部从 DEPT 135 谱图得到，而 DEPT 135 谱图还

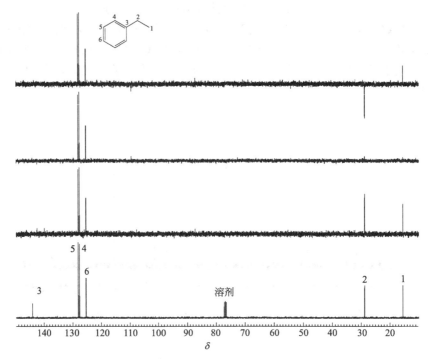

图 4-28 乙基苯在 $CDCl_3$ 溶液中的 DEPT 135、DEPT 90、DEPT 45 以及普通碳谱（从上到下）

能给出仲碳这个额外信息，所以在实际检测过程中，可以不做 DEPT 45 实验，只需要做 DEPT 135、DEPT 90 以及普通碳谱即可推断出全部碳原子级数。

4.5.4 碳谱解析

（1）样品制备与溶剂选择　类似氢谱，一般采用氘代试剂作为溶剂。选择氘代试剂主要考虑样品的溶解度。对于 ^{13}C 天然丰度的分子量 400 左右的小分子，以 400MHz 谱仪采样 512 次为例（约 30min，弛豫时间 2s），通常需要在溶液中加入 20mg 的样品以得到较好的谱图。除此之外选择氘代试剂还需要考虑温度、价格、毒性大小等因素。要尽量避免溶剂峰与样品信号重叠。

（2）碳谱的采集　采集碳谱需要注意以下几方面：

① 为节约机时，常用的宽带去耦碳谱的系统弛豫时间通常设定为 $1 \sim 2s$，这种设置对于大部分碳原子可以产生不错的信号。在样品浓度足够、其他碳原子的谱峰强度较好，但个别碳原子信号丢失时，可以考虑适当延长采样间隔时间，避免个别纵向弛豫时间较长的碳原子出现信号饱和现象。

② 由于常规碳谱是对氢原子去耦的，一根谱线对应一种碳原子，没有氢谱的裂分计算耦合常数的问题，因此对匀场的要求不高，样品可以不是完全透明的溶液。但是碳谱的灵敏度较差，所以对于高分子材料的碳谱，建议尽可能多地加入溶质分子直到饱和为止。即使这样，由于摩尔浓度太小，高分子材料的碳谱通常也不可能采集到所有碳原子的信号。

③ 如果需要得到定量碳谱，通常采用反转门控脉冲序列，此时需花费较多的机时。

（3）样品分子信号识别　顺利完成碳谱的采集后，经过傅里叶变换，相位、基线和零点校准，标峰后就得到一张完整的谱图（如果是定量碳谱，还需要积分）。

在谱图解析时，应该首先区分杂质信号。通常杂质的量比样品分子少，因此杂质的共振峰的峰高较低。由于季碳较难出峰，通常季碳的信号较弱。在化学位移 160 以上的季碳区域，区分季碳的信号与杂质的信号时要特别小心。

碳谱中还需要区分溶剂峰的信号。表 4-6 列出了常见氘代试剂的溶剂峰化学位移以及峰形。由于水中没有碳原子，因此碳谱中看不见水的信号。

表 4-6　碳谱中常见氘代试剂的溶剂峰

溶剂	化学位移	峰形
$CDCl_3$	77.2	三重峰
CD_3COCD_3	30.0（甲基） 206.3（羰基）	七重峰（甲基） 单峰（羰基）
CD_3OD	49.0	七重峰
C_6D_6	128.1	三重峰
CD_3SOCD_3	40.0	七重峰

（4）不饱和度的计算　根据式（4-19）计算不饱和度。

（5）结构对称性分析　如果宽带去耦碳谱中的碳原子谱线数目少于分子式中碳原子个数，有可能是因为分子有一定对称性。但也有可能是因为实验中弛豫时间不够，部分季碳原子没有出峰。可以延长弛豫时间重复实验进行判断，也可以采用反转门控去耦碳谱实验，通过积分来确定是否有碳原子信号重叠。当化合物中碳原子数目较多时，应当考虑不同碳原子的化学位移偶然重合的可能性。

（6）碳原子级数的确定　通常采用 DEPT 系列的脉冲实验来确定。

（7）碳原子结构单元的推断与组合　碳谱大致可以分为三个区域：

① 羰基和叠烯区，化学位移一般大于 150。分子中如果存在叠烯基团，其两端的碳原子应该在双键区也有信号，两种信号峰同时存在才能确认存在叠烯。化学位移在 200 以上的通常属于醛、酮类的基团；160～180 的谱峰通常属于酸、酯或酸酐类基团。

② 不饱和碳原子区域（不包括炔），化学位移一般在 90～160。烯烃、芳环、叠烯两端的碳原子等 sp^2 杂化的碳原子以及碳氮叁键的碳原子通常在此区域出现共振峰。

③ 脂肪链上的碳原子，化学位移通常小于 100。如果是饱和碳原子并且不直接与氮、氧、氟等杂原子相连，通常化学位移小于 55。炔碳原子在 70～100 附近出峰。

④ 由不饱和碳原子数目可以计算相应的不饱和度。如果此数值小于分子的不饱和度，通常说明分子内成环。

通过上述步骤可以推出若干个结构式。通过对碳谱的指认并结合氢谱的推断，从中找出最合理的结构式。还可以用二维谱的数据进行比较直观的结构推断。

4.6　核磁共振二维谱简介

自从 20 世纪 70 年代 Ernst 教授小组首次成功地实现了二维核磁共振实验，核磁共振技术就进入了一个全新的时代。80 年代是二维核磁共振飞速发展的 10 年，各种各样的脉冲序列层出不穷，使二维谱在有机化合物的结构鉴定、分子在溶液中的三维空间结构的测定和分子动态过程的研究中得到了广泛的应用。在本节中，将对主要的二维谱图进行介绍，并用具体范例说明如何用氢谱、碳谱和二维谱来完整推断未知物结构。

二维谱实际上由若干个一维谱"拼接"而成，因此二维谱通常比一维谱费机时，分辨率也落后于一维谱。但是，可以从二维谱比较直观地观察原子与原子、基团与基团之间的相对关系，避免一维谱繁琐的耦合分析，从而更易进行有机化合物结构的推断。

二维谱的实验由四个时期组成：准备期、发展期、混合期、检测期。其中，准备期通常有较长的时间间隔，它能够使体系在两次脉冲之间从激发态回到基态；发展期一般用变量 t_1 表示，它由一个或多个脉冲激发整个体系，并且 t_1 的长短在整个二维谱的过程中是不断变化的；混合期用变量 t_m 表示，是体系进一步演化的时期，在某些二维谱中这个过程可以不存在；检测期用变量 t_2 表示，与一维谱的检测期类似，是 FID 信号被检测的阶段。

正是因为二维谱中包含 t_1、t_2 两个时间变量，通过两次傅里叶变换，即得到一张二维谱。其中 F_1 维对应 t_1 时间变量，是间接采样维；F_2 维对应 t_2 时间变量，是直接采样维。F_1 维和 F_2 维可以是同一种原子核，此时称为同核相关二维谱。当 F1 维和 F2 维分别为两种原子核，例如 ^{13}C 与 ^{1}H，称为异核相关二维谱。

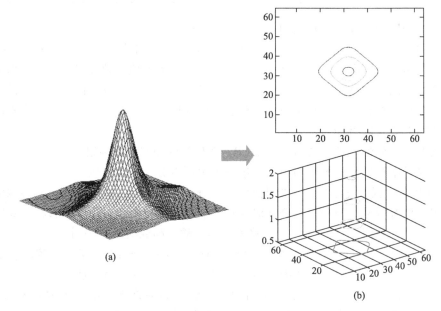

图 4-29 二维谱图

二维谱一般有两种表现形式：一种称为堆积图 [图 4-29（a）]，另一种称为等高线图 [图 4-29（b）]。堆积图由许多条"一维"谱线紧密排列而成，其优点是直观、有立体感；其缺点是难以准确定出共振峰的频率，较强的信号后面可能还藏有较弱的信号，并且作图较繁琐。等高线图的横坐标和纵坐标分别代表 F_2 维和 F_1 维化学位移，信号峰最中心的圆圈代表峰的中心位移，圆圈的多少代表信号的强度。最外面的圆圈代表一定强度的截面，里面第二、第三圈代表按照一定规律依次增高的截面。等高线图易于识别出信号的中心频率，作图较快；缺点是可能漏掉较低强度的信号。二维谱多采用等高线图。

二维谱由于采样时间较长，通常需要控制温度恒定，以避免温度变化造成谱峰位置漂移。

4.6.1 ^{1}H-^{1}H COSY

^{1}H-^{1}H COSY（correlated spectroscopy）是最简单的，也是第一个二维谱。它最基本的

脉冲序列只包含两个 90°脉冲，如图 4-30 所示。第一个脉冲在 t_1 期内激发所有氢核自旋不同的磁化矢量，分别按照其特有的 Larmor 进动频率进动；第二个 90°脉冲使相互混合的核自旋体系的磁化矢量发生相干转移。在此脉冲序列作用下，间隔 2～3 个共价键的质子耦合，在二维谱上显示一个交叉峰。后来在此基础上又有人进行改进，例如增加了梯度场压制背景噪声等功能，则脉冲序列变得稍稍复杂一些。

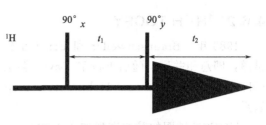

图 4-30　COSY 基本脉冲序列示意图

下面以乙醇分子为例介绍 ^{1}H-^{1}H COSY 谱图的识别。在图 4-2 中显示了乙醇在 DMSO 溶剂中的一维氢谱，4.33 处为羟基，3.44 处为亚甲基，1.05 处为甲基。图 4-31 显示了乙醇分子的 ^{1}H-^{1}H COSY 谱图（DMSO 为溶剂）。在谱图的上边和左边将一维氢谱插入到二维谱中以方便分析。二维谱中的信号又可以分为两类：对角峰和非对角峰。对角峰的信号没有磁化强度交换，相当于一维谱的信号。非对角峰的产生经历了磁化强度在两个核之间交换，给出两个核之间的相关信息，是需要重点关注的信息。在图 4-31 中，可以发现 3.44 的亚甲基质子信号分别与 4.33、1.05 的质子信号有交叉信号，说明亚甲基质子与甲基质子和羟基质子之间有 ^2J 或 ^3J 耦合，而没有观察到 4.33 与 1.05 之间的交叉信号，说明甲基质子与羟基质子之间没有 ^2J 或 ^3J 耦合。通过分析，可以知道在乙醇分子中，亚甲基处于分子中间，而甲基和羟基分别在亚甲基两端。

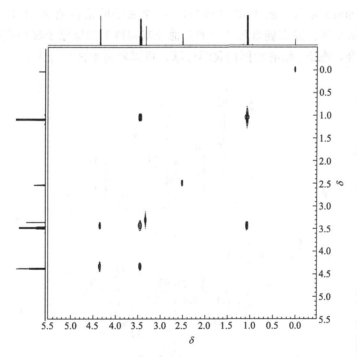

图 4-31　乙醇分子的 ^{1}H-^{1}H COSY 谱图（DMSO 为溶剂）

由于乙醇分子非常简单，其实不需要 COSY 实验，仅仅依靠化学键的常识也能轻易推断其结构。但是对于复杂的有机分子，^{1}H-^{1}H COSY 谱图能够直观地给出 ^2J 或 ^3J 耦合的质子间关系，对于未知物的结构推断非常有帮助。

4.6.2 ¹H-¹H TOCSY

1983 年，Braunschweiler 和 Ernst 正式提出 TOCSY（total correlation spectroscopy）谱图，即总相关谱。随后 Bax 和 Davis 得到同核的 Hartmann-Hahn 谱图，简称 HOHAHA（Homonuclear Hartmann-Hahn spectroscopy），他们也认为，HOHAHA 与 TOCSY 紧密联系。

TOCSY 谱图的脉冲序列如图 4-32 所示。在 90°脉冲之后，各个横向磁化矢量进动，而等频混合期 t_m 是 TOCSY 谱图特有的。当 t_m 由短变长，例如从 20ms 增加到 80ms，耦合作用在同一自旋体系中从邻近的核传递到较远的核，因此 TOCSY 谱图可将一个自旋体系中的全部自旋关联。

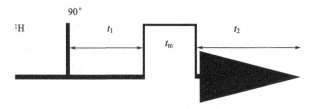

图 4-32 TOCSY 谱图的脉冲序列示意图

在蛋白质三维结构的计算中，TOCSY 谱图可以用来识别各种不同侧链的氨基酸残基类型。对于侧链较短的氨基酸，混合时间可以设定为约 40ms，对于侧链较长的氨基酸，混合时间可以设定为 80ms 左右。图 4-33 显示的是 32 个残基的蛋白质 AAI（α-淀粉酶抑制剂）的 TOCSY 谱图指纹区。除去脯氨酸之外的其他残基侧链上的氢原子都与残基内 α-碳原子上的氢原子互相耦合，在 F_2 维有相同的化学位移，可以轻易地区分开来。

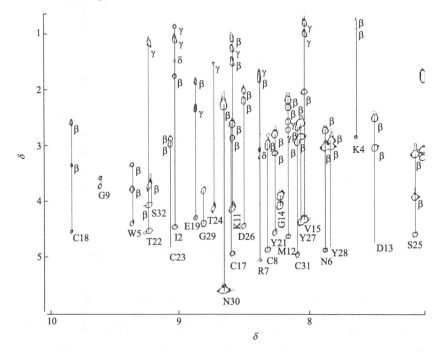

图 4-33 蛋白质 AAI 的 TOCSY 谱图指纹区

4.6.3　¹H -¹H NOESY

NOE 谱图可以采用一维谱形式，称作 NOE 差谱；也可以采用二维谱形式，称作 NOE-SY（nuclear Overhauser effect spectroscopy）。采集 NOE 差谱时，需首先采集一个普通氢谱，再选择其中的某个信号进行照射，记录此时的谱图。将普通氢谱与选择性照射得到的谱图相减，就得到了 NOE 信息。NOE 差谱中可以出现正峰，也可以出现负峰。NOE 差谱的灵敏度通常比二维 NOESY 谱图好，但是 NOESY 谱图可以用一张谱图显示出所有基团之间的 NOE 效应，因此应用面很广。

NOESY 与 COSY 的脉冲序列的区别在于发展期后有一定时间的混合期（图 4-34）。在 NOE-SY 的混合期内，空间距离 5Å 之内的任意两个质子自旋可因交叉弛豫而发生非相干转移，交换能量。由 NOESY 实验所得到的 NOE 交叉峰，其强度与氢原子间距的 6 次方成反比，因此 NOE 反映了两个氢原子的空间距离关系，而与两个氢原子

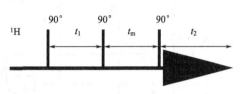

图 4-34　NOESY 谱图的脉冲序列示意图

之间间隔的共价键数目无关。这是因为能量是沿空间传递，而不是沿共价键传递。在实际检测中，可以采集几个 NOESY 谱图，分别采用不同的混合时间，例如 50ms、100ms、150ms 等，从中挑选合适的实验条件。

NOESY 是蛋白质的 NMR 结构测定中最重要的一种二维谱。图 4-35 和图 4-36 分别显示了蛋白质 AAI 的 NOESY 谱图局部放大。

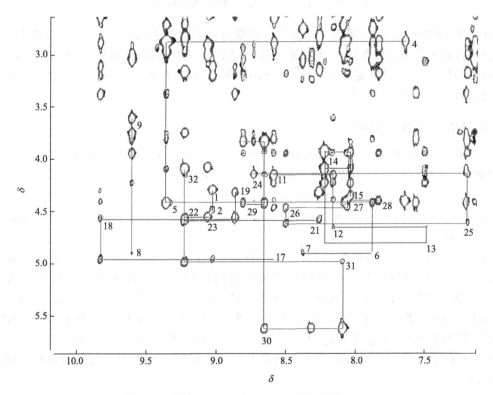

图 4-35　蛋白质 AAI 的 NOESY 谱图局部（一）

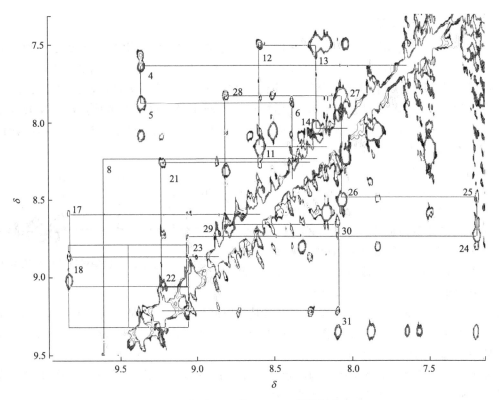

图 4-36　蛋白质 AAI 的 NOESY 谱图局部（二）

在分析 NOESY 谱图时需要特别注意，当混合时间超过 100ms，NOESY 谱图中可能会出现由于自旋扩散造成的伪峰。当 A 原子与 B 原子有 NOE 效应且 B 原子与 C 原子有 NOE 效应时，即使 A 与 C 距离超过 5Å，也可能出现能量从 A 传递到 B 进而传递到 C，造成 A 原子与 C 原子之间的 NOE 伪峰。

4.6.4　HMQC 与 HSQC

HMQC（heteronuclear multiple-quantum coherence）与 HSQC（heteronuclear single-quantum coherence）是把 ^1H 核（F_2 维）与和它直接相连的 ^{13}C 核（F_1 维）关联起来的二维谱。类似的，也可以把 ^1H 核与和它直接相连的 ^{15}N 或 ^{31}P 核关联起来。HMQC 与 HSQC 两个实验结果一般没有区别，相比而言 HSQC 灵敏度更高，对谱仪的状态要求也更高（例如 90°脉冲的准确性）。

对于未知物质的结构推断来说，通过 ^1H 谱、^{13}C 谱、DEPT 系列谱图与 HMQC（或 HSQC），就已经可以把氢原子与和它直接相连的碳原子之间的关系以及碳原子级数确定下来。图 4-37 是 17α-羟基黄体酮的氢谱（DMSO 作为溶剂）高场部分放大图，氢谱全谱见图 4-16，重水交换氢谱见图 4-17。图 4-38 则是 17α-羟基黄体酮的 HMQC 谱（DMSO 作为溶剂）。通过与定量 ^{13}C 谱（图 4-39）、DEPT 90 谱（图 4-40）、DEPT 135 谱（图 4-41）的综合分析，可以得到 17α-羟基黄体酮的氢原子与碳原子之间的直接关联关系（表 4-7）。

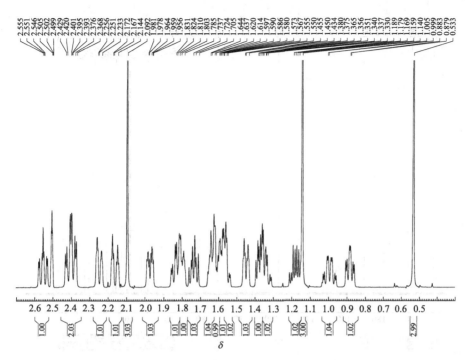

图 4-37 17α-羟基黄体酮的氢谱（DMSO 作为溶剂）高场部分放大图

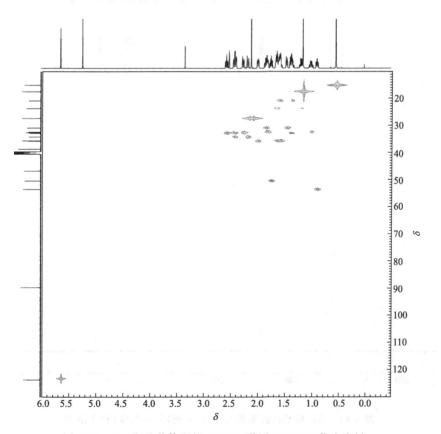

图 4-38 17α-羟基黄体酮的 HMQC 谱图（DMSO 作为溶剂）

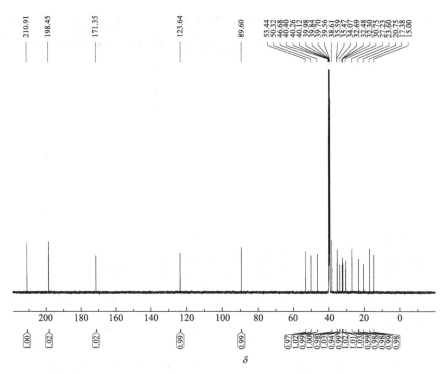

图 4-39　17α-羟基黄体酮的定量^{13}C 谱图（DMSO 作为溶剂）

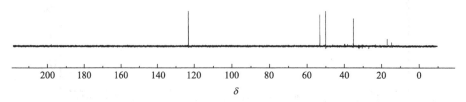

图 4-40　17α-羟基黄体酮的 DEPT 90 谱图（DMSO 作为溶剂）

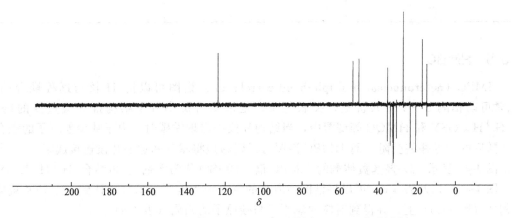

图 4-41　17α-羟基黄体酮的 DEPT 135 谱图（DMSO 作为溶剂）

表 4-7　17α-羟基黄体酮的氢原子与碳原子之间关联关系

^1H 化学位移	^{13}C 化学位移	C 原子级数
1.97,1.61	35.6	仲
2.40,2.16	34.1	仲
—	198.5	季
5.63	123.6	叔
—	171.4	季
2.40,2.24	32.5	仲
1.79,0.99	32.3	仲
1.55	35.5	叔
0.88	53.4	叔
—	38.6	季
1.58,1.34	20.8	仲
1.83,1.44	30.8	仲
—	46.7	季
1.73	50.3	叔
1.63,1.18	23.6	仲
2.55,1.37	32.7	仲

续表

¹H 化学位移	¹³C 化学位移	C 原子级数
—	89.6	季
0.53	15.0	伯
1.14	17.4	伯
—	210.9	季
2.09	27.2	伯
5.23	—	—

4.6.5 HMBC

HMBC（heteronuclear multiple-bond correlation）谱图可以把¹H 核与远程耦合的¹³C（通常可以相隔 2～5 个共价键）关联起来，是未知有机小分子结构推导最重要的谱图。在¹H-¹H COSY 和 HMQC 等谱图中，当结构片段中出现季碳时，由于缺少氢原子的耦合关系，随后的推导往往受阻，而 HMBC 谱图可以轻易地将季碳两边的片段连接起来。

图 4-42 显示 17α-羟基黄体酮的 HMBC 谱（DMSO 作为溶剂）。再结合¹H-¹H COSY 谱图（图 4-43）以及表 4-6，可以将谱图中所有的氢原子和碳原子信号指认到 17α-羟基黄体酮结构式（图 4-20）上，并得到对应的氢原子与碳原子的归属（表 4-8）。

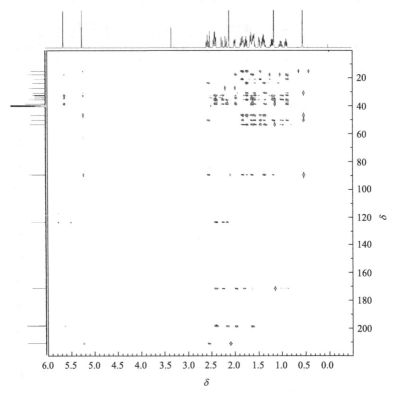

图 4-42　17α-羟基黄体酮的 HMBC 谱图（DMSO 作为溶剂）

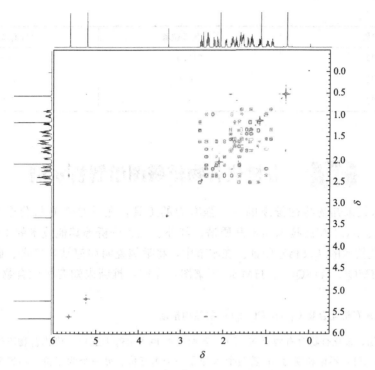

图 4-43　17α-羟基黄体酮的 ^{1}H-^{1}H COSY 谱 （DMSO 作为溶剂）

表 4-8　17α-羟基黄体酮的氢原子、碳原子归属表

归属	^{13}C 化学位移	^{1}H 化学位移
1	35.6	1.97,1.61
2	34.1	2.40,2.16
3	198.5	—
4	123.6	5.63
5	171.4	—
6	32.5	2.40,2.24
7	32.3	1.79,0.99
8	35.5	1.55
9	53.4	0.88
10	38.6	—
11	20.8	1.58,1.34
12	30.8	1.83,1.44
13	46.7	—
14	50.3	1.73
15	23.6	1.63,1.18
16	32.7	2.55,1.37
17	89.6	—
18	15.0	0.53
19	17.4	1.14

续表

归属	^{13}C 化学位移	^1H 化学位移
20	210.9	—
21	27.2	2.09
22	—	5.23

4.7 有机化合物核磁图谱解析示例

NMR 技术是未知物结构推断的一个强有力的工具，尤其是在有机化合物领域。当然，在结构推断过程中，NMR 技术离不开质谱、红外、元素分析等其他技术的支持，NMR 的结果也必须和其他技术的结果相互印证。在本节中，将举例说明如何结合氢谱、碳谱、DEPT 系列、COSY、HMQC（HSQC）、HMBC 等谱图，完整地推断未知有机化合物的结构式。

【例 4-2】　某有机化合物 $C_{11}H_{12}Cl_2N_2O_5$ 的结构推断

由分子式可知，该化合物含有两个 N 原子。若两个 N 原子全部为五价，该化合物不饱和度为 8；若两个 N 原子全部为三价，不饱和度为 6；若两个 N 原子一个为五价、另一个为三价，不饱和度为 7。由于不饱和度较大，分子中可能含有苯环或吡啶环。

在核磁共振 ^1H 谱（图 4-44）中观察到 12 个氢原子信号，与分子式吻合。在苯环区有 4 个氢原子信号，但化学位移明显偏向低场，判断有强电负性取代基团。由峰形和耦合常数（9.0Hz）判断，该苯环为对位取代苯环。在重水交换氢谱（图 4-45）中，化学位移分别为 4.98、6.04 和 8.31 的信号明显变小，说明这三个氢原子为活泼氢。

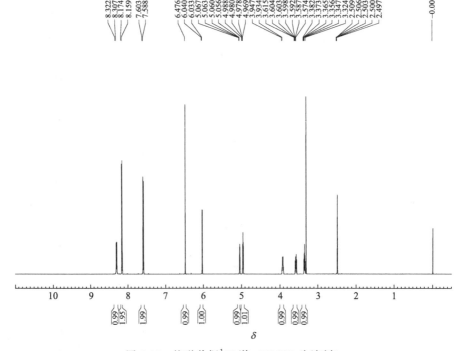

图 4-44　核磁共振 ^1H 谱（DMSO 为溶剂）

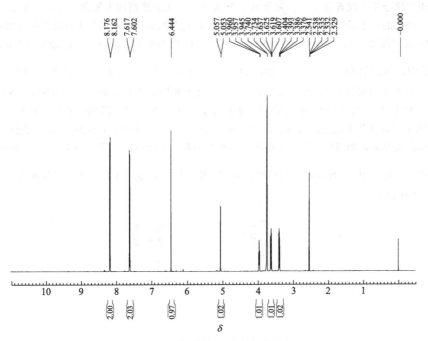

图 4-45　核磁共振重水交换氢谱

　　在定量^{13}C谱（图4-46）观测到11个碳原子信号，与分子式相符。苯环区同样观测到4种碳原子信号，积分面积为6，与苯环相符。化学位移也偏向低场，说明有强电负性取代基团，可能是—NO_2。在化学位移163.9处出现信号，说明分子中可能含有羰基。

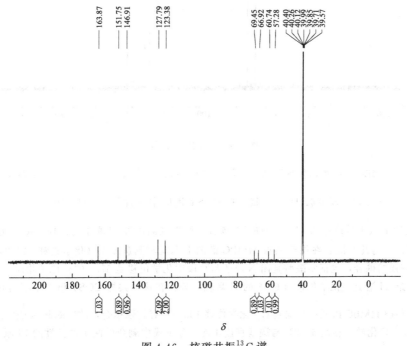

图 4-46　核磁共振^{13}C谱

　　由氢谱和碳谱可以判断该未知物含有硝基取代的苯环，^{1}H化学位移分别是 8.16（2个）、7.59（2个）；^{13}C化学位移分别是 151.8、146.9、127.8（2个）、123.4（2个）。

由于该未知物分子中仅含有 5 个 O 原子和 2 个 N 原子，可以推测该未知物含有一个硝基、一个羰基以及两个羟基。剩余的一个活泼氢为氨基氢。这种推测与核磁共振氢谱、碳谱结果以及分子式吻合。

由 DEPT 90（图 4-47）、DEPT 135（图 4-48）、^{1}H-^{1}H COSY（图 4-49）、HMQC（图 4-50）、HMBC（图 4-51）谱图，可知该分子有 —CH—CH—CH$_2$— 片段（从左至右，^{1}H 化学位移分别是 5.06、3.95、3.60、3.36，^{13}C 化学位移分别是 69.5、57.3、60.7），且该片段端头的叔碳上的 H（化学位移 5.06）与苯环上的部分 C 原子（化学位移 127.8、151.8）有强耦合（图 4-49），故判断端头的叔碳与苯环相连。同时，在 COSY 谱图上发现该片段端头的叔碳上的 H（化学位移 5.06）与化学位移为 6.04 的活泼 H 有强 ^3J 耦合。受它和苯环去屏蔽区的影响，苯环苄位的 H（化学位移 5.06）和 C（化学位移 69.5）均移向低场。与此类似，—CH—CH—CH$_2$— 片段端头的仲碳上的 H（化学位移 3.60、3.36）与化学位移为 4.98 的活泼 H 有强 ^3J 耦合（图 4-49）。

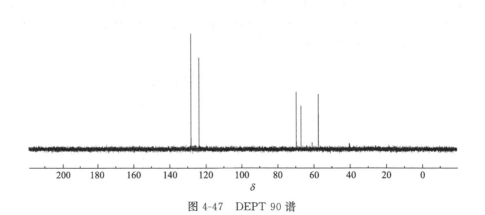

图 4-47　DEPT 90 谱

在核磁共振 HMBC 谱图中，发现羰基 C（化学位移 163.9）与化学位移为 8.31 的活泼 H 有强耦合，推断此活泼 H 为酰胺 H。该酰胺 H 在核磁共振 COSY 谱图中与片段 —CH—CH—CH$_2$— 中化学位移是 57.3 的叔碳上的 H（化学位移 3.95）有强的 ^3J 耦合，所以推断酰胺 N 原子与片段 —CH—CH—CH$_2$— 中间的 C 原子相连。与此同时，在核磁共振 HMBC 谱图上也观察到羰基 C（化学位移 163.9）与化学位移 3.95 的 H 有较强的耦合，也证实酰胺基团 N 原子与片段中化学位移是 57.3 的 C 原子相连。

在核磁共振 ^{1}H 谱上，化学位移为 6.48 的 H 呈现单峰，在核磁共振 COSY 谱图中不与其他 H 原子耦合，但在核磁共振 HMBC 谱图中与羰基 C（化学位移 163.9）有较强耦合，故判断此 —CH— 基团（^{1}H 化学位移是 6.48，^{13}C 化学位移是 66.9）与羰基直接相连。分子式中剩余的两个电负性的 Cl 原子应该直接与 —CH— 基团相连，再加上羰基的影响，所以在核磁共振 ^{1}H 和 ^{13}C 谱中，该基团的化学位移都偏向低场。

综上所述，某有机化合物 $C_{11}H_{12}Cl_2N_2O_5$ 是 *N*-(α-羟基甲基-β-羟基-对硝基苯乙基)-2,2-二氯乙酰胺。其结构式见图 4-22，其不饱和度为 7，对应的核磁共振归属见表 4-9。

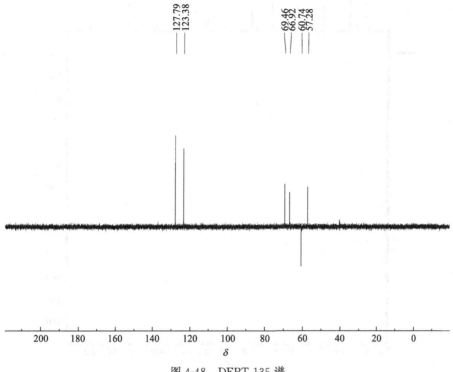

图 4-48　DEPT 135 谱

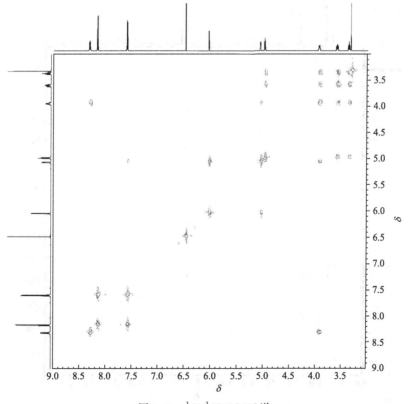

图 4-49　^{1}H-^{1}H COSY 谱

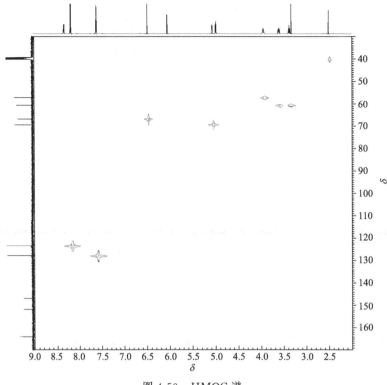

图 4-50　HMQC 谱

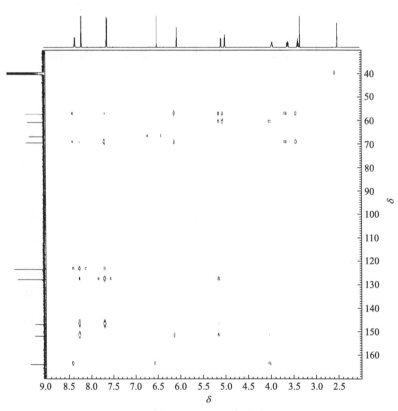

图 4-51　HMBC 谱

表 4-9　有机化合物 $C_{11}H_{12}Cl_2N_2O_5$ 的氢原子、碳原子归属

归属	^{13}C 化学位移	^{1}H 化学位移
1	146.9	—
2	123.4	8.16
3	127.8	7.59
4	151.8	—
5	127.8	7.59
6	123.4	8.16
7	69.5	5.06
8	—	6.04
9	57.3	3.95
10	60.7	3.60,3.36
11	—	4.98
12	—	8.31
13	163.9	—
14	66.9	6.48

【例 4-3】　某有机化合物 $C_{27}H_{46}O_7$ 的结构推断

由核磁共振氢谱（图 4-52）和定量 ^{13}C 谱（图 4-53），确定该分子含 27 个碳、46 个氢，与分子式吻合。在氢谱和碳谱的苯环区都未发现信号，说明该有机化合物不含苯环。

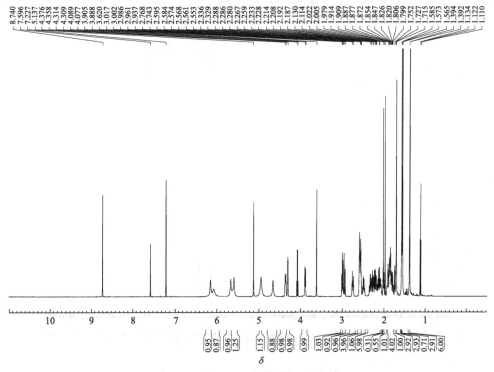

图 4-52　核磁共振 ^{1}H 谱（吡啶为溶剂）

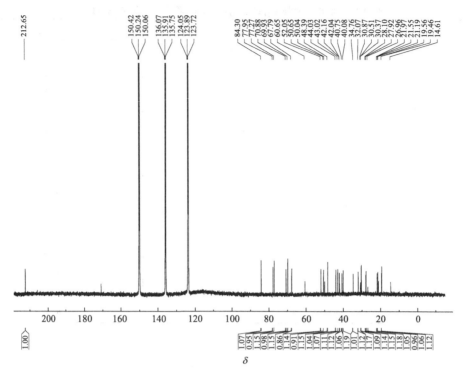

图 4-53　核磁共振^{13}C 谱（吡啶为溶剂）

通过 DEPT 90 谱（图 4-54）、DEPT 135 谱（图 4-55）判断 C 原子的类型。其中 5 个 CH$_3$ 峰（碳原子化学位移 19.5，21.6，28.1，30.4，30.5），9 个饱和 CH$_2$ 峰（碳原子化学位移 19.6，22.0，27.0，27.9，32.1，34.8，40.8，42.2，43.0），7 个饱和的 CH 峰（碳原子化学位移 42.0，44.0，50.7，52.1，67.8，70.9，78.0），6 个季碳峰（碳原子化学位移 40.1，48.4，69.9，77.3，84.3，212.7）。

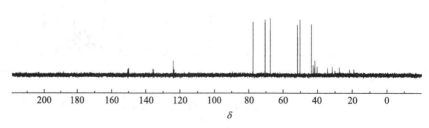

图 4-54　DEPT 90 谱（吡啶为溶剂）

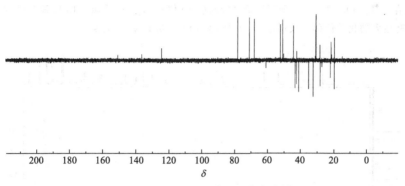

图 4-55　DEPT 135 谱（吡啶为溶剂）

在氢谱中，在 4.5～6.5 区域出现 6 个钝峰，通过重水交换（图 4-56）后该区域峰明显变弱，说明这些峰为活泼氢-羟基信号。^{1}H NMR 谱中，在高场区出现了 5 个甲基质子信号（1.72，1.59，1.57，1.39，1.39），说明可能含有 5 个甲基。^{13}C NMR 谱中，低场区出现 212.7 的碳峰，说明该分子中含有羰基碳。7 个氧原子中 6 个以羟基的形式存在，1 个以羰基的形式存在。

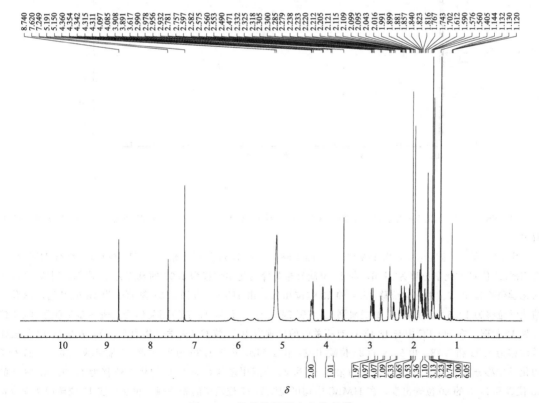

图 4-56　核磁共振重水交换氢谱

通过计算可知该未知物不饱和度为 5，羰基有一个不饱和度，通过核磁共振氢谱、碳谱均未检测到双键信号，说明该未知物剩余的 4 个不饱和度是由于环状结构造成的，说明该分子中含有 4 个环，结合核磁共振碳谱 11～60 具有多个碳信号提示该未知物为甾体。

碳谱中 60～100 的连氧碳区给出了 6 个碳信号（84.3，78.0，77.3，70.9，69.9，67.8）。其中，77.3 和 78.0 表示分子中存在 20,22-二羟基，结合 DEPT 90 谱和 DEPT 135 谱可知，77.3 为季碳，78.0 为叔碳，可此可知 77.3 为 20 位碳、78.0 为 22 位碳。由 HMQC（图 4-57）可知，78.0 的碳与 3.90 的氢直接相连，3.90 的氢为 22 位的叔碳氢。由碳谱中 84.3 信号推测分子中可能存在 14 位羟基。69.9 碳原子信号表明 C25 位连有羟基。40.1 和 48.4 碳原子信号应对应 10 位和 13 位的季碳。13 位碳受到 14 位碳羟基的去屏蔽效应，应有更大的化学位移，碳谱中 48.4 为 13 位碳、40.1 为 10 位碳。

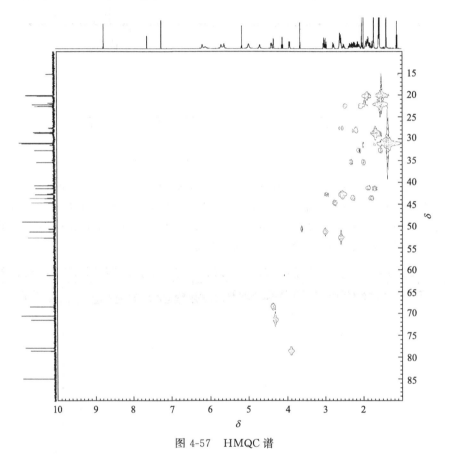

图 4-57　HMQC 谱

^{1}H NMR 谱位于 3.5～4.5 属于 2 位，3 位和 22 位的质子信号。70.9 和 67.8 的碳应为 2 位和 3 位的叔碳。

由 77.3 的 20 位碳出发，由 HMBC 谱（图 4-58）可知 1.59 氢原子信号为 21 位甲基，结合 HMQC 谱可归属 21 位 C 的化学位移为 21.6，与 20 位碳有相关峰的化学位移为 3.00 的氢应为 17 位氢。对应 17 位碳的化学位移为 50.7。由化学位移 48.4 的 13 位碳出发，由 HMBC 可知 1.57 氢原子为 18 位甲基，18 位 C 的化学位移为 19.5。在 HMBC 中观察到 14 位碳 84.3 与 18 位氢 1.57 的相关信号，进一步证明了 48.4 信号为 13 位碳。在 HMBC 中与 18 位 H 有相关峰的仲碳应为 12 位 C（化学位移为 34.8），对应的 12 位氢化学位移为 2.05 和 2.38。由 69.9 的 25 位碳出发，由 HMBC 可知 1.39 为 26 位和 27 位甲基，26 位、27 位 C 的化学位移分别为 30.5 和 30.4，2.29 和 1.80 为 24 位亚甲基氢，24 位 C 的化学位移为 43.0。由 48.4 的 13 位碳和 77.3 的 20 位碳出发，在 HMBC 中均可观测到 17 位质子的相关峰，再次证实 17 位碳的化学位移为 50.7，对应的氢原子化学位移为 3.00。

从化学位移 40.1 的 10 位碳出发，可观察到 19 位氢的相关信号（图 4-58）。19 位氢的化学位移为 1.72，19 位碳的化学位移为 28.1。由 78.0 的 22 位碳出发，由 HMBC 可知 2.20、1.86 氢原子为 23 位亚甲基，结合 HMQC 谱可归属 23 位 C 的化学位移为 27.9。由 84.3 的 14 位碳出发，由 HMBC 可知 2.12、1.57 氢原子为 15 位甲基，结合 HMQC 谱可归属 15 位 C 的化学位移为 32.1。从 50.7 的 17 位碳出发，由 HMBC 可知 2.51、2.11 氢原子为 16 位亚甲基，结合 HMQC 谱可归属 16 位 C 的化学位移为 22.0。由 48.4 的 13 位碳出发，由 HMBC 可知 2.38、2.05 为 12 位亚甲基氢，结合 HMQC 谱可归属 12 位 C 的化学位移为 34.8。由 84.3 的 14 位碳出发，由 HMBC 可知 2.76 为 8 位次甲基氢原子，结合 HMQC 谱可归属 8 位 C 的化学位移为 44.0。由 44.0 的 8 位碳出发，由 HMBC 可知 2.56 信号对应 9 位次甲基氢原子，结合 HMQC 谱可归属 9 位 C 的化学位移为 42.0。

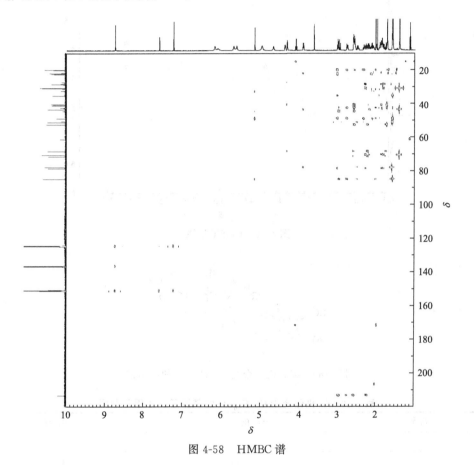

图 4-58　HMBC 谱

由 40.1 的 10 位碳和 212.7 的 6 位羰基碳出发，由 HMBC 可知 2.60 为 5 位次甲基氢信号，结合 HMQC 谱可归属 5 位 C 的化学位移为 52.1。由 212.7 的 6 位羰基出发，由 HMBC 可知 2.96、2.59 为 7 位亚甲基氢，结合 HMQC 谱可归属 7 位 C 的化学位移为 42.2。从 52.1 的 5 位碳出发，由 HMBC 可知 2.58、2.25 为 4 位亚甲基氢信号，结合 HMQC 谱可归属 4 位 C 的化学位移为 27.0。由 27.0 的 4 位碳出发，由 HMBC 可知 4.37 为 3 位次甲基氢，结合 HMQC 谱可归属 3 位 C 的化学位移为 67.8。由 40.1 的 10 位碳出发，由 HMBC 可知 1.90、1.73 为 1 位亚甲基氢信号，结合 HMQC 谱可归属 1 位 C 的化学位移为 40.8。从 40.8 的 1 位碳出发，由 HMBC 可知 4.31 为 2 位次甲基氢信号，结合 HMQC 谱可归属 2 位 C 的化学位移为 70.9。由 42.0 的 9 位碳出发，由 HMBC 可知 1.86、1.84 为 11 位亚甲基氢信号，结合 HMQC 谱可归属 11 位 C 的化学位移为 19.6。

利用 HMQC、HMBC 谱，将未知物的所有碳氢信号进行了初步归属。再进一步利用 COSY 谱（图 4-59）进行验证，确定化合物的结构如图 4-60 所示。对应的核磁共振归属见表 4-10。

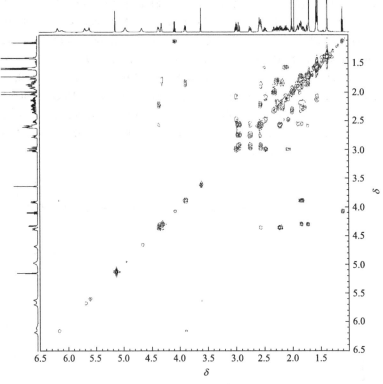

图 4-59 COSY 谱图

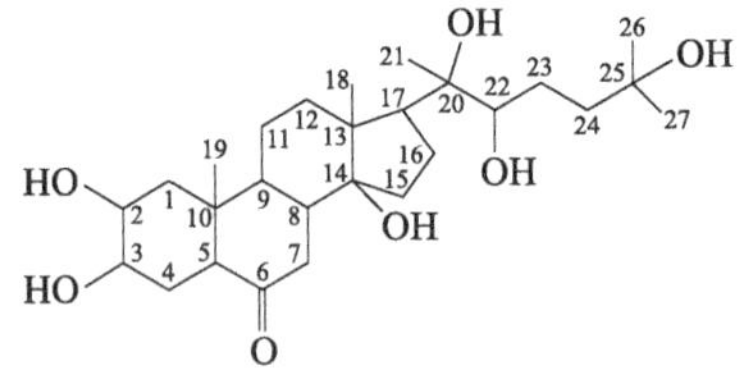

图 4-60 某有机化合物 $C_{27}H_{46}O_7$ 的结构式

表 4-10 有机化合物 $C_{27}H_{46}O_7$ 的氢原子、碳原子归属

归属	^{13}C 化学位移	^1H 化学位移
1	40.8	1.90,1.73
2	70.9	4.31
3	67.8	4.37
4	27.0	2.58,2.25
5	52.1	2.60
6	212.7	—
7	42.2	2.96,2.59
8	44.0	2.76
9	42.0	2.56
10	40.1	—
11	19.6	1.86,1.84
12	34.8	2.38,2.05

续表

归属	^{13}C 化学位移	^{1}H 化学位移
13	48.4	—
14	84.3	—
15	32.1	2.12,1.57
16	22.0	2.51,2.11
17	50.7	3.00
18	19.5	1.57
19	28.1	1.72
20	77.3	—
21	21.6	1.59
22	78.0	3.90
23	27.9	2.20,1.86
24	43.0	2.29,1.80
25	69.9	—
26	30.5	1.39
27	30.4	1.39

【例 4-4】 某有机化合物 $C_{15}H_{22}O_5$ 的结构推断

在核磁共振^{1}H 谱（图 4-61）中观察到 22 个氢原子信号，在^{13}C 谱（图 4-62）中检测到 15 组碳信号，与分子式吻合。化学位移 172.0 的碳原子信号属于羰基。计算分子不饱和度为 5。

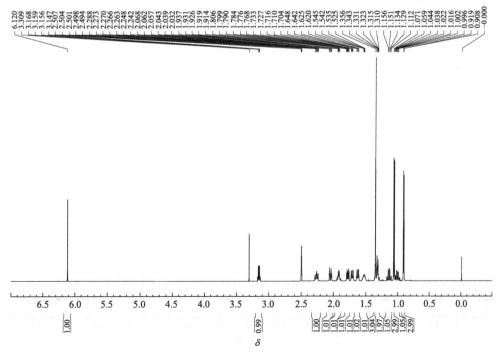

图 4-61 核磁共振^{1}H 谱（DMSO 为溶剂）

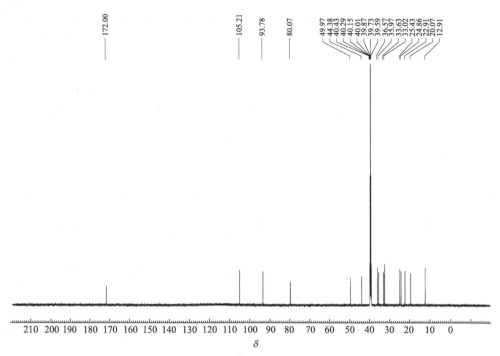

图 4-62 核磁共振^{13}C 谱（DMSO 为溶剂）

由核磁共振碳谱、DEPT 90 谱（图 4-63）、DEPT 135 谱（图 4-64），推断未知物 15 个 C 原子中含有 3 个伯碳（化学位移分别是 12.9、20.1、25.4），4 个仲碳（化学位移分别是 22.9、24.9、33.6、36.0），5 个叔碳（化学位移分别是 33.0、36.6、44.4、50.0、93.8），3 个季碳（化学位移分别是 80.1、105.2、172.0）。此结论与核磁共振 HMQC 谱（图 4-65）一致。

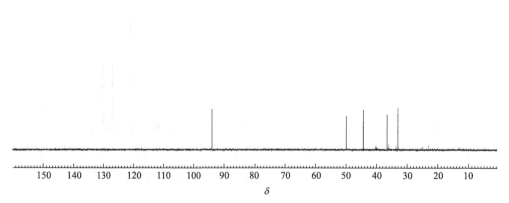

图 4-63 DEPT 90 谱（DMSO 为溶剂）

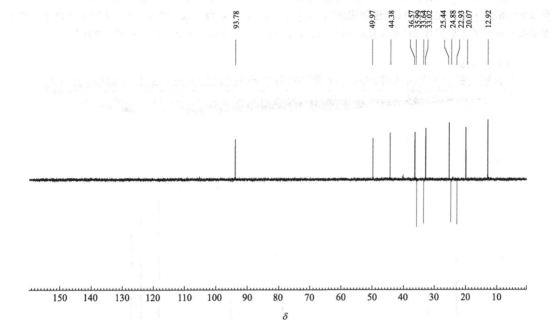

图 4-64 DEPT 135 谱（DMSO 为溶剂）

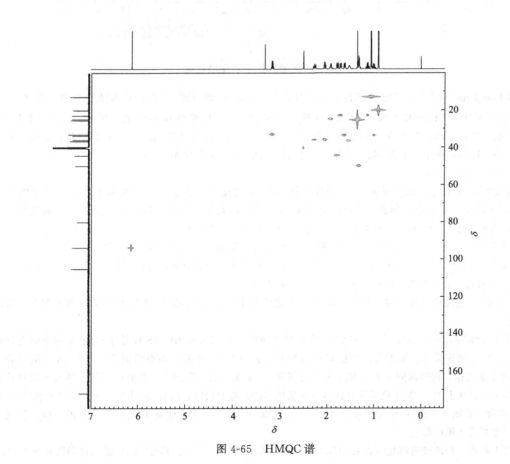

图 4-65 HMQC 谱

　　未知物中 22 个 H 原子全部与 C 原子直接相联，分子中不含有羟基。在重水交换氢谱图中（图 4-66），也未发现活泼 H 的存在。由红外谱图观测到 ν_{C-O-C}、ν_{O-O} 吸收峰（数据未显示），推断未知物中 5 个 O 原子参与形成了 1 个羰基（C 化学位移 172.0），1 个—O—O—基团，2 个—C—O—C—基团。

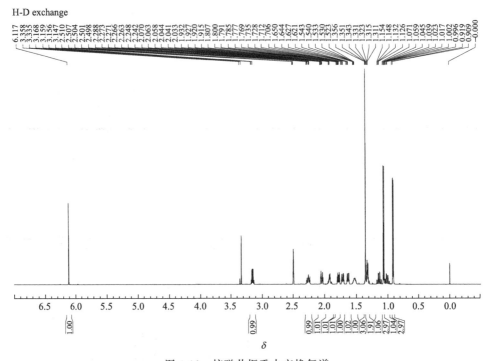

图 4-66　核磁共振重水交换氢谱

　　由核磁共振[1]H、[13]C、COSY（图 4-67）、HMQC、HMBC 谱（图 4-68），知未知物含有片段 CH$_3$—CH—CH—CH$_2$—CH$_2$—CH—CH—CH$_2$—CH$_2$—（从左至右，[1]H 化学位移分别是甲基：1.06；次甲基：3.16；次甲基：1.79；亚甲基：1.14、1.72；亚甲基：1.01、1.63；次甲基：1.53；次甲基：1.33；亚甲基：1.33、1.93；亚甲基：2.05、2.25；对应的 [13]C 化学位移分别是 12.9、33.0、44.4、22.9、33.6、36.6、50.0、24.9、36.0）。

　　在 HMBC 谱图中，观察到羰基 C（化学位移 172.0）与化学位移是 1.06 的甲基 H、3.16 的次甲基 H 以及 1.79 的次甲基 H 有强耦合，推断羰基与 3.16 的次甲基相连，羰基的强电负性造成 3.16 的次甲基明显偏向低场。化学位移 105.2 的季碳与化学位移 2.05、2.25 的亚甲基 H 有强耦合，同时又与化学位移 1.36 的甲基 H 有强耦合，判断此季碳分别与此亚甲基和甲基相连。在核磁共振[1]H 谱中，观察到 1.36 的甲基呈单峰，与之前的判断吻合。在 HMBC 谱图中，可以看到化学位移 80.1 的季碳与 1.33、1.79、6.12 的次甲基 H 有强耦合，判断此季碳分别与这三个次甲基相连。

　　在 COSY 谱图中，可以观察到化学位移 0.91 的甲基 H 与化学位移 1.53 的次甲基 H 有强耦合，判断它们相连。

　　在 HMQC 谱图中，6.12 的 H 与 93.8 的 C 原子相连。在 HMBC 中，该 H 原子与 80.1 的季碳有强耦合，与 105.2 的季碳有较强耦合，与羰基 C 有耦合，并且与 50.0 的叔碳有弱耦合，判断 93.8 的叔碳与 80.1 的季碳相连，同时间隔 1 个 O 原子分别与羰基 C、105.2 的季碳相连。由于 O 原子、羰基的电负性影响，造成该叔碳上的 C 和 H 化学位移强烈地向低场移动。与此同时，6.12 的 H 没有与分子中其他的 H 发生 [3]J 耦合，在核磁共振[1]H 谱中呈现单峰。最后，判断—O—O—基团连接 105.2 和 80.1 的季碳，使它们的位移也严重地偏向低场。

　　综上所述，判断该有机化合物 C$_{15}$H$_{22}$O$_5$ 的结构式如图 4-69 所示。其对应的核磁共振归属见表 4-11。

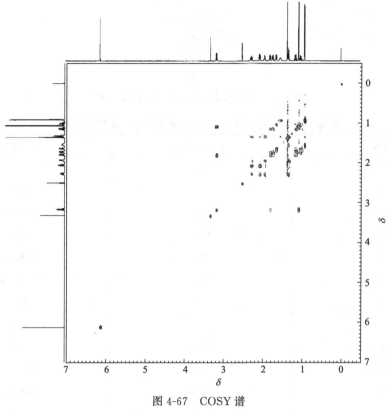

图 4-67 COSY 谱

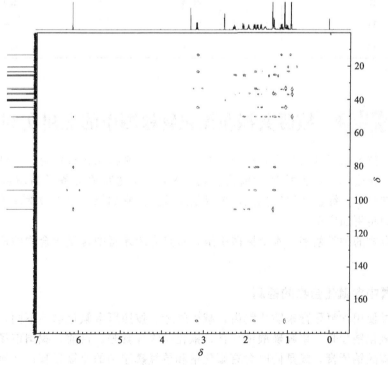

图 4-68 HMBC 谱

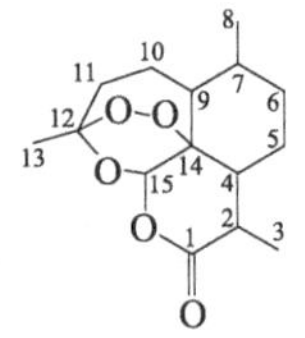

图 4-69 有机化合物 $C_{15}H_{22}O_5$ 的结构式

表 4-11 有机化合物 $C_{15}H_{22}O_5$ 的氢原子、碳原子归属

归属	^{13}C 化学位移	^{1}H 化学位移
1	172.0	—
2	33.0	3.16
3	12.9	1.06
4	44.4	1.79
5	22.9	1.14,1.72
6	33.6	1.01,1.63
7	36.6	1.53
8	20.1	0.91
9	50.0	1.33
10	24.9	1.33,1.93
11	36.0	2.05,2.25
12	105.2	—
13	25.4	1.36
14	80.1	—
15	93.8	6.12

4.8 核磁共振在无机物检测中的应用实例

　　核磁共振技术除了可以鉴定有机物之外，也可以用来检测无机化合物，例如用核磁共振氟谱检测含氟化合物，磷谱检测含磷化合物。NMR 检测通常具备样品制备简单、检测快速、所需试剂较少、绿色环保等优点，但灵敏度较差。它如果与固相微萃取等分离富集手段联用，应用面将更加广泛。

　　无机化合物的种类繁多，本节抛砖引玉，重点介绍牙膏中含氟化合物的检测和水中氘含量的检测。

4.8.1 牙膏中含氟化合物的检测

　　人们通过使用含氟牙膏来防止龋齿，减少蛀牙。按照所含氟化物的不同，含氟牙膏分为以下几种：氟化钠牙膏、单氟磷酸钠牙膏、氟化亚锡牙膏等。目前，我国市场上常见氟化钠牙膏和单氟磷酸钠牙膏，或是同时含有氟化钠和单氟磷酸钠的双氟牙膏。在测定牙膏中的氟时，不仅要检测氟离子的含量，更要检测氟化物的类型。由于核磁共振可以同时定性及定量检测，因此可以应用于牙膏中含氟化合物含量的测定。

^{19}F 的天然丰度为 100%，自旋量子数为 1/2，磁矩为 2.6273 核磁子。在核数目相等、磁场相同的条件下，其相对灵敏度为质子的 83.4%。同时，^{19}F NMR 的化学位移范围可达 1000，不易出现峰重叠，谱图更为简单，便于分析。利用 NMR 方法检测含氟化合物，样品处理比较简单，检测快速，具有成本低、耗时少、易操作等优点，是一种简便高效的测定牙膏中不同氟化物的新方法。

选择三氟乙酸钠作为内标物，将目前市面上比较常见的几种含氟牙膏通过简单的样品处理后，用 ^{19}F NMR 进行了测定，图谱见图 4-70。化学位移 -100.0 是 NaF，-53.0 和 -55.3 的两个双峰源于 $Na_2PO_3 \cdot F$ 中 F 与 P 的耦合产生的裂分（耦合常数为 865Hz），-55.9 的信号来自于内标物三氟乙酸钠。

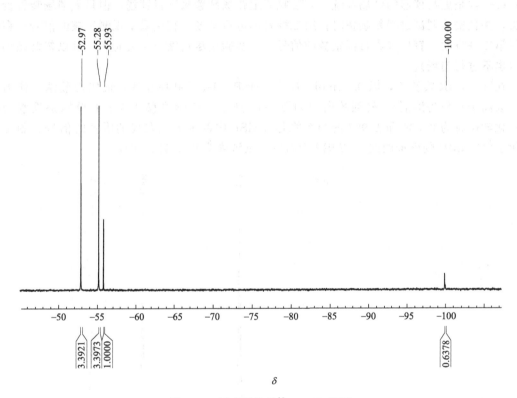

图 4-70　牙膏样品的 ^{19}F NMR 谱图

将测定结果与氟离子电极测定的结果和牙膏厂家提供的结果进行比对，见表 4-12。从表中可以看出，三组数据都能够很好地吻合，但是氟离子电极只能够测定总的氟化物的含量，不能很好区分两种氟化物的类型。

表 4-12　^{19}F NMR、氟离子电极测定结果与厂家提供值对比

样品编号	生产厂商标定值/%	^{19}F NMR 结果/%	氟离子电极测定结果/%
No. 1	0.10	0.101 ± 0.023	0.090 ± 0.004
No. 2	0.15	0.154 ± 0.017	0.144 ± 0.003
No. 3	0.14	0.141 ± 0.020	0.149 ± 0.003

4.8.2 水中氘含量的检测

氘作为氢的稳定的同位素，氘的化合物重水已经被广泛地应用于农业、生物学、化学、医学等很多领域。

重水的浓度分析方法很多，也可以使用核磁共振仪器来定量检测水中氘元素的含量。经过仪器参数的优化，氘浓度的检测范围非常广：从氘同位素的天然丰度 0.015％到接近 100％。为了提高检测的准确性，根据不同的氘浓度，使用不同的检测方法。当氘浓度为 0.015％～6％时，直接采用 ^{2}H NMR 来计算氘的浓度；当水中氘浓度大于 5％时，采用 ^{1}H NMR 谱图来间接得到氘原子的浓度。下面着重介绍 ^{2}H NMR 方法。

在核磁共振对氘核进行观测的时候，由于氘恰好是锁场用的原子核，因此有两个解决方案：第一种是更换仪器的锁场系统，安装氟通道锁场装置来进行锁场，但是氟锁场装置价格昂贵，并且安装调试过程复杂费时；第二种是不进行锁场，直接采集观测氘核的信号。在此采用第二种方案，直接采集目标氘核的信号。在实验中尽量缩短实验时间，可以忽略磁场漂移（也不进行匀场）。

在 ^{2}H NMR 实验中，以 0.05mol·L^{-1} TMSP［3-(三甲基硅基）氘代丙酸钠］作为内标（去离子水作为溶剂），得到的谱图如图 4-71 所示。化学位移 4.658 的单峰是重水的信号；化学位移为 0.604 和 1.996 的两个峰是 TMSP 中两种被氘取代的甲基的信号。图 4-72 显示了 ^{2}H NMR 的标准曲线（TMSP 为内标，氘浓度为 0.015％～6％）。

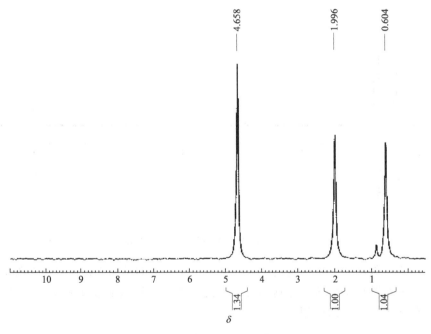

图 4-71 重水和内标 TMSP 的 ^{2}H NMR 谱

将定量核磁共振氘谱测定的结果与傅里叶变换红外光谱测定的结果进行了比对，分别测定了 7 个氘浓度的水样（每个样品分别测定三次），结果见表 4-13。从表中可以看出，7 组数据都能够很好地吻合，证明 ^{2}H NMR 可以准确、快速检测氘浓度为 0.015％～6％ 的水样。

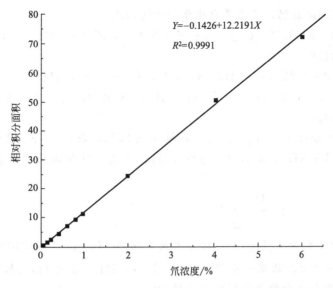

$Y=-0.1426+12.2191X$

$R^2=0.9991$

图 4-72　^{2}H NMR 的标准曲线（TMSP 为内标，氘浓度为 $0.015\%\sim6\%$）

表 4-13　定量核磁和傅里叶变换红外分析结果对照

样品编号	配制浓度/%	NMR 结果/%	红外结果/%
No. 1	0.71	0.79 ± 0.01	0.85 ± 0.02
No. 2	1.20	1.16 ± 0.03	1.14 ± 0.05
No. 3	2.35	2.31 ± 0.02	2.35 ± 0.18
No. 4	3.51	3.50 ± 0.06	3.33 ± 0.11
No. 5	4.51	4.50 ± 0.18	4.36 ± 0.09
No. 6	5.21	5.32 ± 0.10	5.21 ± 0.46
No. 7	5.81	6.00 ± 0.14	6.06 ± 0.07

习　题

1. 在测定 $C_4H_8Br_2$ 的两种异构体的 NMR 谱时，得到以下结果，请问各自的结构是什么？

(1) $\delta=1.85$（d，$J=6.54Hz$，6H），4.07（q，$J=8.81Hz$，2H）

(2) $\delta=1.72$（d，$J=6.87Hz$，3H），2.3（q，$J=6.82Hz$，2H），3.5（t，$J=4.13Hz$，2H），4.2（m，1H）

2. 当满足下列 NMR 数据时，分子式 C_8H_9Br 的化合物的结构是什么？

$\delta=4.33$（dd，$J=8.3Hz$、$1.4Hz$，2H），$7.36\sim7.22$（m，3H），5.20（q，$J=6.9Hz$，1H），2.04（d，$J=6.9Hz$，3H）

3. 下列 NMR 数据分别与下面 $C_5H_{10}O$ 异构体中的哪一个化合物相对应？

(1) $\delta=2.53$（m，1H），2.03（s，3H），0.90（d，$J=7.0Hz$，6H）

(2) $\delta=2.31$（q，$J=7.4Hz$，4H），0.92（t，$J=7.4Hz$，6H）

(3) 两个单峰

4. 根据下列 NMR 数据，写出各自化合物的结构式

(1) $C_4H_7O_2Br$，$\delta=1.97$ (t，$J=6.67Hz$，3H)，2.07 (m，2H)，4.28 (t，$J=6.38Hz$，1H)，10.97 (s，1H)

(2) C_3H_6O，$\delta=2.72$ (m，2H)，4.73 (t，$J=5.97Hz$，4H)

(3) $C_4H_8O_3$，$\delta=1.27$ (t，$J=7.0Hz$，3H)，3.50 (q，$J=7.0Hz$，2H)，4.79 (s，2H)，10.95 (s，1H)

5. 某化合物的分子式为 $C_5H_9Cl_3$，其核磁共振氢谱数据如下：$\delta=1.55$ (s，6H)，2.65 (d，$J=5.8Hz$，2H)，5.97 (t，$J=5.8Hz$，1H)。判断该谱图所表示的结构式是下列哪一个？

(1) 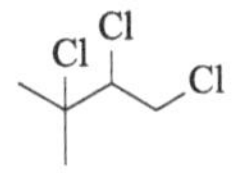 ![Cl Cl / Cl 结构式]   (2) 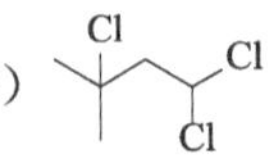 ![Cl / Cl Cl 结构式]

6. 某化合物分子式为 $C_6H_{12}O_2$，红外光谱表明在 $1700cm^{-1}$ 及 $3400cm^{-1}$ 处有强吸收峰。该化合物的 ^1H NMR 谱数据如下：$\delta=1.2$ (s，6H)，2.2 (s，3H)，2.6 (s，2H)，4.0 (s，1H)，判断该化合物是下列哪一个结构？

(1) 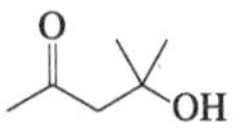 ![O / OH 结构式]   (2) 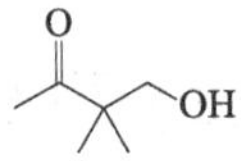 ![O / OH 结构式]

7. 联萘酚双醛 A 与 6 当量溴在二氯甲烷中回流 6h 得到产物 B，经核磁氢谱、碳谱、COSY 及 NOESY 表征结果如下，请推断产物 B 结构。

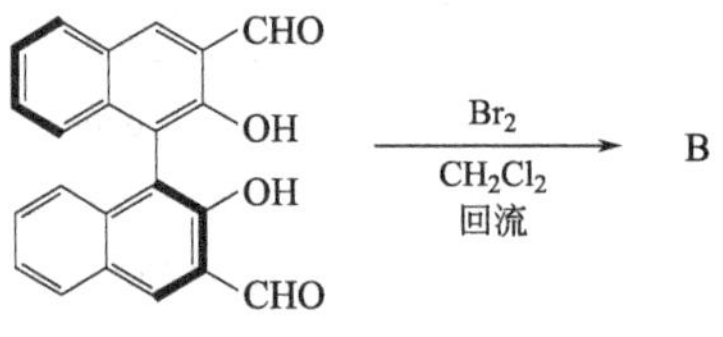

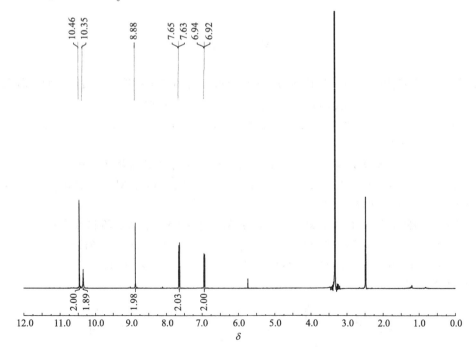

^1H NMR，DMSO-d_6

+D$_2$O

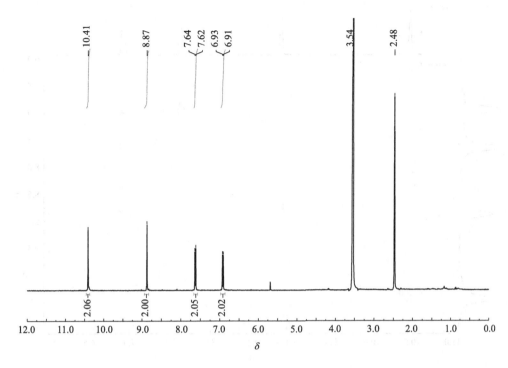

^{13}C NMR，DMSO-d_6

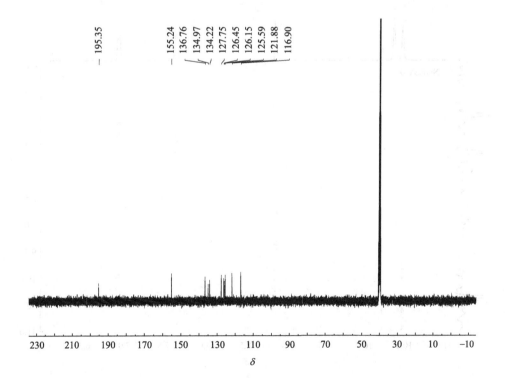

COSY NMR，DMSO-d_6

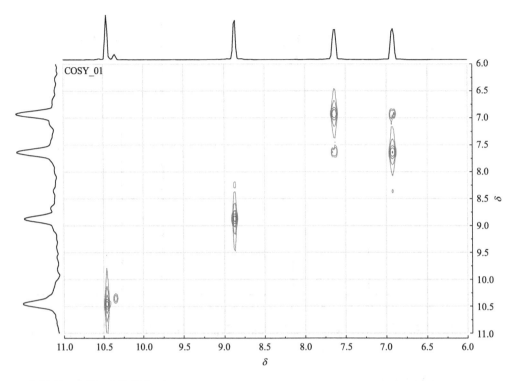

NOESY NMR，DMSO-d_6

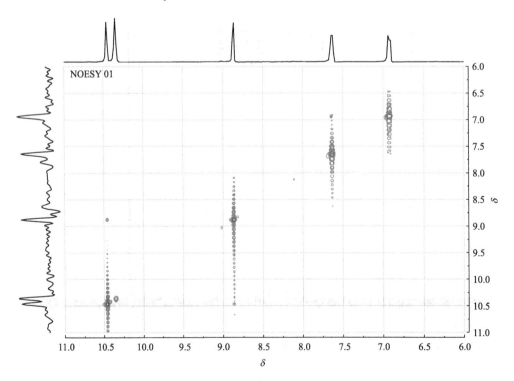

第5章 质 谱

学习要求

通过本章的学习，要求掌握质谱的基本概念。掌握各类官能团以及化合物的典型裂分方式，通过图谱解析，判断化合物质谱图归属。

质谱（mass spectrometry，MS）分析法是一种很重要的分析技术，它是通过一定措施使被测样品分子产生气态离子，然后在高真空系统中按质荷比（m/z）的不同对分子离子及碎片离子质量进行分离和测定，以确定样品分子量及分子结构的方法。质谱法可获得无机、有机、生物大分子和高分子聚合物的分子量及结构信息，并对复杂混合物的各组分进行定性及定量分析。质谱分析法具有分析速度快、灵敏度高及图谱解析相对简单的优点。

早期，J. J. Thomson 等利用低压放电离子源使 $COCl_2$ 裂解产生碎片离子 Cl^+、CO^+、O^+、C^+，在通过一组电场和磁场时，质荷比不同的正离子会发生不同的抛物线轨道偏转最后到达检测器，从而建立了最早的质谱分析法。1912 年左右，Thomsom 研制了第一台质谱仪，并用其首次发现了氖的同位素 ^{20}Ne 和 ^{22}Ne。1911～1920 年，C. F. Knipp，A. J. Dempster 和 F. W. Aston 等先后开展了设计、组装、研制电子轰击离子源和质谱仪的工作，Aston 研制和改进了原先用感光板作记录器的质谱仪，并且首先引入了"质谱"这一术语，质谱分析法的早期工作主要是测定原子量，主要应用于同位素分析。1942 年，世界上出现了第一台商品化质谱仪。

20 世纪 40 年代以后，质谱开始应用于有机物分析，F. W. McLafferty 发现了六元环 γ-H 转移重排（麦氏重排）裂解机理。60 年代出现了气相色谱-质谱联用仪，使质谱仪的应用领域大大扩展，开始成为有机物分析的重要手段，并应用于石油分析。此时计算机的应用又促进了质谱分析法的发展，使其技术更加成熟、使用更加方便。80 年代左右又出现了一些新的质谱技术，如离子体解吸电离源、快原子轰击电离源、傅里叶变换-离子回旋共振（FT-ICR）质谱以及串联质谱（MS/MS），使难挥发、热不稳定化合物的质谱分析成为可能，同时扩大了分子量的测量范围。90 年代出现的基质辅助激光解吸电离源、电喷雾电离源、大气压化学电离源以及各种多级串联质谱和液相色谱-质谱联用（LC-MS）等技术让质谱法开始涉及不稳定的生物大分子领域研究，可应用于蛋白质、多糖、DNA 等生物大分子，开创了质谱分析法在生物医学领域应用研究的新时代。美国科学家约翰·芬恩与日本科学家田中耕一由于发明了用于生物大分子的电喷雾离子化和基质辅助激光解吸离子化质谱分析法而获得 2002 年度诺贝尔化学奖。

2004 年 Purdue 大学的 Cooks 教授等发明了电喷雾解吸电离（DESI）源，使无需样品预处理的直接质谱分析成了可能。之后，各种无需样品预处理的新型常压质谱技术相继出现，如电喷雾辅助激光解吸电离（ELDI）、电喷雾萃取电离（EESI）、表面解吸常压化学电离、介质阻挡放电电离（DBDI）、低温等离子体探针（LTP）等，使质谱分析朝着原位、活体、实时、在线、非破坏、高灵敏、高通量、低耗损、快速的目标迅速发展。

目前，质谱分析法已广泛地应用于地质、石油、化学、材料、环境、生物、医药等领域。质谱仪器种类很多，按其用途可分为同位素质谱仪、气体分析质谱仪、无机质谱仪、有机质谱仪等。本章主要讨论有机质谱仪器及其分析方法。

5.1   **有机质谱仪**

利用电磁学原理，质谱仪使样品分子转变成带正电荷的气态离子，并按离子的质荷比将它们分离，然后记录每一个质荷比的离子数目，同时建立离子流量与质荷比关系的质谱图。对于不同种类和不同用途的质谱仪，其结构有所不同。然而无论是哪种类型的质谱仪都有把样品分子离子化的电离装置，把不同质荷比的离子分开的质量分析器和可以得到样品质谱图的检测器。因此，质谱仪基本组成是相同的，由进样系统、离子源、质量分析器、检测器组成。此外，还包括真空系统、电学系统及数据处理系统等辅助设备。现就有机质谱仪各部件的种类及工作原理进行介绍。

5.1.1　进样系统

现代质谱仪的进样方式有很多种，离子源也有多种，具有不同物理化学性质（如熔点、蒸气压、纯度等）的样品往往要求不同的电离技术和相应的进样方式，两者要配套使用。常用的样品导入离子源的进样方式有三种：可控漏孔进样、插入式直接进样和色谱进样。

由于质谱仪在高真空状态下工作，对于气体或低沸点液体样品一般采用简单的可控漏孔进样（又称储罐进样、参考进样）。这个系统主要包括储气室、加热器、真空连接系统及一个通过分子漏孔将样品导入离子源的接口。用注射器或进样阀将样品注入储气室，然后通过漏孔进入离子源。气体和液体样品在不需要进一步分离时可以通过这种方式进样，足够的样品量可在较长的时间内（>30min）给离子源提供较稳定的样品源。用作仪器质量标定的标准样品（如全氟煤油、全氟三丁胺等）通常采用这种方式引入。该进样系统一般可加热到200℃，大多数样品经过加热容易除去，但有时样品（如胺、碘代烷）有较强的记忆效应。

插入式直接进样（即探头进样）适用于有一定挥发性的固体或高沸点液体样品。例如，合成的"纯"样品，通常蒸气压低或稳定性差，只能通过这种方式进样。进样杆（也称探针杆）是一直径为6mm、长为25cm的不锈钢杆，一端装有手柄，另一端有一盛放样品的石英坩埚、黄金坩埚或铂坩埚。进样杆把微克级或更少的样品通过真空隔离阀送入高真空离子源中，样品在数秒内被加热到300～400℃，迅速汽化，既可以增加样品的压强，又可以提高样品的利用率。探头进样分析样品的分子质量可达1000Da（1Da＝1u＝1.66054×10^{-27}kg）。

色谱进样是最重要也最常用的进样方式之一。有机质谱仪能与色谱仪直接联用，组成气相色谱-质谱（GC-MS）或液相色谱-质谱（LC-MS）联用系统。色谱仪作为分离工具及质谱仪的进样系统，而质谱仪则成为色谱仪的检测器。将色谱柱流出的样品，经过接口装置，除去流动相后导入质谱仪，实现了对混合物中各组分的质谱分析。GC-MS和LC-MS中的关键问题是气相色谱或高效液相色谱与质谱的接口问题。经历了相当艰难的摸索，目前已发展了较为成熟与完善的接口装置。

5.1.2 离子源

离子源的作用是使样品中的分子或原子电离成离子。在进行质谱分析时，首先是使试样分子形成气态离子，并且通过离子化的过程讨论质谱方法的应用。对于给定的分子而言，其质谱图的面貌在很大程度上取决于所用的离子化方法。离子源中的本底压力（无样品时的蒸气压）约为 10^{-5} Pa。

在质谱仪中，要求离子源产生的离子多、稳定性好、质量歧视效应小。在有机质谱仪中应用的离子源种类很多。一般将它们分为气相离子源和解吸离子源两大类，它们的主要特点比较见表 5-1。前者是将样品汽化后再离子化，后者是将液体或固体样品直接转变成气态离子。气相离子源一般是用于分析沸点低于 500℃、分子量小于 1000、热稳定的化合物；解吸离子源的最大优点是能用于测定非挥发、热不稳定、分子量达到 10^5 的样品。对有机化合物样品，由于其形态和分析要求不同，可以选用不同的电离方式离子化。

表 5-1 主要离子源的特点比较

基本类型	离子源名称和英文缩写	离子化方式	特点及主要应用
气相	电子轰击(EI)	高能电子	适用于挥发性样品。灵敏度高,重现性好,有特征碎片离子和标准谱库。用于分子结构判定
	化学电离(CI)	反应气离子	适用于挥发性样品。产生准分子离子峰,用于分子量确定
	场致电离(FI)	高电位电极	适用于挥发性样品。分子离子峰强度较大,碎片离子峰很少,可测定分子量,缺乏分子结构信息
解吸	场解吸(FD)	高电位电极	适用于难挥发和热稳定性差的固体样品。只产生分子离子峰和准分子离子峰,碎片离子峰极少
	快原子轰击(FAB)	高能原子束	适用于难挥发、极性大的样品。生成准分子离子和少量碎片离子
	二次离子质谱(SIMS)	高能离子束	适用于热不稳定、难挥发、分子量大的样品
	电喷雾电离(ESI)	高电场	适用于热不稳定、极性大的生物大分子,生成多电荷离子,碎片少。也用作 LC-MS 接口
	基质辅助激光解吸电离(MALDI)	激光光束	适用于高聚物及生物大分子,主要生成准分子离子

通常又将离子源分为硬电离源和软电离源。硬电离源有足够的能量碰撞分子，使它们处在高激发能态，其弛豫过程包括键的断裂并产生质荷比小于分子离子的碎片离子。由硬电离源所获得的质谱图，通常可以提供被分析物质所含功能基团的类型和结构信息。而由软电离源获得的质谱图中，分子离子峰的强度很大，碎片离子峰较少且强度低，但提供的质谱数据可以得到样品精确的分子量。

下面仅就在有机质谱中最常用的几种离子源加以说明。

（1）电子轰击源　电子轰击电离（electron ionization 或 electron impact ionization，EI）使用具有一定能量的电子通过碰撞直接作用于样品分子，使其电离。电子轰击电离源是应用

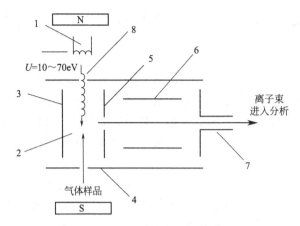

图 5-1　电子轰击离子源示意图

1—灯丝；2—电离室；3—推斥电极；4—电子接收
阱（离子源外壳）；5—引出电极；6—聚焦电极
（圆筒状）；7—传输电极；8—电子束

最广泛的离子源，主要用于挥发性样品的电离。图 5-1 所示为电子轰击离子源的示意图。在离子源内，用电加热铼或钨的灯丝到 2000℃，产生高速电子束，其能量为 10～70eV，它们经过电离室飞向对面的阳极。由进样系统导入的样品分子以气态形式进入离子源，被高速电子束轰击。

若电子的能量大于样品分子的电离电位，有机物分子将被打掉一个电子形成分子离子；当电子轰击源具有足够的能量（一般为 70eV）时，有机分子不仅可能失去一个电子形成分子离子，而且有可能进一步发生键的断裂，形成大量的各种低质量的碎片正离子和中性自由基。由分子离子可以确定有机化合物的分子量，碎片离子则可用于结构鉴定。

离子源中发生的电离过程比较复杂。在电子轰击下，样品分子（以 ABCD 为例）可能由以下四种不同途径形成离子。

① 样品分子被打掉一个电子成分子离子。

$$ABCD + e^- \longrightarrow ABCD^{\cdot +} + 2e^-$$

② 分子离子进一步发生化学键断裂形成碎片离子。

$$ABCD^{\cdot +} \longrightarrow A^+ + BCD^\cdot$$
$$ABCD^{\cdot +} \longrightarrow A^\cdot + BCD^+$$
$$BCD^+ \longrightarrow BC^+ + D$$
$$ABCD^{\cdot +} \longrightarrow CD^\cdot + AB^+$$
$$AB^+ \longrightarrow B + A^+ \text{（或 } A + B^+）$$
$$ABCD^{\cdot +} \longrightarrow AB^\cdot + CD^+$$
$$CD^+ \longrightarrow D + C^+ \text{（或 } C + D^+）$$

③ 分子离子结构发生结构重排形成重排离子

$$ABCD^{\cdot +} \longrightarrow ADBC^{\cdot +} \longrightarrow BC^\cdot + AD^+ \text{（或 } AD^\cdot + BC^+）$$

④ 通过分子-离子反应生成加合离子。

$$ABCD^{\cdot +} + ABCD \longrightarrow (ABCD)_2^{\cdot +} \longrightarrow BCD^\cdot + ABCDA^+$$

电子轰击源主要适用于有机样品的电离。利用电子轰击源得到的离子流稳定性好、产率高，可以获得很好的重现性和灵敏度，并且有标准质谱图库可以检索，碎片离子可提供丰富的结构信息。由于它属于硬电离源，对于分子量大于 10^3 或热不稳定的分子来说，质谱图上常常会失去一些重要信息，如分子离子峰及由分子离子进行一次碎裂后产生的碎片离子峰。尽管如此，电子轰击源仍十分重要，质谱数据的许多文献资料都是用该电离源获得的。

（2）化学电离源　化学电离源是一种软电离技术，它与电子轰击电离互补，从而扩展了质谱的应用范围。如前所述，对于分子量大或稳定性差的有机物分析样品，电子轰击源不容易得到分子离子，因而不能测定样品的分子量。化学电离（chemical ionization，CI）就是为了解决这个问题而发展起来的一项技术。CI 和 EI 在结构上没有多大差别，或者说主体部件是共用的。CI 源和 EI 源的主要差别是 CI 源工作过程中要引进一种反应气体。反应气经过压强控制（压强约为 $10^2\,Pa$）与测量后导入电离室，将气态样品分子稀释（稀释比例约为 $10^3:1\sim10^4:1$）。当高能电子轰击样品时，样品分子与电子之间的碰撞概率极小，由于反应气的浓度比样品大得多，电子首先将反应气电离，然后反应气离子与样品分子进行离子-分子反应，并使样品分子电离。现以 CH_4 作为反应气，XH 表示氢化物样品来说明化学电离的过程。

将反应气和一定比例的气体试样送进电离室中（总压强为 $10^2\,Pa$），用能量 $50\sim500\,eV$ 的电子轰击时，由于样品气分压低，故主要是反应气电离，即

$$CH_4+e^-\longrightarrow CH_4^++CH_3^++CH_2^++CH^++C^++H^+$$

在该过程中，生成的碎片离子主要是 CH_4^+ 和 CH_3^+（这两种碎片离子大约占 90%），它们又与反应气体作用，生成两种新的加合离子，即

$$CH_4^++CH_4\longrightarrow CH_5^++CH_3^{\cdot}$$
$$CH_3^++CH_4\longrightarrow C_2H_5^++H_2$$

生成的加合离子再与样品分子 XH 起反应，发生质子转移或氢负离子转移：

$$CH_5^++XH\longrightarrow XH_2^++CH_4$$
$$C_2H_5^++XH\longrightarrow XH_2^++C_2H_4$$
$$C_2H_5^++XH\longrightarrow X^++C_2H_6$$

生成的正离子还可能再分解：

$$XH_2^+\longrightarrow X^++H_2$$

样品经过上述种种离子-分子反应，总共产生 XH_2^+（即 XH+1）、X^+（即 XH−1）、A^+ 和 B^+ 四类离子，检测这些离子，就可以得到样品的质谱图。其中 XH±1 峰为样品的准分子离子峰，可获得有关氢化物的分子量信息。

化学电离源常用的反应气体有甲烷、异丁烷、氨气、氮气、氩气等，在色谱-质谱联用仪器中，如果使用色谱载气作为质谱的反应气，则可以不必分离载气，因而可提高样品利用率。

CI 源比 EI 源容易得到较强的分子离子峰，但碎片离子少，质谱图大为简化，在结构分析中，若能同时获得电子轰击源产生的质谱图，这无疑给质谱的解析带来很大帮助。

（3）快原子轰击电离源　快原子轰击电离（fast atom bombardment ionization，FAB）采用的重原子为惰性气体原子，如 Xe、Ar 或者 He。如图 5-2 所示，惰性气体原子，以 Ar 原子为例，被电子轰击而电离，生成的 Ar 离子被电子透镜聚集并加速，使之具有较大的动能，经共振电荷交换后得到高能量的 Ar 原子流，然后轰击置于涂有非挥发性基质（如甘油）靶上的样品分子使其电离。基质用来保护样品免受过多的辐射破坏，常见的基质有甘油、硫代甘油、间硝基苄醇、二乙醇胺、三乙醇胺或者一定比例的混合基质等。通过 FAB 过程可以得到较强的准分子离子峰和较丰富的碎片离子信息。

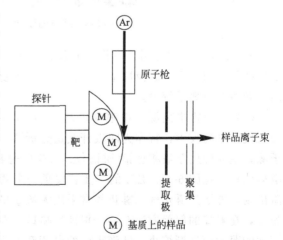

图 5-2　快原子轰击电离源原理示意图

由于基质的存在，得到的准分子离子峰除了 [M＋H]⁺ 外，可能产生加合基质分子的准分子离子峰。液体二次电离质谱（liquid secondary ionizaition mass spectrometry，LSIMS）与 FAB 相似，只是 LSIMS 使用能量更高的铯离子（10～30keV）轰击。

快原子轰击是一种软电离技术，由于被分析样品无需经过汽化而直接电离，特别适合于分析极性强、不易汽化和热稳定性差的样品，例如肽类、低聚糖或者天然抗生素。

（4）基质辅助激光解吸电离源　基质辅助激光解吸电离（matrix-assisted laser desorption/ionization，MALDI）源是一种结构简单、灵敏度高的电离源，如图 5-3 所示。它是 1988 年出现的一种新型离子化方法，该方法是将试样溶液与大大过量的能吸收辐射的基体物质混合后涂在样品靶上，脉冲激光光束照射在样品靶上，基质分子吸收激光能量，与样品分子一起蒸发到气相，并使样品分子电离。基质的主要作用是作为把能量从激光传递给样品的中间体。此外，大量过量的基质使样品得以有效分散，从而减少被分析样品分子间的相互作用。基质的选择主要取决于所采用激光的波长，其次是被分析对象的性质，常用的基质有烟酸、2,5-二羟基苯甲酸、芥子酸、α-氰基-4-羟基肉桂酸、甘油、间硝基苄醇等。

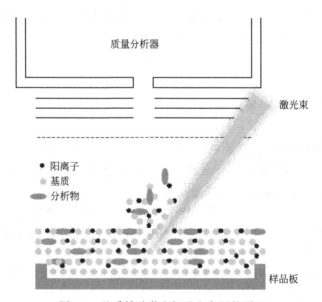

图 5-3　基质辅助激光解吸电离源的原理

MALDI 特别适合用于飞行时间质谱（TOF-MS），属于软电离技术，主要用于分析分子量从几千到几十万的极性生物大分子及高聚物，得到的多是分子离子、准分子离子，碎片离子和多电荷离子较少。

（5）电喷雾电离源　电喷雾电离（electrospray ionization，ESI）是一种使用强静电场的大气压电离技术，常作为四极杆质量分析器、飞行时间或傅里叶变换离子回旋共振仪的离子源，主要应用于液相色谱-质谱仪。ESI 既是液相色谱和质谱之间的接口装置，同时又是电离装置（见图 5-4）。ESI 的主要装置是一个两层套管组成的电喷雾喷针，内层是液相色谱流出物，外层是雾化气，雾化气常采用大流量的氮气，其作用是使喷出的液体分散成微滴。另外，在喷嘴的斜前方还有一个辅助气喷口，在加热辅助气的作用下，喷射出的带电液滴随溶剂的蒸发而逐渐缩小，液滴表面的电荷密度不断增加。当达到瑞利极限，即电荷间的库仑排斥力大于液滴的表面张力时，会发生库仑爆炸，形成更小的带电雾滴。此过程不断重复直至液滴变得足够小、表面电荷形成的电场足够强，最终使样品离子解吸出来。离子产生后，

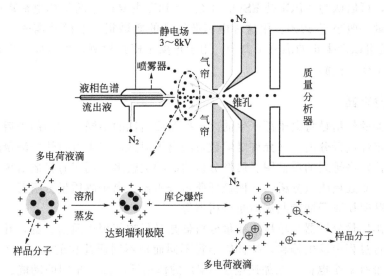

图 5-4 电喷雾电离源原理示意图

借助喷嘴与锥孔之间的电压，穿过取样孔进入质量分析器。

电喷雾电离是一种软电离方式，即便是分子量大、稳定性差的化合物也不会在电离过程中发生分解，采用这种电离源可得到无碎片质谱，特别适合于分析热不稳定的生物大分子。

（6）大气压化学电离源　大气压化学电离（atmospheric pressure chemical ionization，APCI）是将化学电离原理延伸到大气压下进行的电离方法，和 ESI 同属于大气压电离技术，其主要的工作原理是：在气体辅助下，溶剂和样品通过加热器被汽化。在进样器出口处有一针状放电电极，通过电晕尖端放电，使溶剂离子化，溶剂离子再与样品分子发生离子-分子反应，得到样品的准分子离子，如图 5-5 所示。这个过程和传统的化学电离很类似，所不同的是传统的化学电离是在真空下电子轰击溶剂使之电离，而大气压化学电离是在常压下靠放电针电晕放电使溶剂电离。

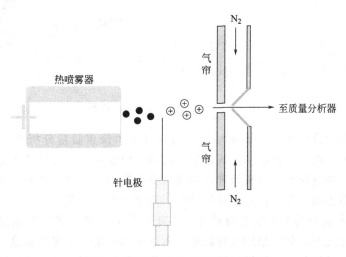

图 5-5 大气压化学电离源原理示意图

大气压化学电离属于软电离方式，主要用来分析中等极性或低极性的小分子化合物。有些分析物由于结构和极性方面的原因，用 ESI 不能产生足够强的离子，可以采用 APCI 方式增加离子产率，可以认为 APCI 是 ESI 的补充。APCI 主要产生的是单电荷离子，所以分析的化合物分子量一般小于 2000。用这种电离源得到的质谱很少有碎片离子，主要是准分子离子。APCI 既可以产生正的准分子离子，用于正离子模式检测；也可以产生负的准分子离子，用于负离子模式检测。

5.1.3 质量分析器

质量分析器的作用是将离子源产生的离子按照质荷比的不同、时间的先后、空间的位置以及轨道的稳定性进行分离，并允许足够数量的离子通过，产生可被快速测量的离子流，最终得到按质荷比顺序排列的质谱图。质量分析器的种类较多，用于有机质谱仪的主要有单聚焦质量分析器、双聚焦质量分析器、四极杆质量分析器、离子阱质量分析器、飞行时间质量分析器、傅里叶变换离子回旋共振质量分析器等。

（1）单聚焦质量分析器　单聚焦质量分析器是最早被使用于质谱仪的，其利用外加磁场使得离子在飞行过程中发生偏移，按偏转半径不同而把不同质荷比的离子区分开，如图 5-6 所示。离子（带有 z 个电荷）在加速电压（V）的作用下，具有相同的动能。每个离子获得的动能为 $E = zV = mv^2/2$。在磁场强度为 B 的磁场中，离子受到始终垂直于离子运动方向的向心力（BzV）作用。设离子运动轨迹的曲率为 r，速度为 v，则有 $BzV = mv^2/2$。两方程求解可以得到 $m/z = B^2 r^2/(2V)$。仪器的偏转半径是固定的，从而扫描磁场可以使不同质荷比离子依次聚集。正如方程所示，由一点出发、具有相同质荷比的离子，以同一速度但不同角度进入磁场偏转后，离子束可重新聚集在一点，即静磁场具有方向聚集的作用，因而被称为单聚焦质量分析器。但是单聚焦质量分析器的分辨率低（一般在 500 以下），主要用于同位素测定。

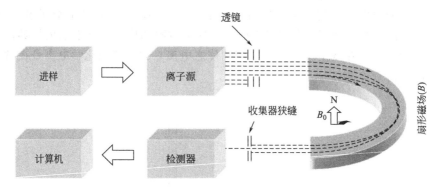

图 5-6　单聚焦质量分析器示意图

（2）双聚焦质量分析器　双聚焦质量分析器是在单聚焦质量分析器的基础上发展起来的，同时备有静电场离子分析器和磁场质量分析器，因而使仪器同时具有能量聚焦和方向聚焦的双聚焦功能。静电场离子分析器和磁场质量分析器的相互配合抵消了各自在离子运动方向和速度上的扩散影响。如果使用极小的狭缝，双聚焦质量分析器（图 5-7）的分辨率可以高达 100000。这种高分辨率可以准确测量"精确分子量"，从而能明确地提供非常有用的分子式的信息。相比之下，如果采用允许能量分布达到的一定分辨率的狭缝，分析器可分辨只有零点几质量单位差别的两种粒子。另外，双聚焦质量分析器也可检测原子序数从 3～92 的所有元素。双聚焦质量分析器的相对灵敏度和分辨本领都很高，故不但能用作一般质谱分析，而且可以进行能谱分析，研究亚稳态离子及碰撞激活分析等。

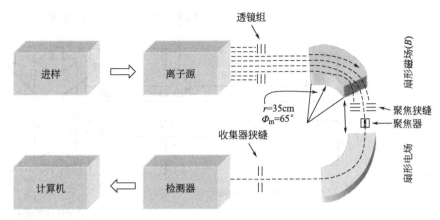

图 5-7　双聚焦质量分析器示意图

（3）四极杆质量分析器　四极杆质量分析器不用磁场，是将离子源出来的离子流引入由四极杆组成的四极场（电场）中，其结构如图 5-8 所示。它由两对高度平行的圆形金属极杆组成，精密地固定在正方形的四个角上。一对极杆处于 x 轴，另一对极杆处于 y 轴。相对两个电极间加以电压 $V_{dc}+V_{rf}$，另外两根电极间加以电压 $-(V_{dc}+V_{rf})$，其中 V_{dc} 为直流电压，V_{rf} 为射频电压。

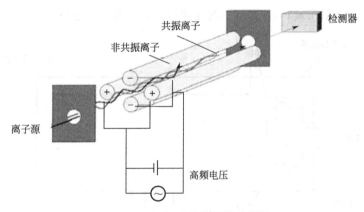

图 5-8　四极杆质量分析器示意图

在保持 V_{dc}/V_{rf} 不变的情况下改变 V_{rf} 值，对应于某一个 V_{rf} 值，四极场只允许某一质荷比的离子通过，到达检测器被检测，而其余离子则振幅不断增大，最后碰到四极杆而被吸收。改变 V_{rf} 值可以使不同质荷比的离子按顺序通过四极场，实现质量扫描。设置扫描范围实际上就是设置 V_{rf} 值的变化范围。当 V_{rf} 由一个值变化到另一个值时，检测器检测到的离子就会从 m_1 变化到 m_2，即得到 $m_1 \sim m_2$ 的质谱图。

（4）离子阱质量分析器　离子阱质量分析器也被称为四极杆离子阱，是在四极杆质量分析器的基础上发展而来，检测灵敏度更高，用途更加广泛。如图 5-9 所示，离子阱质量分析器由两个端盖电极和位于它们之间的类似四极杆的环形电极构成。环状电极在正旋射频交流电压（V_{rf}）下工作，而端盖电极则有三种工作方式，即接地、施加直流电压或交流电压。一般地，通过环状电极施加适当电压就可以形成一个离子阱。根据 V_{rf} 的大小，离子阱就可捕捉某一质量范围的离子。离子阱可以储存离子，待离子累积到一定数目后，升高环电极上的 V_{rf}，离子按质量从高到低的次序依次离开离子阱，被监测器检测。

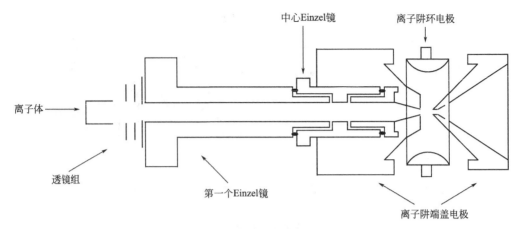

图 5-9　离子阱质量分析器原理示意图

（5）飞行时间质量分析器　飞行时间质量分析器既不用磁场也不用电场，其核心部件是一个离子漂移管，图 5-10 所示为这种分析器的原理图。离子在加速电压 V 作用下得到动能，则有：

$$\frac{1}{2} m v^2 = z e V \text{ 或 } v = \sqrt{\frac{2 z e V}{m}}$$

式中，m 为离子的质量；ze 为离子的电荷量；V 为离子加速电压。

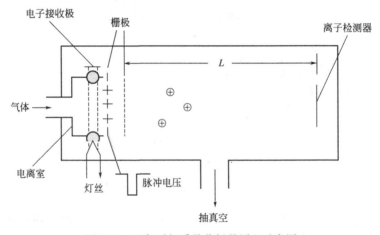

图 5-10　飞行时间质量分析器原理示意图

离子以速度 v 进入自由空间（漂移区），假定离子在漂移区飞行的时间为 T，漂移区长度为 L，则：

$$T = L \sqrt{\frac{m}{2 z e V}}$$

由上式可以看出，离子在漂移管中飞行的时间与离子质量的平方根成正比。即对于能量相同的离子，离子的质量越大，到达接收器所用的时间越长；质量越小，所用时间越短，根据这一原理，可以把不同质量的离子分开。

（6）傅里叶变换离子回旋共振质量分析器　在傅里叶变换离子回旋共振质量分析器中，离子在"俘获"电压的作用下被限制在一个置于强磁场内的离子室中，随后施加一个涵盖了所有离子回旋频率的宽频域射频信号。在此信号的激发下，所有离子同时发生共振并沿着一个半径逐渐增大的螺旋形轨迹运动。当运动半径增大到一定程度之后停止激发，所有离子都同时从共振状态回落，并且在检测板上形成一个自由感应衰减信号，在经过傅里叶转换以后就可以获得一个完整的频率域谱。施加于离子室的射频脉冲电压同时与回旋离子的共振产生干涉现象，这与傅里叶变换红外中的干涉在概念上非常相似。傅里叶变换离子回旋共振质量分析器与其他质谱分析器最大的不同点在于，它不是用离子去撞击一个类似电子倍增器的感应装置，只是让离子从感应板附近经过；而且对于物质的测定也不像其他技术手段一样利用时空法，而是根据频率来进行测量。

傅里叶变换离子回旋共振质量分析器的分辨率极高，远远超过其他质量分析器，这也促成了该仪器成为其他质量分析器的极具吸引力的替代产品。

5.1.4　检测器

有机质谱仪常用的离子检测器有直接电检测器、电子倍增器和微通道板等。

（1）直接电检测器　用平板电极或法拉第圆筒接收由质量分析器出来的离子流，然后由直流放大器或静电放大器进行放大，而后记录。被接收的离子束经入口狭缝与进入的离子束成斜面，使得轰击或离开电极的离子远离筒的入口。收集极和筒通过一个大电阻接地，形成的电压降经直流放大器放大，然后进行测量。入口狭缝的作用是阻止不需要检测的离子进入接收器。改变入口狭缝宽度，在一定程度上可以改变仪器的分辨率。

（2）电子倍增检测器　电子倍增器种类很多，其原理与光电倍增管类似，但所涉及的是二次电子发射效应。图 5-11 是电子倍增器的示意图，由质量分析器出来的加速正离子束攻击电子倍增管的高能打拿极，发射二次电子，然后被后续的一系列次级电子发射极（倍增极）放大。涂有铜/铍的打拿极和倍增极可以在离子的轰击下发射出倍增数量的电子，记录倍增电子产生的电流信号即得质谱图。为避免对离子束造成影响，打拿极上可施加不同电压。电子倍增器可配置多至 20 个倍增极，每个倍增极上有 $100\sim300V$ 的电压差，总电压

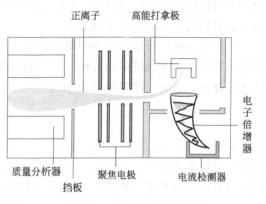

图 5-11　电子倍增器示意图

差为 $3\sim6kV$，将电流放大 10^7 倍。质谱峰信号增益与倍增器有关，提高倍增器电压可以提高灵敏度，但同时会降低其寿命。因此，应该在保证仪器灵敏度的情况下采用尽量低的倍增器电压。

（3）微通道板　微通道板是由大量微型通道管（管径为 $20\mu m$，长约 $20mm$）组成。微通道管是高铅玻璃制成，具有较高的二次电子发射率。每一个微通道相当于一个通道型连续电子倍增器。整块微通道板则相当于若干电子倍增器并联，每块板的增益为 10^4。

5.1.5　电学系统和真空系统

电学系统直接影响质谱仪的主要技术指标和质谱分析的结果，包括各种高低压稳压电源、控制电路、保护电路、测量电路、数据显示和处理系统等。随着质谱仪要求的不断提高，对电子技术的要求也越来越高。例如，对电场电压和磁场电流的精度要求为 $1\times10^{-4}\%$。

真空系统是保障质谱仪正常工作的必要条件。分析系统内没有良好的真空状态，离子在飞行过程中就会与气体分子相互碰撞，产生一系列干扰，使质谱复杂化、背景增高、分析误差增大，甚至会引起分析系统内电极之间放电或对地放电，使分析无法进行。为了保证离子源中灯丝的正常工作，保证离子在离子源和分析器中正常运行，消减不必要的离子碰撞、散射效应、复合反应和离子-分子反应，减小本底与记忆效应，质谱仪的离子源和分析器都必须处在优于 10^{-4} Pa 的真空中才能工作。用于微量分析的质谱仪器中的高真空系统一般由旋转式机械泵、油扩散泵或涡轮分子泵组成，能够获得 10^{-6} Pa 或者更高的真空度。

5.1.6 质谱仪主要性能指标

（1）质量范围　质谱仪的质量测定范围指仪器所能测定的离子 m/z 范围。对于大多数离子源，电离得到的离子为单电荷离子，这样，质量范围决定了质谱仪所能进行分析的样品的分子量范围；对于电喷雾电离源，由于形成的离子带有多电荷，尽管质量范围只有几千，但测定的分子量可达 10×10^4 以上。质量范围的大小取决于质量分析器。四极杆分析器的质量范围上限一般在 1000 左右，也有的可达 3000，而飞行时间质量分析器可达几十万。由于质量分离的原理不同，不同的分析器具有不同的质量范围，彼此间的比较没有任何意义。同类型分析器则在一定程度上反映质谱仪的性能。当然，了解一台仪器的质量范围，主要为了知道它能分析的样品分子量范围。不能简单认为质量范围宽仪器就好。对于 GC-MS 来说，分析的对象是挥发性有机物，其分子量一般不超过 500，最常见的是 300 以下。因此，对于GC-MS 的质谱仪来说，质量范围达到 800 应该就足够了，再高也不一定就肯定好。有机质谱仪的质量范围一般从几十到几千。

（2）分辨率　质谱仪的分辨率是指其分开相邻质量数离子的能力，常用 R 表示。一般规定：对两个相等强度的相邻峰，当两峰间的峰谷不大于其峰高的 10% 时，就可认为这两峰已经分开。这时，仪器的分辨率为

$$R = \frac{m_1}{m_2 - m_1} = \frac{m_1}{\Delta m}$$

式中，m_1，m_2 为质量数，且 $m_1 < m_2$。由上式可知，当两峰质量差 Δm 越小时，仪器所需的分辨率 R 越大。例如，在鉴别 m/z 为 28.006 和 27.995 两个峰时，若需某仪器能够刚好分开这两种离子，则该仪器的分辨率应为

$$R = \frac{27.995}{28.006 - 27.995} = 2545$$

但是，若要鉴别 m/z 为 17 和 15 两个峰时，仪器的分辨率则只需 7.5。因此，所需质谱仪的分辨率主要取决于分析对象。

然而，在实际测量时，很难找到刚刚分开的两个峰，这时可采用下面方法进行分辨率的测量：如果两个质谱峰的中心距离为 a，峰高 5% 的峰宽为 b（如图 5-12 所示），则该仪器的分辨率为

$$R = \frac{m_1 + m_2}{2(m_2 - m_1)} \times \frac{a}{b}$$

还有一种定义分辨率的方式：如果质量为 m 的质谱峰其峰高 50% 处的峰宽（半峰宽）为 Δm。则分辨率为

$$R = \frac{m}{\Delta m}$$

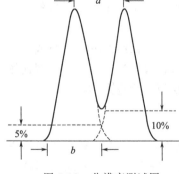

图 5-12　分辨率测试图

这种表示方法测量时比较方便。目前，FT-MS 和 TOF-MS 采用这种分辨率表示方式。对于磁式质谱仪，质量分离是不均匀的，在低质量端离子分散大，高质量端离子分散小，或者说 m 小时 Δm 小，m 大时 Δm 也大。因此，仪器的分辨率数值基本不随 m 变化。在四极质谱仪中，质量排列是均匀的，若在 $m = 100$ 处，$\Delta m = 1$，则 $R = 100$；在 $m = 1000$ 时，也是 $\Delta m = 1$，则 $R = 1000$，分辨率随质量变化。为了对不同 m 处的分辨率都有一个共同的表示法，四极质谱仪的分辨率一般表示为 m 的倍，如 $R = 1.7m$ 或 $R = 2m$ 等。如果是 $R = 2m$，表示在 $m = 100$ 时，$R = 200$；$m = 1000$ 时，$R = 2000$。

质谱仪的分辨率主要由离子通道半径、加速器和收集器的狭缝宽度以及离子源决定。一般 R 在 10000 以下者称为低分辨率质谱，R 在 10000～30000 者称为中分辨率质谱，R 在 50000 以上者称为高分辨率质谱。低分辨率质谱仪器只能给出整数的离子质量数；高分辨率质谱仪器则可给出小数点后几位的离子质量数。高分辨率质谱仪可以给出有机物的元素组成，这对未知物定性分析十分有利。

（3）灵敏度 不同用途的质谱仪，灵敏度的表示方法不同。有机质谱仪常采用绝对灵敏度。它表示对于一定的样品，在一定分辨率的情况下，产生具有一定信噪比的分子离子峰所需的样品量。目前，有机质谱仪的灵敏度优于 10^{-10} g。

（4）质量稳定性和质量精度 质量稳定性主要是指仪器在工作时质量稳定的情况，通常用一定时间内质量漂移的质量单位（amu）来表示。例如某仪器的质量稳定性为：0.1amu·$(12h)^{-1}$，意思是该仪器在 12h 之内，质量漂移不超过 0.1amu。

质量精度是指质量测定的精确程度，常用百分比表示，对高分辨率质谱仪，这个值通常在百万分之几，因此，质量精度是以百万分之一（10^{-6}）作为单位。例如，某化合物的质量为 1520473amu，用某质谱仪多次测定该化合物，测得的质量与该化合物理论质量之差在 0.003amu 之内，则该仪器的质量精度为百万分之二十（20×10^{-6}）。质量精度是高分辨率质谱仪的一项重要指标，质量精度越好的质谱仪，给出的元素组成式越准确可靠，而对低分辨率质谱仪没有太大意义。

5.2 质谱图和质谱表

5.2.1 质谱表示方法

在质谱分析中，主要用条（棒）形图形式和表格形式表示质谱数据。用条形图表示质谱数据称为质谱图。图 5-13 是 α-紫罗兰酮的质谱图，其横坐标是质荷比（m/z），纵坐标为离子峰的相对强（丰）度，每一个峰表示一种 m/z 的离子。相对强度是把原始质谱图上最强

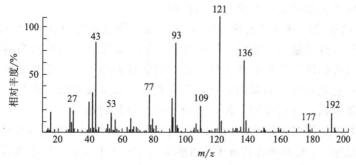

图 5-13 α-紫罗兰酮的质谱图

的离子峰定为基峰，并规定其相对强度为 100%，其他离子峰以此基峰的相对百分数表示。用表格形式表示质谱数据，称为质谱表。表 5-2 是丙酮的质谱数据，质谱表中有两项，一项是 m/z，另一项是相对丰度。

表 5-2　丙酮的质谱数据

m/z	相对丰度/%	m/z	相对丰度/%
15	34.1	39	4.4
26	6.7	42	7.5
27	8.9	43	100(基峰)
28	4.5	44	2.3
29	4.6	58	23.3

5.2.2　质谱中主要离子类型

质谱图中离子峰除了与试样分子的结构有关外，还与离子源的种类及碰撞微粒的能量、试样所受压力和仪器的结构有关。有机质谱中出现的主要阳离子类型归纳起来有分子离子、同位素离子、碎片离子、重排离子、络合离子、亚稳离子和多电荷离子，下面分别阐述。

5.2.2.1　分子离子

有机物分子被电子流轰击失去一个电子所形成的离子叫分子离子：

$$M + e^- \longrightarrow M^{\cdot +} + 2e^-$$

式中，$M^{\cdot +}$ 是分子离子。质谱图中相应的峰称为分子离子峰或母峰，显然，分子离子峰的 m/z 数值相当于该化合物的分子量。由于分子离子是化合物失去一个电子形成的，因此，分子离子是自由基离子。通常把带有未成对电子的离子称为奇电子离子（OE），并标以"$\cdot +$"，把外层电子完全成对的离子称为偶电子离子（EE），并标以"$+$"。有机化合物的分子离子一定是奇电子离子，经常简写为 M，将正电荷及单电子符号省略。

分子离子峰的主要用途是确定化合物的分子量。利用高分辨率质谱仪给出精确的分子离子峰质量数，是测定有机化合物分子量的最快速、可靠的方法之一。分子离子峰具有以下特点：

① 分子离子峰若能出现，通常出现在质谱图中质荷比最高的位置（存在同位素峰时例外）。分子离子峰的强度和化合物的结构有关。环状化合物比较稳定，不易碎裂，因而分子离子峰较强。支链较易碎裂，分子离子峰就弱，有些稳定性差的化合物经常看不到分子离子峰。一般规律是，化合物分子稳定性差、键长，分子离子峰弱，有些酸醇及支链烃的分子离子峰较弱甚至不出现；相反，芳香化合物往往都有较强的分子离子峰。分子离子峰强弱的大致顺序是：芳环>共轭烯>烯>酮>不分支烃>醚>酯>胺>酸>醇>高分支烃。因此，分子离子峰的强度可以大致指示被测化合物的类型。

② 凡是分子离子峰应符合"氮规则"，即分子量为偶数的有机化合物一定含有偶数个氮原子或不含氮原子；分子量为奇数的，则只能含奇数个氮原子。这是因为组成有机化合物的元素中，具有奇数价的原子具有奇数质量，具有偶数价的原子具有偶数质量，因此，形成分子之后，分子量一定是偶数。而氮则除外，具有奇数价和偶数质量，因此，分子中含有奇数个氮，其分子量是奇数，含有偶数个氮，其分子量一定是偶数。

③ 分子离子峰左边即在比分子离子小 4～14 个及 20～25 个原子质量单位的范围内一般不可能出现离子峰。因为一个有机化合物分子不可能失去 4～14 个氢原子而不断裂。如果断裂，能失去的最小基团通常是甲基，即产生 $[M-15]^+$ 峰。同样，也不可能失去 20～25 个质量单位。

如果某离子峰符合上述 3 个特点，那么这个离子峰可能是分子离子峰；如果 3 项中有一项不符合，这个离子峰就肯定不是分子离子峰。需特别注意的是，某些化合物容易出现 M−1 或 M+1 峰；另外，当分子离子峰很弱时，容易和噪声峰相混，所以，判断分子离子峰时要综合考虑样品来源、性质等多种因素。

5.2.2.2　同位素离子

同位素离子是由于许多元素是两种或两种以上天然同位素的混合物而引起的。表 5-3 列出了有机化合物中常见元素的天然同位素丰度。从表中可以看出，各元素的最轻同位素的天然丰度最大。一般来说，与物质分子量有关的分子离子峰 $M^{\cdot+}$，是由最大丰度的同位素所生成的。由于质谱仪的灵敏度很高，因此，在质谱图上也会出现一个或多个由重质同位素组成的分子所形成的离子峰，即同位素离子峰。一般情况下，能观察到的同位素离子峰往往在分子离子峰右边 1 个或 2 个质量单位处，对应为 M+1、M+2 峰。

分子离子峰和同位素离子峰的相对强度是可以估算的。对于含有碳、氢、氧和氮元素组成的有机化合物，其分子式可写成 $C_w H_x N_y O_z$，采用下式能近似计算 I_{M+1}/I_M 和 I_{M+2}/I_M 的值（I 为强度）：

$$\frac{I_{M+1}}{I_M}=(1.08w+0.02x+0.37y+0.04z)\%$$

$$\frac{I_{M+2}}{I_M}=\left[\frac{(1.08w+0.02x)^2}{200}+0.02z\right]\%$$

对含硫的有机化合物，由于 ^{34}S 的丰度（4.43%）较大，故在其质谱图上能够检测到 M+2 峰。同样可用类似上述公式的方法计算其 I_{M+2}/I_M 值。例如，分子式为 C_5H_5NS 的化合物：

$$\frac{I_{M+2}}{I_M}=\left[\frac{(5\times1.08+5\times0.02)^2}{200}+1\times4.43\right]\%=(0.15+4.43)\%=4.58\%$$

其中，1 为分子中含硫的个数。计算式中的系数 1.08、0.02、0.37、0.20、4.43 分别是 ^{13}C、^2H、^{15}N、^{18}O、^{34}S 相对于它们最大丰度同位素的丰度百分数（见表 5-3）。

表 5-3　有机化合物中常见元素的天然同位素丰度（以最大丰度同位素为 100%）

元素	最大丰度同位素	定义丰度/%	其他同位素	相对丰度/%	其他同位素	相对丰度/%
氢	^1H	100	^2H	0.02	—	—
碳	^{12}C	100	^{13}C	1.08	—	—
氮	^{14}N	100	^{15}N	0.37	—	—
氧	^{16}O	100	^{17}O	0.04	^{18}O	0.20
氟	^{19}F	100	—	—	—	—
硅	^{28}Si	100	^{29}Si	5.06	^{30}Si	3.36
磷	^{31}P	100	—	—	—	—
硫	^{32}S	100	^{33}S	0.79	^{34}S	4.43
氯	^{35}Cl	100	—	—	^{37}Cl	31.99
溴	^{79}Br	100	—	—	^{81}Br	97.28
碘	^{127}I	100	—	—	—	—

对于含有卤素的有机化合物，氟和碘是单一同位素，^{35}Cl 和 ^{37}Cl 的丰度比约为 3:1，^{79}Br 和 ^{81}Br 的丰度比约为 1:1。由此可见，后面这两种元素的重质同位素的丰度很大，它们彼此相差两个质量单位，故对分子中含有多个氯和溴的有机化合物而言，将有非常强的 M+2、

M+4、M+6 等同位素离子峰。采用二项展开式 $(a+b)^n$，可以计算分子离子峰和同位素离子峰的强度比。其中 a 是轻质量同位素的丰度；b 是重质量同位素的丰度；n 是分子中同种卤原子的个数。

$$(a+b)^n = a^n + na^{n-1}b + \frac{n(n-1)}{2!}a^{n-2}b^2 + \frac{n(n-1)(n-2)}{3!}a^{n-3}b^3 + \cdots b^n$$

二项式 $(a+b)^n$ 展开式各项系数之比即为同位素离子峰的强度之比。例如，某化合物含有三个氯原子，其分子离子的同位素离子强度之比可用上式计算。

$(a+b)^3 = a^3 + 3a^2b + 3ab^2 + b^3 = 3^3 + 3 \times 3^2 \times 1 + 3 \times 3 \times 1^2 + 1^3 = 27 + 27 + 9 + 1$

即分子离子峰和各同位素离子峰的强度比 M：(M+2)：(M+4)：(M+6) 近似为 27：27：9：1。

利用上述关系式，如果知道同位素的元素个数，就可以推测各同位素离子强度之比；反之，通过测定质谱图上分子离子峰与同位素峰的强度比，可以推断其分子式。

5.2.2.3 碎片离子

由于离子源的能量过高，分子离子处于激发状态，在离子源中，分子离子、准分子离子的原子之间的键进一步断裂产生质量数较低的碎片，称为碎片离子，同时，碎片离子还可以裂解成更小的离子。质谱图上相应的峰，称为碎片离子峰，位于分子离子峰的左侧。一个特定碎片离子峰相对于分子离子峰和其他碎片离子峰的丰度，能够提供该碎片离子在分子中所处的结构位置及化学环境等宝贵信息。碎片离子既可以是奇电子离子，也可以是偶电子离子。例如，在以下正丁醇的裂解反应中，(A)、(B)、(C) 由分子离子直接裂解产生，而 (D)、(E)、(F) 则由较大的碎片离子进一步裂解产生。(A) 为奇电子碎片离子，(B)~(F) 均为偶电子碎片离子。图 5-14 为正丁醇的质谱图。

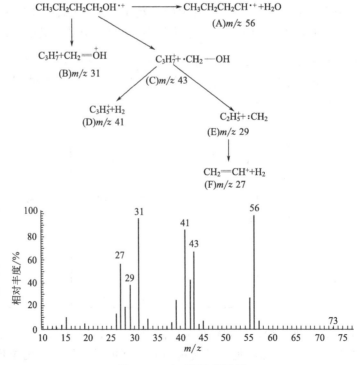

图 5-14　正丁醇的质谱图

5.2.2.4 重排离子

在两个或两个以上化学键的断裂过程中，某些原子或基团从一个位置转移到另一个位置从而产生比较稳定的离子，称为重排离子，质谱图上相应的峰为重排离子峰。转移的原子常常是氢原子。重排反应可导致化合物碳骨架的改变，并产生原化合物中并不存在的结构单元离子。一个离子经过重排反应得到一个新离子时，一般要脱离含有偶数个电子的中性分子。含有奇数个电子的母离子重排时，新产生的离子一定含有奇数个电子；含有偶数个电子的离子重排时，新产生的离子含有偶数个电子。也就是说重排反应前后母离子与子离子的电子奇偶性不变。质量奇偶性的变化与重排反应前后母离子与子离子中氮原子的变化有关，氮原子的个数不变或失去了偶数个氮原子，则重排反应前后母离子与子离子的质量奇偶性不变；若失去了奇数个氮原子，则质量奇偶性要变化。因此，根据离子的质量与电子奇偶性的变化就可以判断离子是否由重排产生。典型的重排反应为麦氏重排，此外，还有经过四元环、五元环都可以发生重排。重排反应既可以是自由基引发的，也可以是电荷引发的。具体重排反应机理将在下节中详细阐述。

5.2.2.5 络合离子

在离子源中分子离子与未电离的分子相互碰撞发生二级反应形成络合离子，质谱图上相应的峰为络合离子峰。它可能是分子离子夺取中性分子中一个氢原子形成（M+1）峰，也可能是碎片离子与整个分子形成 $(M+F)^+$ 峰（F 表示碎片离子质量数）。在解析质谱图时要注意，不要将络合离子峰误当作分子离子峰。能产生络合离子的化合物是醇、醚、酯、脂肪胺、腈和硫醚等含杂原子的样品。离子源中压力越高，中性分子与离子碰撞机会就越多，产生络合离子的概率也就越高。所以，这种络合离子峰的强度随离子源中的压力改变而变化，而且随离子源中推斥压力改变而改变，这是因为推斥压力低时，离子在离子室中停留时间长，形成络合离子的概率也就高；推斥压力高时，离子很快被推出离子室，与中性分子碰撞的机会少，形成络合离子的概率就小。可利用这一特征来辨别分子离子峰和络合离子峰。

5.2.2.6 亚稳离子

样品分子在离子源中电离产生离子，一部分离子被电场加速后直接经质量分析器到达检测器；另一部分在电离室内进一步裂解成中性碎片；但还有很少部分的离子经电场加速进入质量分析器后，在飞行途中又裂解成中性碎片。由于中性碎片带走了部分动能，飞行途中生成的动能必然小于在电离室内生成的动能，因此，尽管二者的质量相等，但飞行途中生成的在磁场中易于偏转，运动轨道半径小。这种离子称为亚稳离子（M^*），即在离子离开电离室到达检测器之前的飞行过程中发生裂解而形成的低质量离子。质谱仪无法检测在中途裂解的母离子，而只能检测到由这种母离子中途产生的亚稳离子。在质谱图中，亚稳离子峰通常出现在正常的（在电离室中裂解产生的）离子峰的左边，峰形宽且强度弱，呈小包状，可跨越 2~5 个质量单位（亚稳离子不能聚焦于一点）。虽然亚稳离子与其母离子在电离室中裂解产生的子离子结构相同，但其被记录在质谱图上的质荷比值却比后者小，且大多不是整数。亚稳离子峰的质荷比值成为亚稳离子的表观质量。母离子与其在离子源内裂解产生的子离子的质量（分别为 m_1 和 m_2）及亚稳离子的表观质量（m^*）之间有如下关系：

$$m^* = \frac{m_2^2}{m_1}$$

利用上述关系式，可以确定质谱图中哪两个离子成裂分的母子关系。例如，对氨基苯甲醚的部分质谱图（图 5-15）中除 $m/z=123$ 的分子离子峰和较强的峰 $m/z=108$、80 外，还发现有亚稳离子峰 M^* 94.8 和 59.2。这些数值刚好符合 $108^2/123=94.8$ 和 $80^2/108=59.2$

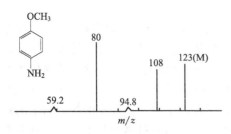

图 5-15　对氨基苯甲醚的部分质谱图

的关系式，因此可以肯定有如下裂解过程：

$$m/z = 123 \rightarrow m/z = 180 \rightarrow m/z = 80$$

从求 m^* 的式中可看到只有一个已知数 m^*，而要求出两个未知数 m_1 和 m_2，只能在质谱图上选比 m^* 大的质荷比来尝试求得，有时有多个答案。

亚稳离子峰对研究有机质谱的裂解过程和裂解机理很有帮助。但一般化合物的质谱图中很少显示亚稳离子峰，有些情况下，可专门采用亚稳扫描技术获取亚稳离子峰来确定主要碎片离子间的母子关系，从而进一步分析离子和分子的结构。

5.2.2.7　多电荷离子

在电离过程中，有些非常稳定的化合物分子可能失去两个或更多的电子而成为多电荷正离子，由于质谱是按照离子的质荷比记录下来的，这时在质量数为 m/ne（n 为失去的电子数）的位置上，会出现多电荷离子峰。此外，有些离子源中化合物结合多个质子也能成为多电荷离子。多电荷离子的质荷比不一定是整数。

多电荷离子峰的出现，表明被分析的试样非常稳定。例如，芳香族化合物和含有共轭体系的分子，容易出现双电荷离子峰。

书写质谱中各种阳离子时，正电荷用"＋"或"·＋"表示，前者是表示含有偶数个电子的离子（EE），后者是表示含有奇数个电子的离子（OE）。同时，书写质谱中阳离子时，尽可能把正电荷的位置在化学式中明确表示出来，这样易于说明离子裂解的历程。关于离子的电荷位置，一般认为有下列几种情况：如果分子中含有杂原子，则分子易失去杂原子的未成键电子而带电荷，电荷位置可表示在杂原子上，例如：

$$CH_3CH_2\overset{\cdot\,+}{O}H$$

如果分子中没有杂原子而有双键，双键电子较易失去，则正电荷位于双键的一个碳原子上；如果分子中既没有杂原子又没有双键，其正电荷位置一般在分支碳原子上；如果电荷位置不确定，或不需要确定电荷的位置，可用 $[\quad]^+$ 或 $[\quad]^{\cdot\,+}$ 表示（离子的化学式写在括号中）。例如：

$$[R{-}CH]^{\cdot\,+} \longrightarrow CH_3^{\cdot} + [R]^+$$

如果碎片离子的结构复杂，可以在分子式的右上角标画上"┑"并标出电荷，例如，

5.3　有机质谱裂解方式及机理

分子的裂解过程与其结构有密切关系，研究分子断裂过程和机理，能提供被分析化合物的结构信息。掌握有机化合物分子的裂解方式和机理，了解各类有机化合物的裂解规律，对确定有机化合物分子的结构非常重要。

按照有机分子的化学键断裂的特点，可将有机质谱裂解方式归纳为简单开裂、重排开裂和多中心开裂三种方式。按照分子气相裂解反应引发机制的不同，主要分为自由基引发的裂

解和电荷中心引发的裂解两类。

5.3.1　简单开裂

简单开裂是一个共价键发生断裂的裂解。化学键可发生下面三种方式的断裂。

（1）均裂　两个价电子一边一个，此价键断裂，即

$$X \overset{\frown}{\frown} Y \longrightarrow X \cdot + Y \cdot$$

（2）异裂　两个价电子转移到一边，此价键断裂，即

$$X \overset{\frown}{-} Y \longrightarrow X^+ + Y:$$

（3）半异裂　已失去一个价电子的离子再裂解时，剩下的一个电子转移到一边，此价键断裂，即

$$X \overset{\frown}{-} Y \xrightarrow{-e^-} X^+ + Y \cdot$$

通常用单箭头（⟶）表示一个电子的转移；用双箭头（→）表示一对电子的转移。

分子失去一个电子形成的分子离子 $M^{\cdot +}$ 是奇电子离子，其断裂反应可能是丢失一个偶电子的中性分子或奇电子的中性自由基。奇电子离子有两个活泼中心，即电荷中心和自由基中心；而偶电子离子只有电荷中心。分子离子的断裂和产物离子的进一步碎裂都是由这些中心引发的。由于将配对电子拆开需要较高的能量，离子断裂时发生键均裂的活化能也相对较高，因此奇电子离子和偶电子离子均优先丢失偶电子碎片。当然分子离子也可能失去一个自由基而生成偶电子离子。自由基的生成热比结构近似的中性分子高，这就意味着断裂反应生成的偶电子离子的生成热较低。一般情况下，断裂反应只在活性中心的邻近发生，因此，对于由活性中心引发的断裂反应，确定活性中心在离子中的位置是非常重要的。分子在电离时优先失去杂原子上的非成键电子，其次是 π 电子，较难失去的是 σ 电子。

5.3.1.1　自由基引发的裂解（α 断裂）

自由基对分子断裂的引发是由于电子的强烈配对倾向造成的，发生的是均裂。该反应由自由基中心提供一个电子与邻接的原子形成一个新键，与此同时，邻接原子的另一个化学键（α 键）则发生断裂，这种断裂通常称为 α 断裂。α 断裂主要有下面几种情况。

（1）含饱和杂原子化合物的 α 断裂反应　反应通式（Y 为杂原子）：

$$R \overset{\frown}{-} CR_2 \overset{\frown}{-} \overset{\cdot +}{Y}R \xrightarrow{\alpha断裂} R \cdot + R_2 C = \overset{+}{Y}R$$

现以乙醇的断裂进一步说明。

$$CH_3 - CH_2 - \overset{\cdot +}{O}H \longrightarrow \cdot CH_3 + CH_2 = \overset{+}{O}H$$

因为 α 断裂比较容易发生，所以，在乙醇的质谱中，$m/z = 31$ 的峰比较强。

（2）含不饱和杂原子化合物的 α 断裂反应　反应通式（Y 为杂原子）：

$$R \overset{\frown}{-} CH = \overset{\cdot +}{Y} \longrightarrow R \cdot + CH \equiv \overset{+}{Y}$$

例如，

$$C_2H_5 \overset{\frown}{-} C = \overset{\cdot +}{O} \longrightarrow C_2H_5 \cdot + C_2H_5 C \equiv \overset{+}{O}$$
$$\underset{C_2H_5}{|}$$

酰镒离子(100%)
(很稳定，常为强峰)

（3）烯烃类化合物的 α 断裂反应（烯丙断裂）　反应式如下：

$$R - CH_2 - HC = CH_2 \longrightarrow R \overset{\frown}{-} CH_2 - HC \overset{\cdot +}{=} CH_2 \longrightarrow R \cdot + H_2 C = HC - \overset{+}{C}H_2$$

烯丙断裂生成稳定的烯丙离子（m/z 为 41）。

（4）苄类化合物的 α 断裂反应（苄基断裂）　　反应式如下：

$$R{-}H_2C{-}\bigcirc \longrightarrow R{-}H_2C{-}\bigcirc^{\cdot+} \xrightarrow[-R\cdot]{\alpha\text{断裂}} H_2C{=}\bigcirc^+ \longleftrightarrow \bigcirc^{\oplus}$$

断裂后生成的苄基离子立即转化为更稳定的䓬鎓离子（m/z 为 91），它是烷基苯类化合物的特征离子，在质谱图上有很强的䓬鎓离子峰。

以上几种断裂都是由自由基引发的。自由基电子与转移的电子形成新键，同时，伴随着相邻键的断裂，形成相应的离子。断裂发生的位置都是与电荷定位原子相邻的第一个和第二个碳原子之间的键，这个键称为 α 键，因此，这类自由基引发的断裂统称 α 断裂。

5.3.1.2　电荷中心引发的裂解（诱导断裂或 i 断裂）

电荷中心引发的 i 断裂（诱导断裂）反应，动力来自电荷的诱导效应，是正电荷使一对电子转移而发生的异裂。正电荷引发的异裂裂解反应用符号 i 来表示。

i 裂解可分为奇电子离子型和偶电子离子型。裂解通式如下。

（1）奇电子离子（OE）型

$$R{-}\overset{+\cdot}{\ddot{Y}}{-}R' \xrightarrow{\text{i断裂}} R^+ + \dot{Y}R'$$

$$\overset{R}{\underset{R'}{}}C{=}\overset{+\cdot}{\ddot{Y}} \left(\longleftrightarrow \overset{R}{\underset{R'}{}}C{=}\dot{Y}{:}\right) \xrightarrow{\text{i断裂}} R^+ + R'{-}\dot{C}{=}Y$$

例如

$$C_2H_5{-}\overset{+\cdot}{\ddot{O}}{-}C_2H_5 \longrightarrow C_2H_5^+ + \cdot OC_2H_5$$

（2）偶电子离子（EE）型

$$R{-}\overset{+}{Y}H_2 \longrightarrow R^+ + YH_2$$

$$R{-}\overset{+}{Y}{=}CH_2 \longrightarrow R^+ + Y{=}CH_2$$

例如

$$CH_2{=}\overset{+}{O}{-}R \longrightarrow CH_2{=}O + \overset{+}{R}$$

一般情况下，电负性强的元素诱导效应也强，因此，RY 形成 R^+ 的倾向是：Y＝卤素＞O、S＞N、C。

某些情况下，诱导断裂和 α 断裂同时存在，在判断一个离子形成和裂解过程中的反应产物时，电荷稳定通常比自由基稳定更重要。由于 i 断裂涉及电荷转移，与自由基引发反应 α 断裂相比，这个反应较为不利。许多硝基烷烃、碘代烷烃、溴代仲烷烃、溴代叔烷烃以及氯代叔烷烃，较易发生 i 断裂反应。但 C—Y 键较强的 $RH_2C{-}Y$ 化合物，如正烷醇和氯代正烷烃，则很难发生该反应。需要注意的是，杂原子为单键时，i 断裂和 α 断裂所引起的断键位置是不相同的：i 断裂中，键的断裂发生在电荷中心所在的原子和与其邻接的原子之间，即 $R'{-}CH_2{\text{┆}}YR$（波浪线表示裂解位置）；而 α 断裂中，键的断裂则发生在自由基中心所在原子的 α 位与 β 位原子之间，即 $R'{\text{┆}}CH_2{-}YR$。杂原子为重键时，i 断裂并不导致重键的断裂。例如：

$$\overset{R}{\underset{R'}{}}C{=}\overset{+}{\ddot{O}} \left(\longleftrightarrow \overset{R}{\underset{R'}{}}{}^+C{-}\dot{O}\right) \xrightarrow{\text{i断裂}} R^+ + R'{-}\dot{C}{=}O$$

上述反应产物恰好与由 α 断裂所形成的烷基自由基和酰鎓离子互补。

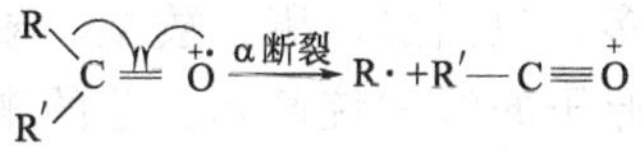

$$R \overset{R}{\underset{R'}{\bigg|}}C \overset{\cdots}{=} \overset{+}{O} \xrightarrow{\alpha 断裂} R \cdot + R' - C \equiv \overset{+}{O}$$

在涉及分子中只有一个键断裂的反应时，奇电子离子无论发生 α 断裂，还是发生 i 断裂，一定是产生一个偶电子离子和一个中性自由基；而偶电子离子发生 i 断裂时，占优势的裂解过程是产生另外一个偶电子离子和一个中性分子，裂解产生的偶电子离子还可进一步因电荷诱导而裂解成 m/z 较小的偶电子离子。偶电子离子因不带未配对电子，不发生自由基引发的 α 断裂反应。

5.3.1.3 σ 断裂

如果化合物分子中具有 σ 键，如烃类化合物，则会发生 σ 断裂。σ 断裂需要的能量大，当化合物中没有 π 电子和 n 电子时，σ 断裂才可能成为主要的断裂方式。断裂后形成的产物越稳定，断裂就越容易进行。碳正离子的稳定性顺序为叔＞仲＞伯，因此，碳氢化合物最容易所在分支处发生键的断裂，且失去最大烷基的断裂最容易发生。例如：

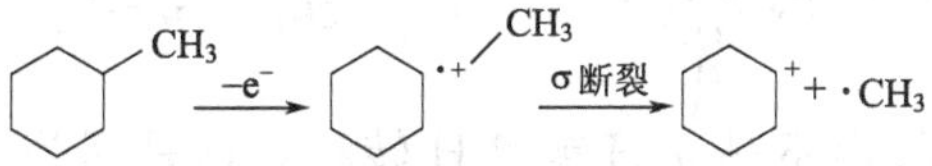

5.3.2 重排开裂

在质谱中往往出现一些特定重排反应，产生的离子丰度高。这些重排特征离子对推导分子结构很有启示作用。重排开裂在共价键断裂的同时，发生有氢原子的转移。一般有两个键发生断裂，少数情况下有碳骨架重排发生。重排开裂反应有下面几种情况。

5.3.2.1 自由基引发的重排反应

（1）γ-H 重排到不饱和基团上并伴随 C_α—C_β 断裂

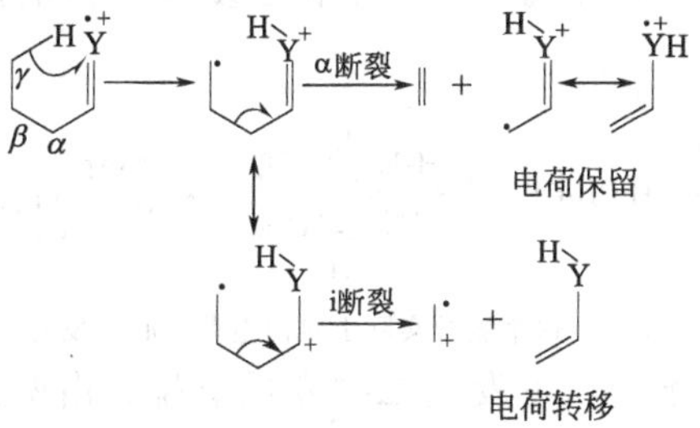

最常见的这类重排反应是麦氏重排（McLafferty rearrangement），涉及 γ-H 转移重排，所以用 γ-H 表示。麦氏重排有两种情况：①a 型，γ-H 重排到不饱和基团上，伴随发生 α 断裂，电荷保留在原来的位置上；②b 型，γ-H 重排到不饱和基团上，伴随发生 i 断裂，电荷发生转移。同一个分子离子既可发生 a 型麦氏重排裂解也可 b 型，究竟哪种类型占优势，由分子中取代基决定。

例如，羰基化合物的麦氏重排

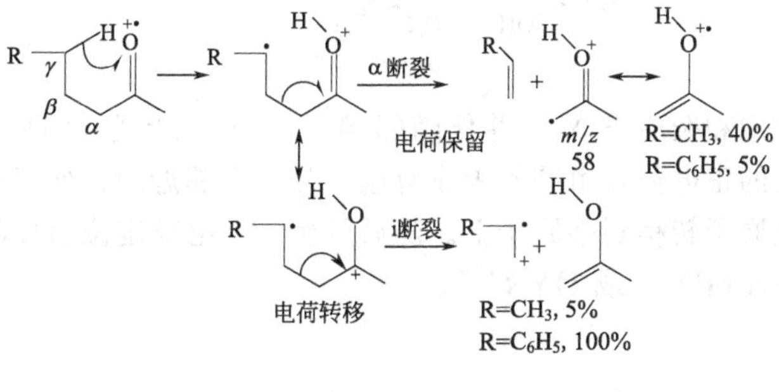

能产生这类重排的化合物很多，包括醛、酮、羧酸、羧酸酯、酰胺、硫酸酯、磷酸酯、腙、肟、亚胺、长链烯及不含杂原子的炔和烷基苯。总的来说，当满足：①含有不饱和键、苯环或三元环；②与重键相连的 γ-C 上有氢原子这两个条件时，便可发生麦氏重排。

例如，2-戊酮的麦氏重排

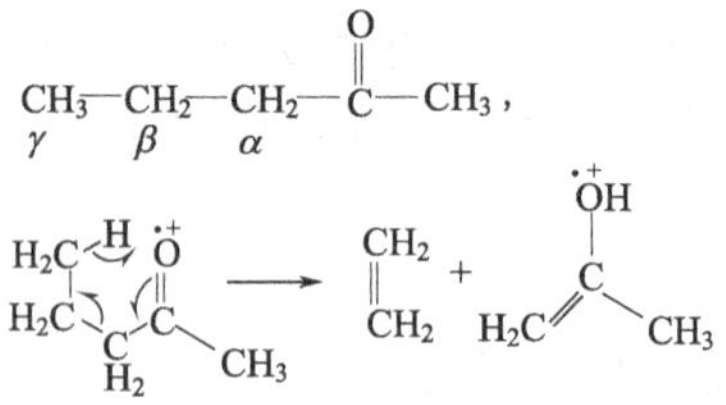

1-己烯的麦氏重排

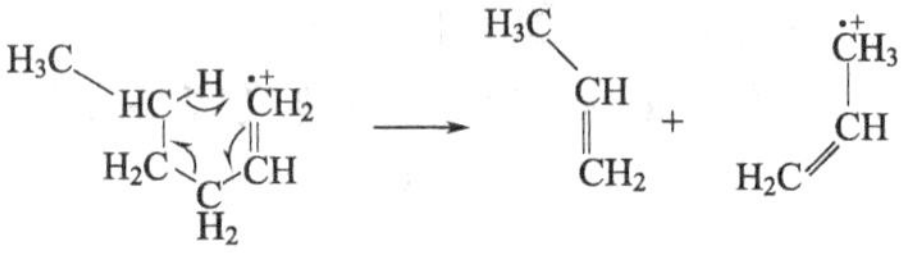

麦氏重排只有 γ-H 转移而不是 α-H 或 β-H 转移，这是因为 γ-H 刚好适合能量低的六元环的过渡态。重排时，γ-H 通过一个六元环过渡态转移，这个最初的氢原子转移过程只引起自由基中心位置的改变。新的自由基立即诱发一个 α 断裂反应，导致羰基 C_α—C_β 位置的碳-碳键断裂；与此同时失去一个烯烃或其他中性分子，不饱和键移位到 C_α，形成一个新的电子奇偶性未发生变化的离子。在重排反应中也可能发生电荷转移。在离解过渡态中，分解的产物互相争夺电荷，占优势的离子产物应是电离能较低的碎片（Stevenson 规则）。

由简单开裂或重排产生的碎片离子，如果符合麦氏重排的两个条件，也能发生麦氏重排，即

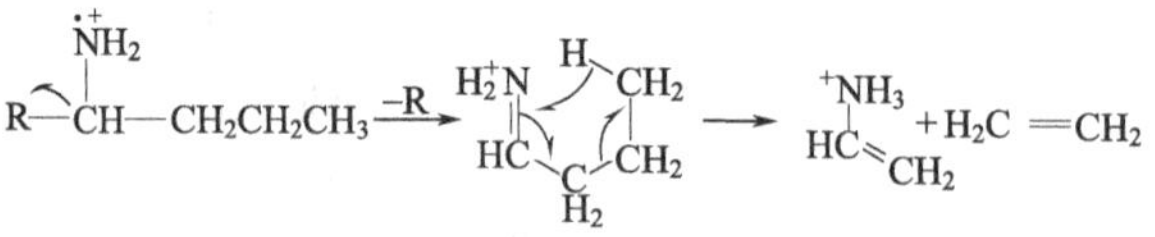

注意，这个重排实际上是由电荷中心引发的

若 C═Y 基团两边均有 γ-H，可发生二次麦氏重排。由两次重排产生的两种离子碎片的百分数，可看出第二次重排比第一次重排更容易。

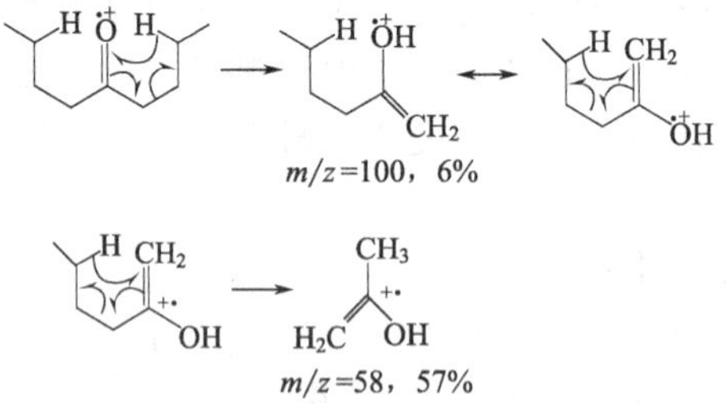

$m/z=100$，6%

$m/z=58$，57%

（2）氢原子重排饱和杂原子 Y 上并伴随邻键（Y—C）断裂（邻位效应）　该裂解反应中一个饱和杂原子上的正电荷自由基的未成对电子与一个邻近的、处于适当构型的氢原子形成一个新键，一个氢原子转移到杂原子上。随后发生一个电荷定位引发的反应，即杂原子的一个键断裂成 [M—HYR]$^{\cdot+}$ 或 HYR$^{\cdot+}$。

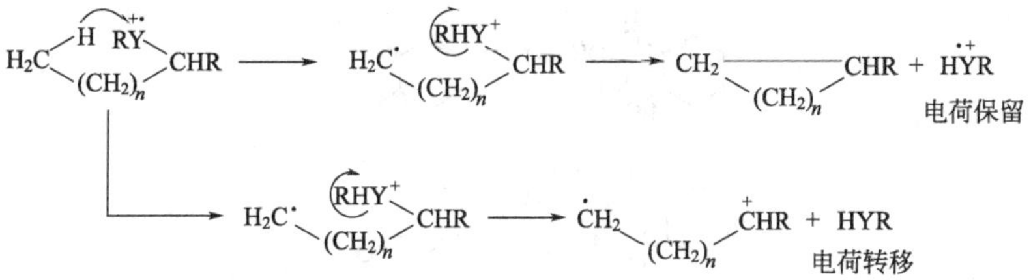

　　反应第一步转移的是哪一个氢原子，对于新形成的产物的影响不大（不一定非经过六元环过渡态，也可能是四元或五元或其他环状过渡态）。由于产生的含杂原子的碎片是饱和的，它对电荷的争夺力很弱，就使得电荷转移更为普遍。电荷转移反应对电负性原子团有利。电离能较高的饱和小分子，如 H_2O、C_2H_4、CH_3OH、H_2S、HCl、HBr，常以这种方式丢失。为了保留电荷，反应的第二步应该是一个自由基定位反应。

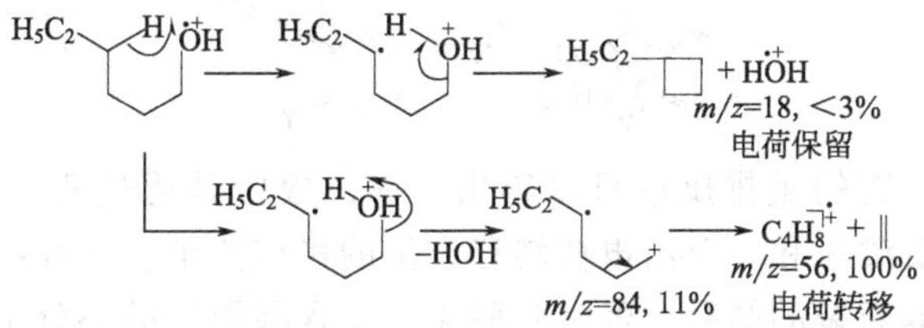

　　酯一般容易发生麦氏重排，但有时酸部分也会发生上述重排，即在醇部分没有易动的氢原子，酸部分就脱离小分子。

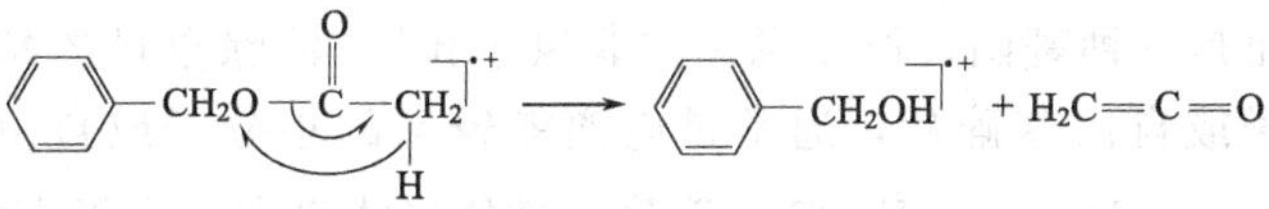

　　卤代（Cl、Br）烃通过四元环过渡态，氢原子向卤素迁移，消去卤化氢：

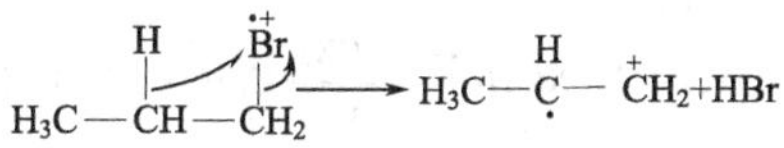

　　卤代烃有时也可通过五元环过渡态进行氢重排：

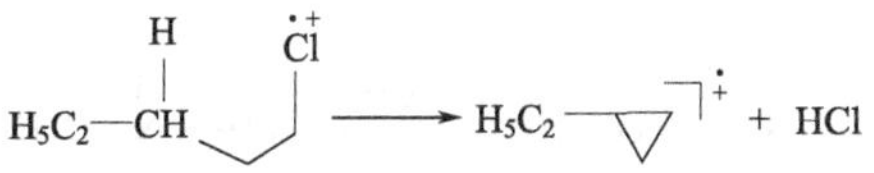

　　醚和硫醚也可能发生类似的反应：

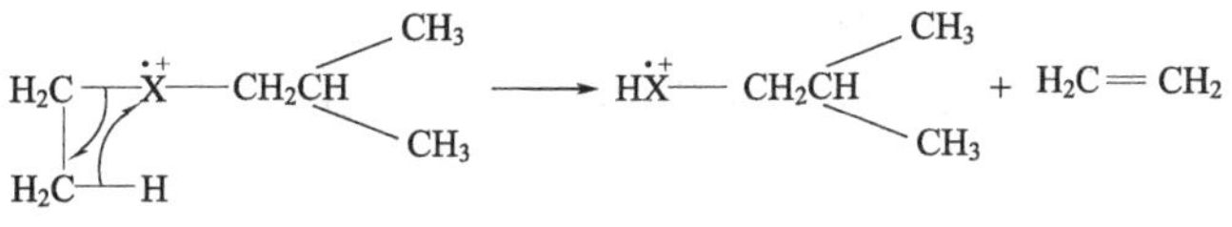

$$X=O, S$$

　　正丁醇和环己醇的脱水，都在 1,3- 和 1,4- 位发生该重排反应，产物质荷比是相等的：

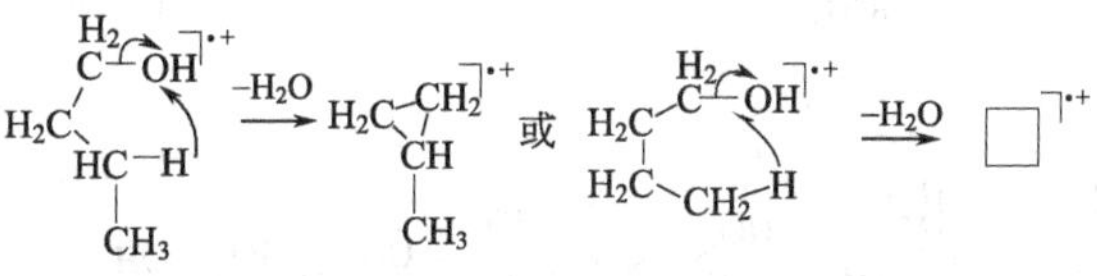

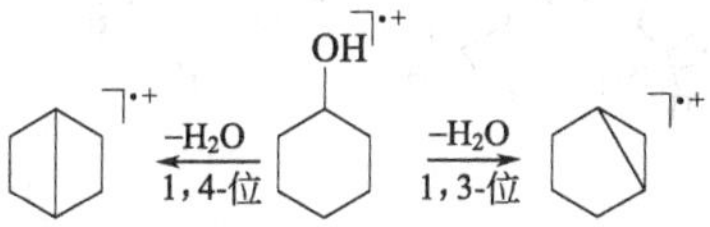

　　含杂原子的邻位取代苯可发生类似重排-邻位效应：

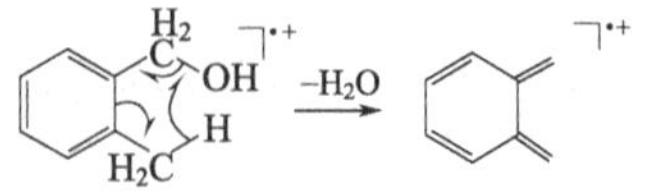

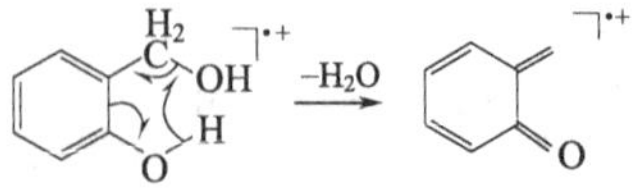

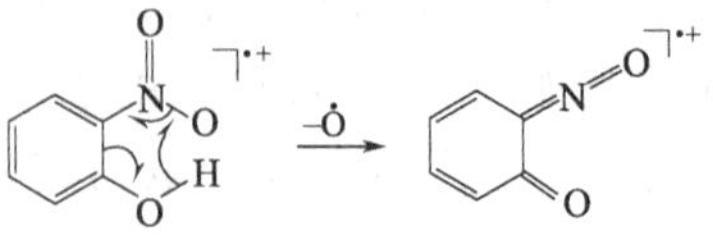

如具有如下结构特点的邻二取代苯都可发生重排：

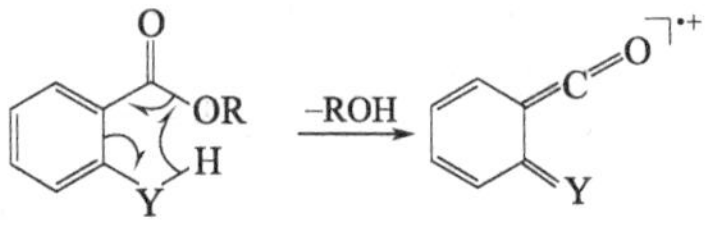

根据上述各类化合物的重排反应可以得出，邻位效应是通过两个因素的协同作用引发的：一个适于重排的活泼氢和一个由电荷转移产生的稳定离子。这种由于氢重排到饱和杂原子上，然后再使邻位键断裂的结果，经常是脱去一个含杂原子的小分子。脱去的小分子多是 H_2O、H_2S、NH_3、CH_3COOH、CH_3OH、$CH_2\!=\!C\!=\!O$、CO、CO_2、HCN 等。

（3）消除重排　消除重排（elimination rearrangements，re）反应与氢重排类似，只是迁移的不是氢原子而是一种基团，所以也称"非氢重排"。消除重排的特点是伴随着基团的迁移同时消除小分子或自由基碎片，通常是电离能较高的小分子或自由基，如 CO、CO_2、CS_2、SO_2、HCN、CH_3CN 和 $\cdot CH_3$ 等。消除重排的形式多样，常见有以下几种：

甲基迁移

$$C_6H_5-O-\overset{\underset{\displaystyle X}{|}}{C}-XCH_3 \Big]^{\cdot +} \xrightarrow[re]{-CX_2} C_6H_5-O-CH_3 \Big]^{\cdot +}$$

乙基和其他脂烃基迁移

$$C_6H_5-\overset{\underset{\displaystyle H}{|}}{N}-\overset{\underset{\displaystyle}{\overset{\displaystyle O}{\|}}}{C}-OC_2H_5 \Big]^{\cdot +} \xrightarrow[re]{-CO_2} C_6H_5-\overset{\underset{\displaystyle H}{|}}{N}-C_2H_5 \Big]^{\cdot +}$$

芳基迁移

$$C_6H_5-\overset{\underset{\displaystyle}{\overset{\displaystyle O}{\|}}}{S}-C_6H_5 \Big]^{\cdot +} \xrightarrow[re]{-SO} C_6H_5-C_6H_5 \Big]^{\cdot +}$$

烷氧基迁移

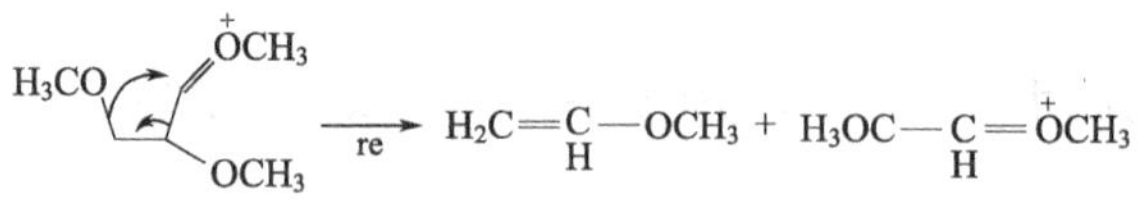

$$\xrightarrow{re} H_2C\!=\!\overset{\underset{\displaystyle H}{|}}{C}-OCH_3 + H_3OC-\overset{\underset{\displaystyle H}{|}}{C}\!=\!\overset{+}{O}CH_3$$

羟基迁移

$$\xrightarrow[re]{-C_4H_6}$$

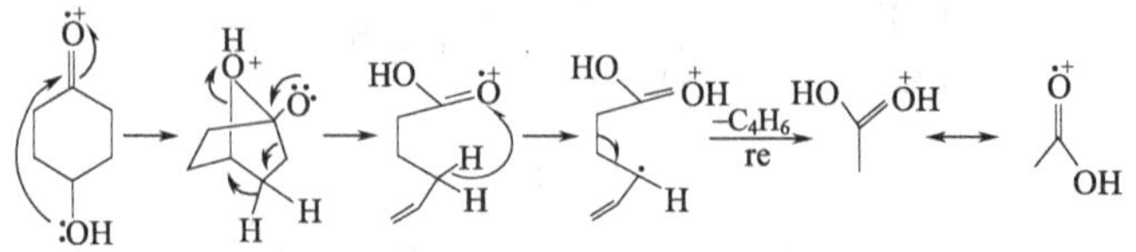

氨基迁移

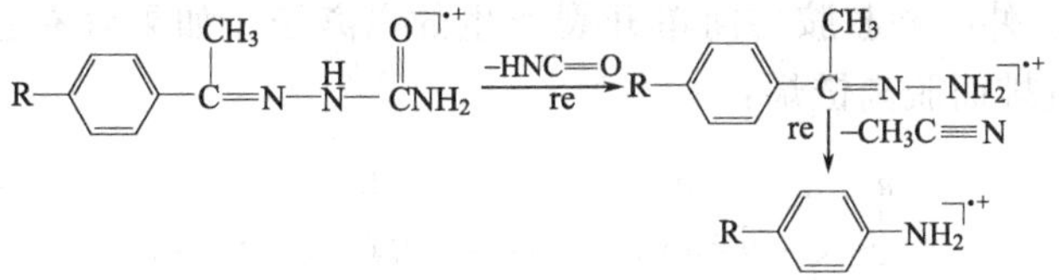

这种消除重排比较复杂，在重排反应中产生的离子或中性碎片往往不存在于原来的分子中，而是经过重排后形成的。例如，

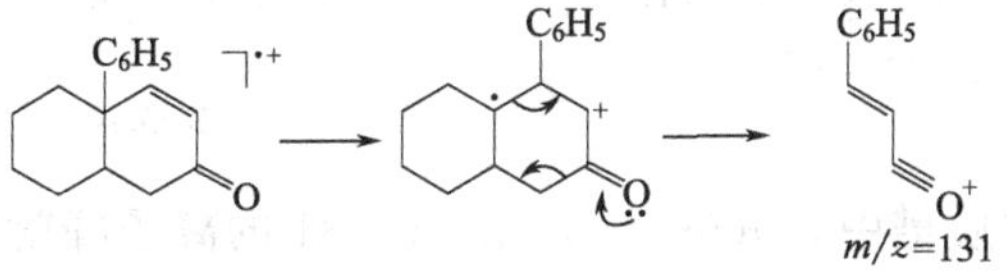

m/z 为 131 的离子峰的形成是消除重排反应中苯基迁移后形成的，这种"骨架重排"给解析图谱带来麻烦，应引起重视。

（4）置换重排　置换重排（displacement rearrangements，rd）又称为取代重排，也是一种非氢重排，在分子内部两个原子或基团（常常是带自由基的）能够相互作用，形成一个新键，与此同时，其中一个基团的另一个键断裂，在置换的同时发生环化反应，在这一个过程中会断掉一个键而形成新键：

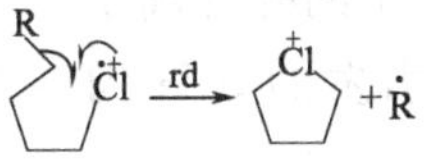

长链硫醇和硫醚经常是通过三元环过渡态发生置换重排反应的，如己硫醚的质谱中，m/z 为 145 离子峰的产生：

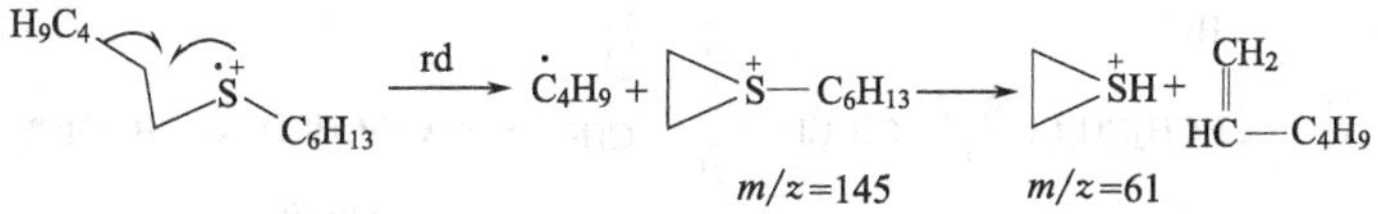

长链伯胺的置换重排主要通过六元环过渡态形成相应 m/z 为 86 的环状离子：

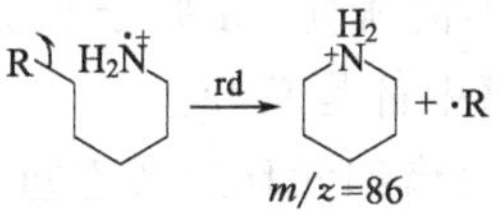

这里的重排脱去自由基，母离子与子离子的电子奇偶性不一致。

有时置换重排和消除重排一样会引起"骨架"的改变，因此，这两种重排也可称为"骨架重排"。

5.3.2.2　电荷引发的重排反应

① 在伯、仲、叔碳原子有 OH、NH_2 或 SH 时，会发生 α 断裂，而产生的碎片离子如果能形成四元环过渡状态，就会发生下面的四元环重排：

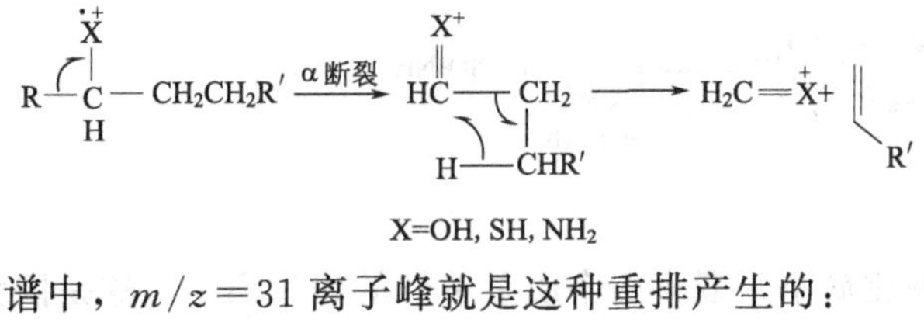

例如，3-己醇质谱中，$m/z=31$ 离子峰就是这种重排产生的：

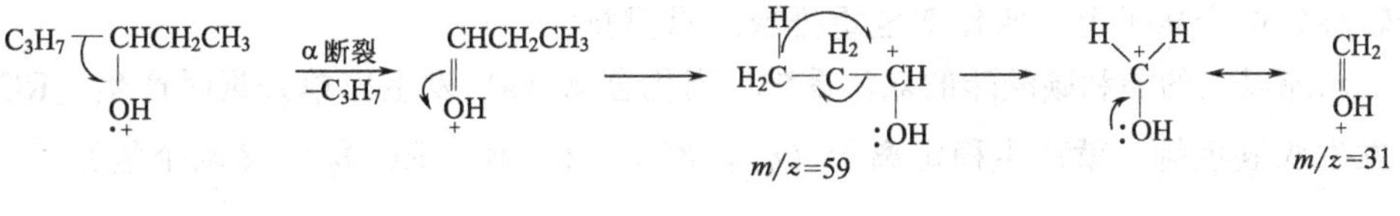

② 由醚、硫醚、仲胺和叔胺的简单开裂产生的𨦡离子，如果含有乙基以上的烷基，会进一步经过四元环重排而脱离链烯：

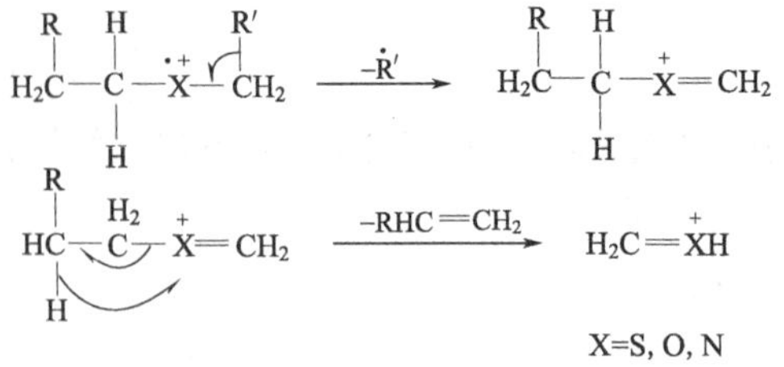

X=S, O, N

在异丙基正戊基醚的质谱中，$m/z=45$、$m/z=31$ 的离子峰就是这样产生的：

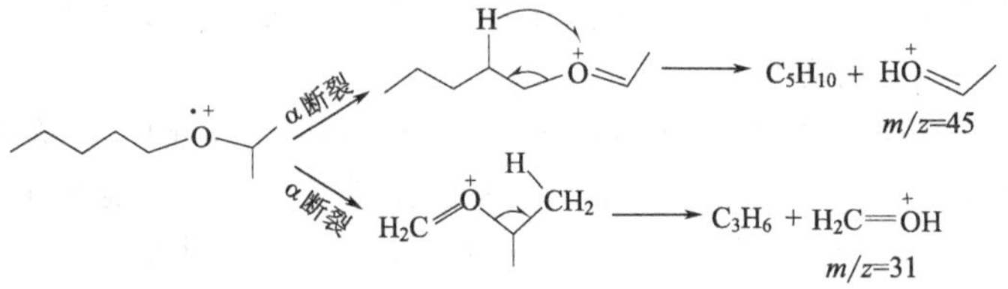

类似地，各级醇都能得到 $m/z=31$ 的碎片离子。

这种由于杂原子上正电荷的定位引发的 β-H 向杂原子的重排比上述通过四元环过渡态向饱和杂原子的重排更为普遍。

偶电子离子也能产生与电荷中心（或不饱和杂原子）无关的氢重排：

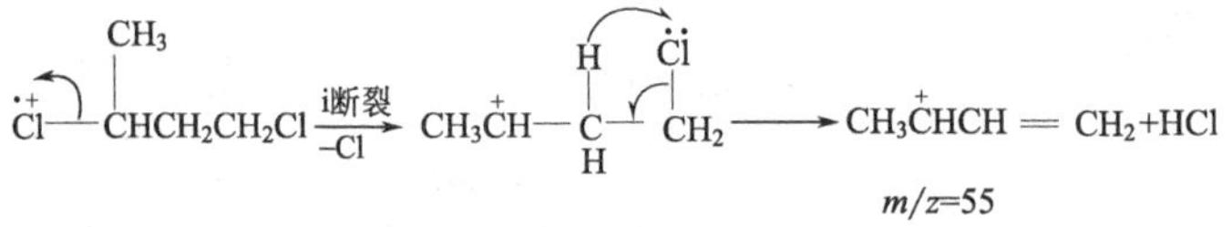

$m/z=55$

应注意的是上述反应得到的峰不能确定 Cl 原子在分子中的位置，如 $m/z=55$ 的峰在 1,3-二氯丁烷和 1,1-二氯丁烷的图谱中都是基峰。

③ 取代芳香化合物的正离子，可借四元环过渡态重排，失去中性分子：

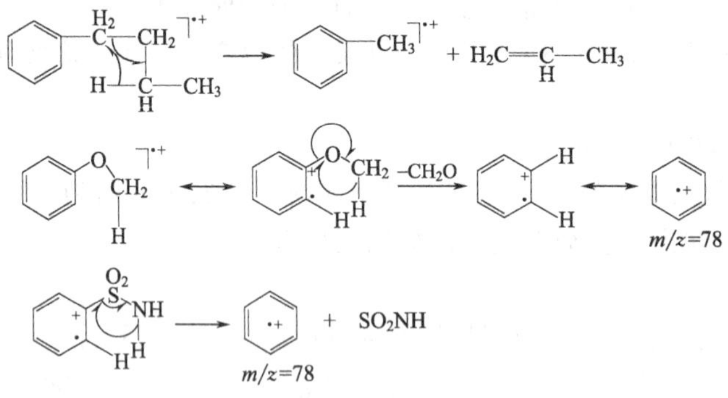

$m/z=78$

$m/z=78$

5.3.2.3 双氢重排

质谱中有时会出现比简单开裂多两个质量单位的碎片离子，这是因为脱离的基团有两个氢原子转移到这个离子上，叫作双氢重排或双重重排。

（1）乙酯以上的酯和碳酸酯的双氢重排　当化合物（a）发生简单开裂时产生 $[RCO_2]^+$，而如果发生双氢重排，就产生稳定离子（b），离子（b）比 $[RCO_2]^+$ 多两个氢原子。

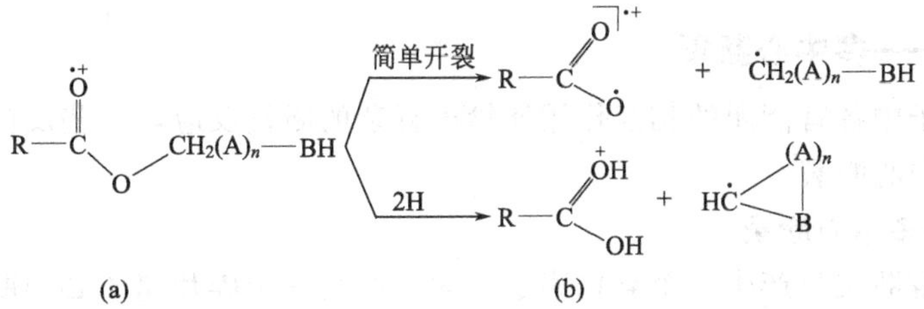

(a)　　　　　　　　(b)

乙酯以上的酯都会发生下列重排：

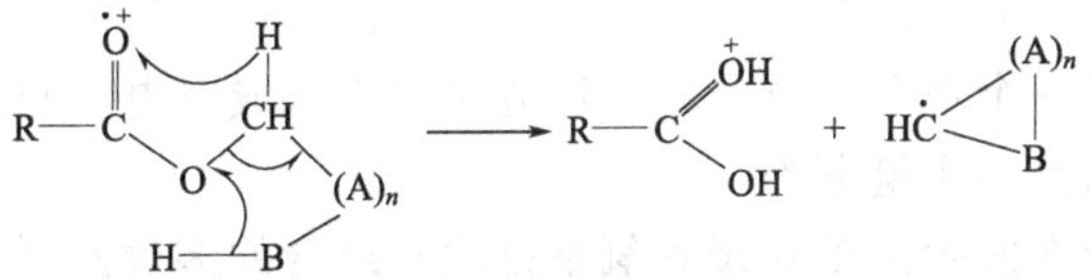

式中，A=C，S，O；$n=1$，2，3 等。如 $n=3$ 时，A 的组成可以是 $CH_2CH_2CH_2$、CH_2OCH_2、CH_2CH_2O 等，B 为 C、O、S。但 B 为 O 或 S 时，A 的末端不应该是 O 或 S。另外分子中必须有能移动的两个氢原子。分子为碳酸酯时，R 为 OR。

根据双氢重排产物就可以判断酯中酸部分的组成。例如，根据 $m/z=61$ 或 $m/z=89$ 就知道该化合物是乙酸酯或丁酸酯，因为离子的 m/z 为 $61+n×4$。

酯的双氢重排可以通过五元、六元甚至更大的多元环过渡态得到，例如：

碳酸二正丙酯和长链脂肪酸的双氢重排

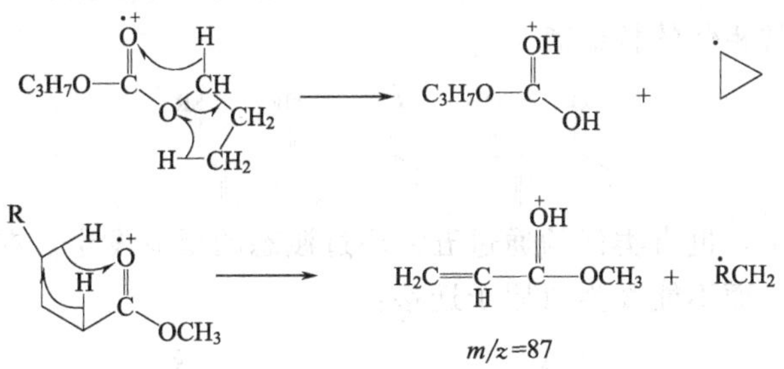

$m/z=87$

（2）在邻接碳原子上有适当的取代基时也发生双氢重排

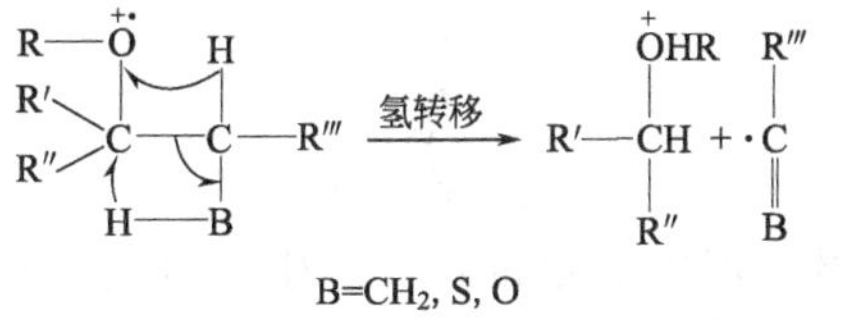

$B=CH_2, S, O$

例如，乙二醇的质谱中 $m/z=33$ 的离子峰很强，可能就是双氢重排的结果。

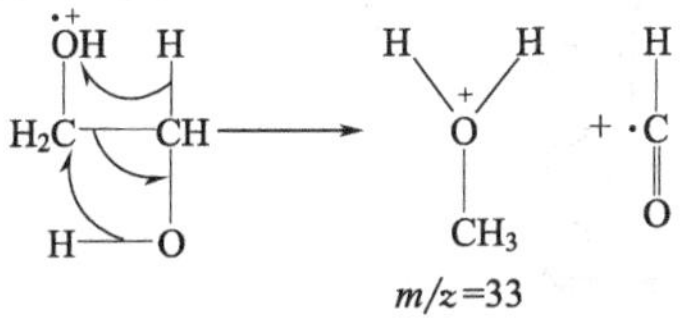

$m/z=33$

酯的质谱图也存在由这种机制生成的离子峰。如果遇到用简单开裂或一般重排无法解释的离子峰，就应该想到可能是由双氢重排产生的。带奇数电子的离子经过双氢重排后得到的是带偶数电子的碎片离子。双氢重排（有时称为麦氏＋1 重排）其裂解机理可表示为：

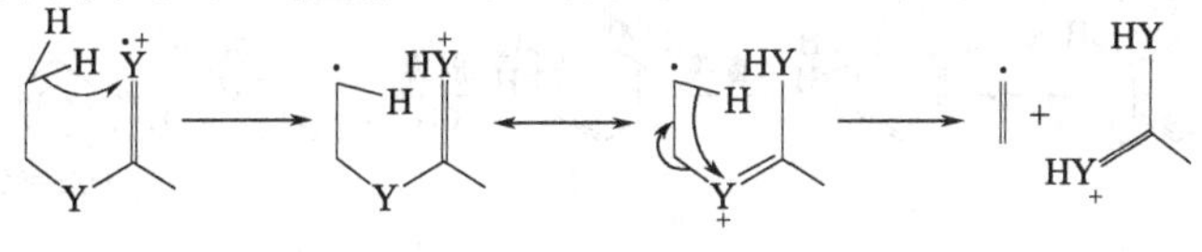

5.3.3 环裂解——多中心断裂

在复杂的分子中各官能团的相互作用能给出复杂的断裂反应，这些反应涉及一个以上的键的断裂，叫多中心断裂。

5.3.3.1 一般的多中心断裂

一个环的单键断裂只产生一个异构离子，为了产生一个碎片离子必须断裂两个键：

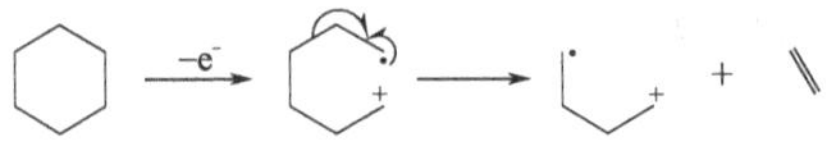

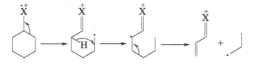

其裂解产物一定是一个奇电子离子，在反应过程中未成对电子与邻近碳原子形成一个新键，同时该 α 碳原子的另一个键断裂。

一般的环状化合物常发生简单断裂和氢重排相互组合的多键断裂：

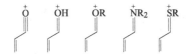

$$X=O, OH, OR, NH_2, NR_2$$

裂解先是由分子离子的杂原子自由基定位驱动发生的，它没有质量损失，而是造成自由基和正电荷的分离。后者通过六元环过渡态取得一个氢原子，接着断裂邻接新自由基中心的键，形成稳定的共轭离子。在环己酮、环己醇、环己基醚、环己基胺、环己基硫醚等化合物的质谱中，都产生非常相似的特征离子：

在环戊烷衍生物中，也有类似的通过五元环过渡态的反应发生。在环丁烷衍生物中，因四元环过渡态能量高，而不能发生氢原子迁移：

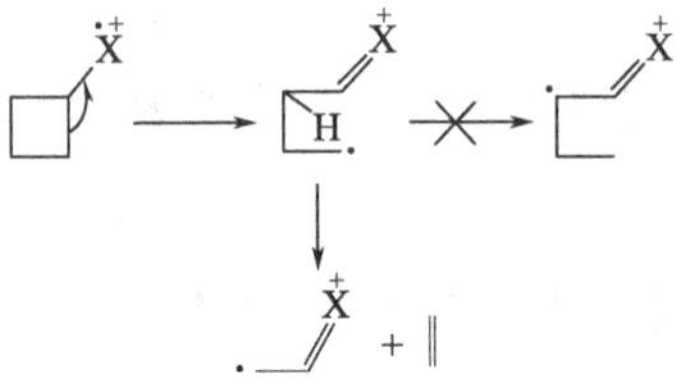

不饱和环，如环己烯，离子定位于重键处而发生多键断裂：

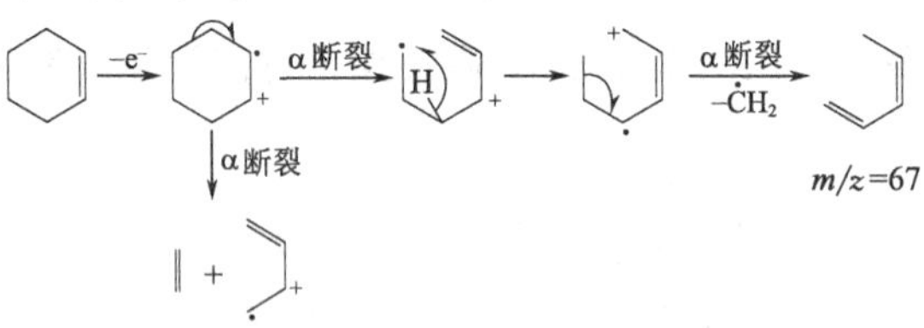

苯酚和苯胺的质谱有着类似的裂解过程，在没有其他取代基的情况下，会发生氢重排断裂，然后经 α 断裂、i 断裂形成碎片离子：

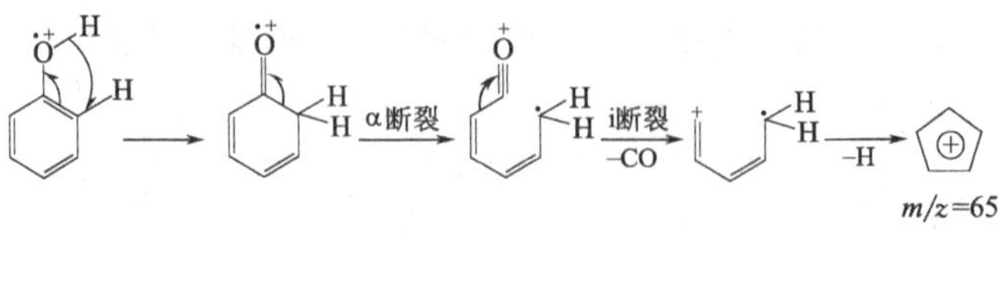

同样，苯胺将消除 HCN，也得到 $m/z=65$ 的离子。

5.3.3.2 逆狄尔斯-阿尔德裂解

在有机合成中，一个共轭双烯和一个单烯分子合并成一个六元环单烯的反应称为狄尔斯-阿尔德反应。而在质谱的分子离子断裂反应中，一个六元环单烯可裂解成为一个共轭双烯和一个单烯碎片离子，所以这种裂解被称为逆狄尔斯-阿尔德（retro Diels-Alder，RDA）裂解。它是以双键为起点的重排，在脂环化合物、生物碱、萜类、甾类和黄酮等化合物的质谱中，经常得到这种重排产生的离子：

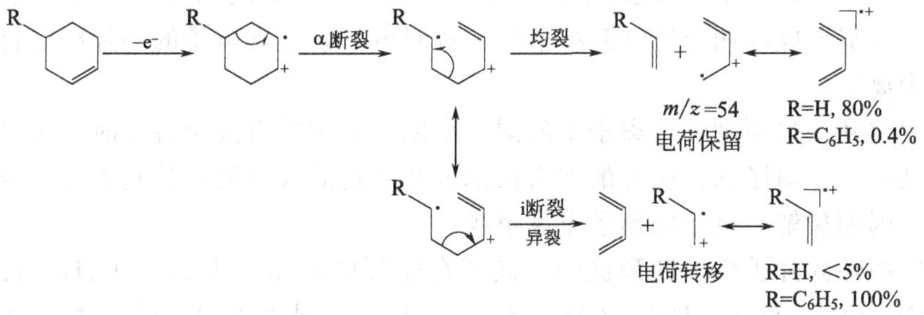

这类反应的特点是，环己烯的双键打开，同时引发两个 α 断裂，形成两个新的双键，正电荷通常是处在含共轭二烯的碎片上。

有机化合物分子常常按照上述裂解方式裂解，此外，也会发生随机裂解，这给图谱解析带来一定的困难，使得质谱图中的每一个峰未必都能解析得清楚。

一些碳链化合物常有难以解释的重排离子产生，如

$$[C(CH_3)_4]^{\cdot +} \longrightarrow [CH_3CH_2]^+$$

5.4　影响裂解反应的主要因素

如果分子离子的内能较高，可进一步发生裂解反应，生成相应的碎片离子。这些裂解反应受多种因素的影响。

（1）碎片离子的电荷与自由基定位原理　电荷中心和自由基引发的断裂反应是一对竞争反应。一般来讲，自由基中心引发的反应更容易进行，因其开裂过程中碎片离子的电荷中心不发生变化，依然保留在原来的原子上。自由基中心引发的断裂随着自由基中心原子电负性的增加而逐渐减弱，相反电荷中心引发的断裂则逐渐加强。电荷中心引发的断裂反应趋势是：卤素＞O、S＞N、C。强电负性的原子（如卤素）容易吸引相邻化学键上的电子对，发生电荷中心引发的断裂反应。

（2）产物离子的稳定性　从化学热力学角度出发，在分子离子裂解过程中能够产生稳定碎片离子的过程总是优先进行，观察到的碎片离子的丰度也高。碳正离子的稳定性有如下顺序：

叔碳正离子＞仲碳正离子＞伯碳正离子＞甲基正离子

这是因为叔碳正离子上的正电荷被三个烷基的超共轭效应所分散，叔碳正离子电荷的分散程度最高，所以其最稳定；而甲基正离子没有烷基的超共轭效应，所以稳定性最低。因此烃类化合物多在有较多支链的碳原子处发生断裂，且优先丢失较大的烷基。

当存在 π-π 共轭时，会使碎片离子更稳定。如发生在烯烃 β 位的断裂，即烯丙基断裂，

产生的碎片离子往往是基峰。芳香化合物的苄基断裂可以将正电荷分散到整个苯环上，故由苄基断裂产生的碎片离子也往往是基峰。苄基离子很容易通过重排形成更稳定的䓬鎓离子。如烷基苯通过开裂可以重排产生䓬鎓离子，因此，m/z 为 91 的䓬鎓离子或取代的䓬鎓离子往往是基峰。

（3）斯特沃森（Stevenson）规则 奇电子离子经裂解可产生自由基和离子两种碎片，电离能较高的碎片不易电离，倾向于保留未成对电子；电离能较低的碎片易电离，产生碎片离子的概率较高。电离能低的离子一般比较稳定，所以断裂后产生的离子峰较强，这就是 Stevenson 规则。Stevenson 规则叙述了奇电子离子断裂时支配电荷保留和转移的规则。在离子分解时，裂解形成的两个碎片互相争夺未成对电子，得到电子的碎片成为自由基，另一个碎片就成为离子。

（4）最大烷基丢失原则 当离子中的同一个原子上连接有几个烷基时，失去最大烷基的概率高，这是一个普遍倾向。丢失的烷自由基因超共轭效应致稳，烷基越大、分支越多，致稳效果越好，因而裂解后剩下的离子丰度也越高。

（5）稳定中性碎片丢失的断裂优先 离子在断裂中若能产生 H_2、CH_4、H_2O、C_2H_4、CO、NO、CH_3OH、H_2S、HCl、$CH_2=C=O$、CO_2 等电中性小分子产物，将有利于这种断裂途径的进行，产生比较强的碎片离子峰。

（6）原子或基团相对的空间排列（空间效应）的影响 空间因素以多种方式影响单分子反应途径的竞争性，也影响产物的稳定性。像需要经过某种过渡态的重排裂解，若空间效应不利于过渡态的形成，重排裂解往往不能进行。

一个纯的有机化合物的质谱图中会出现很多峰，包括强峰、中强峰和弱峰，甚至一些看不见的峰。峰的强弱反映出该 m/z 离子的多少，某些碎片离子多一些，丰度就大；某些碎片离子少一些，丰度就小。碎片离子源于各种裂解反应，显然，裂解反应受多种因素的影响必将导致离子丰度也受上述多种因素的影响。

5.5　常见各类有机化合物的质谱

5.5.1　烷烃

烷烃质谱有下列特征：

① 直链烷烃的 M 峰常可观察到，不过其强度随分子量增大而减小。

② M−15 峰最弱，因为直链烷烃不易失去甲基。

③ 直链烷烃有经典的系列，其中 $m/z=43$（$^+C_3H_7$）和 $m/z=57$（$^+C_4H_9$）峰总是很强（基准峰），因为丙基离子和丁基离子很稳定。除此之外，还有少量的系列离子。支链烷烃因为形成的仲或叔正碳离子稳定，往往在分支处裂解形成的峰强度较大，而且优先失去的是最大的烷基。

④ 环烷烃的 M 峰一般较强。环开裂时一般失去含两个碳的碎片，所以往往出现 $m/z=$ 28（$^+C_2H_4$）、$m/z=29$（$^+C_2H_5$）和 M−28、M−29 的峰。含环己烷基的化合物往往出现 $m/z=83$、82、81（$^+C_6H_{11}$、$^{·+}C_6H_{10}$、$^+C_6H_9$）的峰，而含戊烷的化合物则出现 $m/z=$ 69（$^+C_5H_9$）的峰。

不同类型烷烃裂解的可能机理示例如下。

（1）直链烷烃 正己烷的裂解过程：

$$H_3C-CH_2-CH_2-CH_2-CH_2-CH_3 \xrightarrow{离子化} [H_3C-CH_2-CH_2-CH_2-CH_2-CH_3]^{+\cdot}$$

分子离子 $m/z=86$

$$\xrightarrow{裂解} H_3C-CH_2\cdot + H_2\overset{+}{C}-CH_2-CH_2-CH_3 \xrightarrow{-CH_2} H_2\overset{+}{C}-CH_2-CH_3$$

自由基　　　碎片离子　　　　　　　　$m/z=43$

$m/z=57$

正己烷的质谱数据如下：

m/z	27	28	29	41	42	43	55	56	57	71	86
相对丰度/%	22	11	42	72	42	80	12	70	100	11	15

（2）支链烷烃　2,2-二甲基丁烷的裂解过程：

$$H_3C-\underset{\underset{CH_3}{|}}{\overset{\overset{CH_3}{|}}{C}}-\overset{H_2}{C}-CH_3 \xrightarrow{-e^-} \left[H_3C-\underset{\underset{CH_3}{|}}{\overset{\overset{CH_3}{|}}{C}}-\overset{H_2}{C}-CH_3\right]^{+} \xrightarrow{半异裂} \underset{\underset{CH_3}{|}}{\overset{\overset{CH_3}{|}}{\overset{+}{C}}}-CH_3 + \dot{C}_2H_5$$

分子离子 $m/z=86$　　　稳定离子 $m/z=57$

2,2-二甲基丁烷的质谱数据如下：

m/z	27	28	29	41	43	55	56	57	71	72
相对丰度/%	17	5	33	49	100	11	28	98	76	5

（3）环烷烃　环己烷的裂解过程：

$m/z=84$　　　$m/z=56$

环己烷的质谱数据如下：

m/z	16	27	38	42	52	56	70	84
相对丰度/%	1	18	2	26	1	100	1.4	73

5.5.2　烯烃

烯烃质谱有下列特征：

① 烯烃易失去一个 π 电子，所以其分子离子峰明显，且强度随分子量增大而减弱。

② 烯烃质谱中最强峰（基准峰）是双键 β 位置 C_α—C_β 断裂产生的峰（烯丙基型裂解）。带有双键的碎片带正电荷：

$$H_2\overset{+}{C}-\dot{C}H-CH_2 \overset{\xi}{\colon} R' \longrightarrow H_2\overset{+}{\underset{m/z=41}{C}}-\overset{H}{\overset{|}{C}}=CH_2 + \dot{R}'$$

由于烯丙基型裂解，于是出现 $m/z=41$、55、69、83 等离子峰。这些峰比相应的烷烃碎片峰主系列少两个质量单位。

③ 烯烃容易发生麦氏重排裂解，产生 C_nH_{2n} 离子。

④ 环己烯类可发生逆狄尔斯-阿尔德裂解：

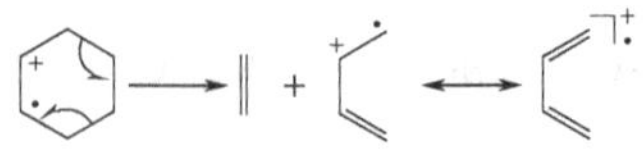

⑤ 值得注意的是，由质谱碎片峰并不能确定烯烃分子中双键位置异构体，因为在裂解过程中往往发生双键位移。而且顺式和反式异构体通常有十分相似的质谱图。

5.5.3 芳烃

芳烃的质谱特征是：

① 分子离子峰明显，M+1 和 M+2 可精确测量出，便于计算分子式。

② 带烃基侧键的芳烃常发生苄基型裂解，产生 $m/z=91$ 的䓬锇离子（往往是基峰）。若基准峰的 m/z 比 91 大 $n\times14$，则表明苯环 α 碳上另有烷基取代，形成了取代的䓬锇离子。例如，

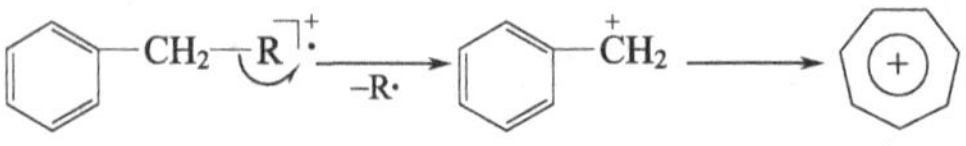

$m/z=91$

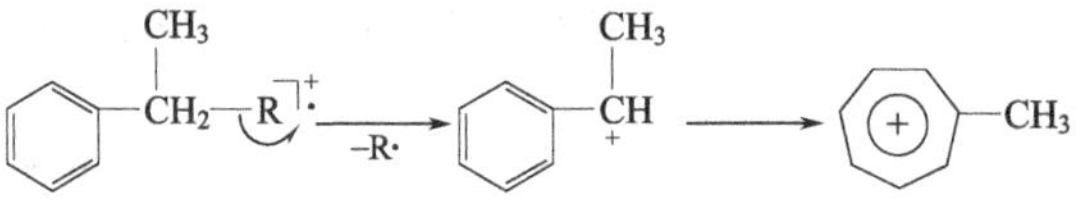

$m/z=105(91+14)$

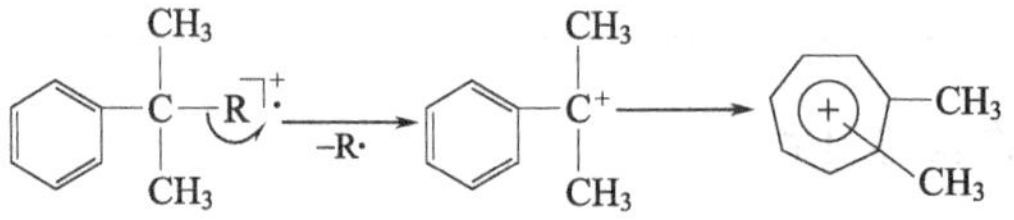

$m/z=119(91+2\times14)$

䓬锇离子可进一步裂解形成环戊烯基离子（$^+C_5H_5$）和环丙烯基离子（$^+C_3H_3$），质谱上出现明显的 $m/z=39$、65 的离子峰：

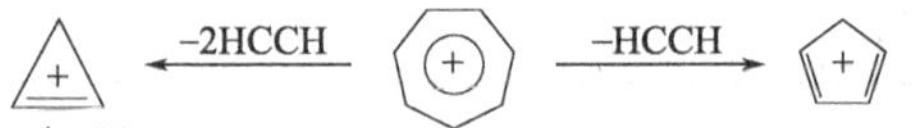

$m/z=39$ $m/z=91$ $m/z=65$

③ 带有正丙基或丙基以上侧键的芳烃（含 γ-H）经麦氏重排产生 $C_7H_8^{\cdot+}$（$m/z=92$）：

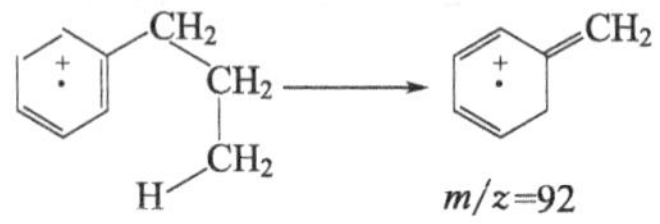

$m/z=92$

④ 侧键 α 断裂虽然发生机会较少，但仍有可能。所以芳烃质谱中可以见到 $m/z=77$（苯基 $^+C_6H_5$）、$m/z=78$（苯基重排产物）和 $m/z=79$（苯加 H）的离子峰。

5.5.4 醇

醇类的质谱有下列特征：

① 分子离子峰很微弱或者消失。

② 所有伯醇（甲醇例外）及高分子量仲醇和叔醇易脱水形成 M−18 峰，不要将 M−18 峰误认为 M 峰。脱水过程为：

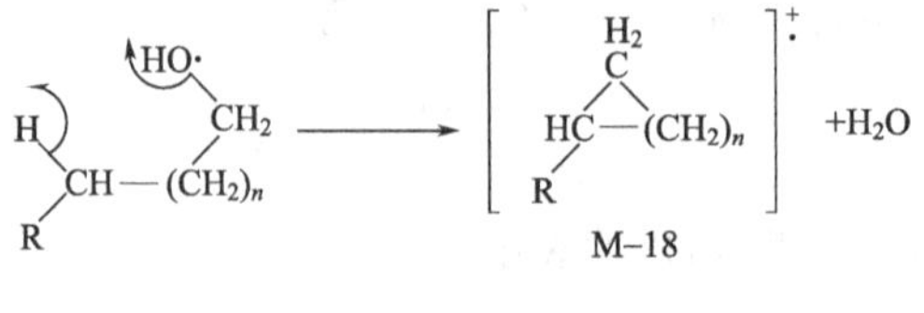

M−18

环己醇类脱水可能产生双环结构的离子，后者再继续裂解：

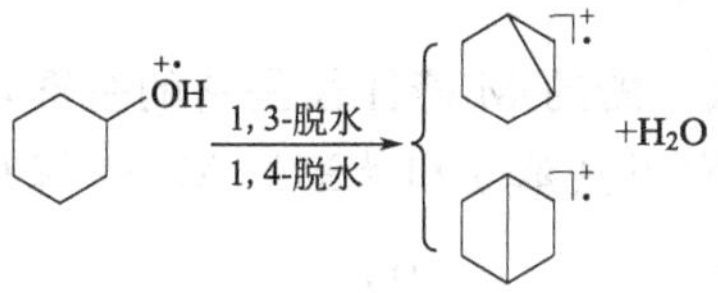

③ 开链伯醇当含碳数大于 4 时，可同时发生脱水和脱烯，产生 M-46 峰。例如，

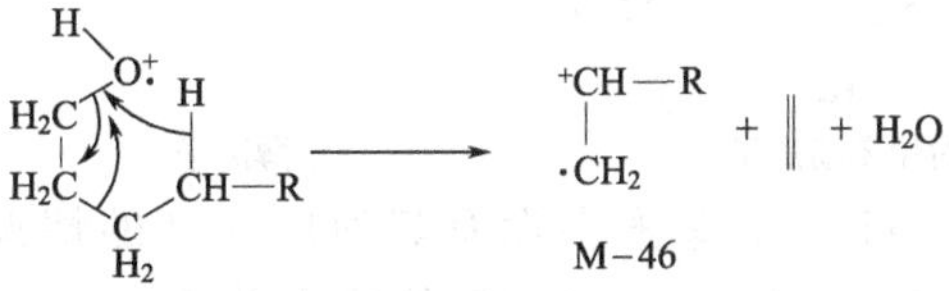

若 R 较大时，M-46 的链烯还会进一步脱 $CH_2=CH_2$ 产生（$M-18-n\times28$）的峰。如在辛醇（M=130）的质谱中产生 $m/z=84$（M$-18-28$）和 $m/z=56$（M$-18-2\times28$）的峰就是此原理。

若 β 碳有甲基取代，则失去丙烯形成 M-60 峰。仲醇及叔醇一般不发生这种裂解。

④ 羟基的 $C_\alpha—C_\beta$ 键容易断裂，形成极强的 $m/z=31$ 峰（CH_2O^+H，伯醇）、$m/z=45$、$45+14n$ 峰（$MeCHO^+H$，仲醇）或 $m/z=59$、$59+14n$ 峰（Me_2CO^+H，叔醇），这些峰对于鉴定醇类极重要。因为醇的质谱由于脱水而与相应烯烃的质谱相似，而这些峰的存在则往往可判断样品是醇而不是烯。

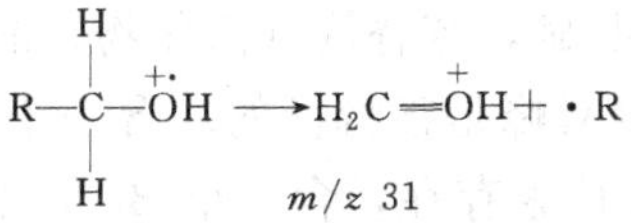

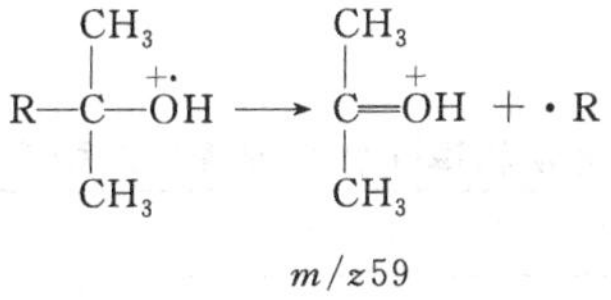

⑤ 在醇的质谱中往往可观察到 $m/z=19$（H_3O^+）和 $m/z=33$（$CH_3O^+H_2$）的强峰。实际上 $m/z=19$ 解释图谱时无重要意义，因为 H_2O（$m/z=18$）也可能来自样品导入系统中的解吸水或者是作为杂质存在于样品中。

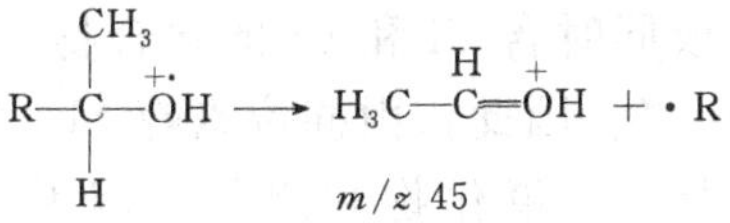

⑥ 丙烯醇型不饱和醇的质谱有 M-1 强峰，这是由于发生形成共轭离子的裂解：

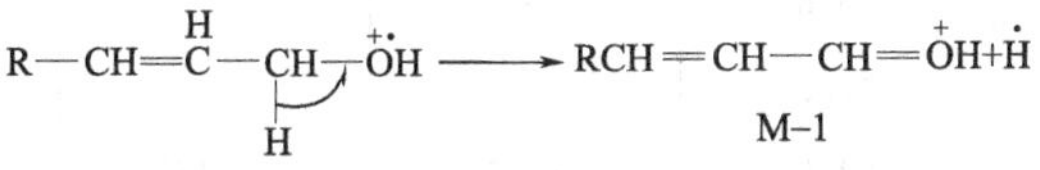

而因能量分配不利，氧原子的 β 键的断裂较少发生：

⑦ 环己醇类的裂解将包括氢原子转移，较复杂：

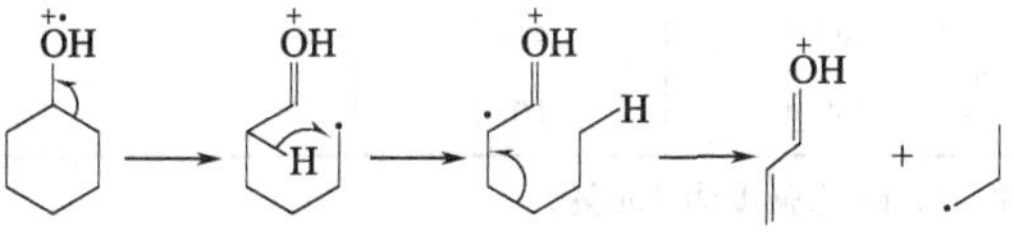

5.5.5 酚和芳香醇

① 酚和芳香醇的 M 峰很强。酚的 M 峰往往是它的基准峰。

② 苯酚的 M-1 峰不强，而甲基苯酚和苄醇的 M-1 峰很强，因为产生稳定的䥥离子：

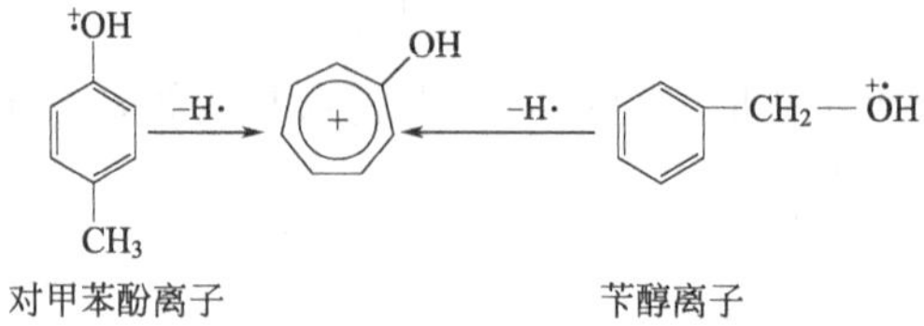

③ 自苯酚可失去 CO、HCO。苯酚在没有其他取代基的情况下，可发生氢重排断裂，然后经 α 断裂、i 断裂形成 M-CO、M-HCO 的碎片离子：

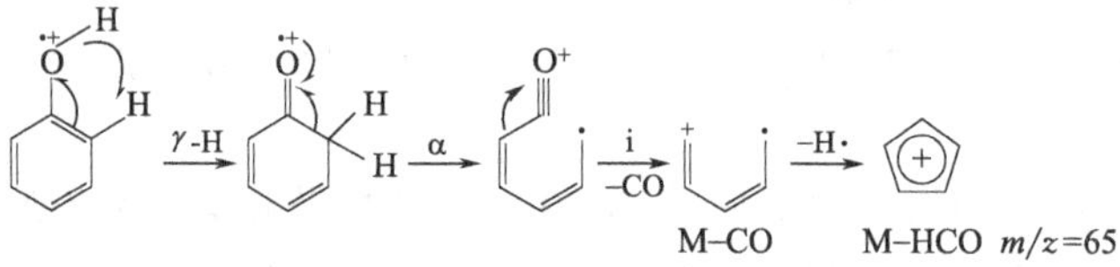

苯胺也有类似的断裂反应，它将脱 HCN 得到 $m/z=65$ 的离子。

5.5.6 卤化物

卤化物的质谱有下列特征：

① 脂肪族卤化物 M 峰不明显，芳香族（卤化物）的明显。

② 氯化物和溴化物的同位素峰是很特征的。含一个 Cl 的化合物有强的 M+2 峰，其强度相当于 M 峰的 1/3。由于同位素存在，含一个 Br 化合物有与 M 峰强度近似相等的 M+2 峰。含有多个 Cl 或多个 Br 或同时含 Cl 和 Br 的化合物，质谱中出现明显的 M+2、M+4 峰，还有可能有 M+6、······峰。因此，由同位素峰 M+2、M+4、M+6 等可估计试样中卤素原子的数目，如表 5-4 所示。氟化物和碘化物因无天然重同位素而没有相应的同位素峰。

表 5-4　氯化物和溴化物同位素相对强度与卤素原子数目[1]

卤素原子	M+2/%	M+4/%	M+6/%	M+8/%	M+10/%	M+12/%
Br	97.7	—	—	—	—	—
Br$_2$	195.0	95.5	—	—	—	—
Br$_3$	293.0	286.0	93.4	—	—	—
Cl	32.6	—	—	—	—	—
Cl$_2$	65.3	10.6	—	—	—	—
Cl$_3$	99.8	31.9	—	—	—	—
Cl$_4$	131.0	63.9	14.0	1.15	—	—
Cl$_5$	163.0	106.0	34.7	5.66	0.37	—
Cl$_6$	196.0	161.0	69.4	17.0	2.23	0.11
BrCl	130.0	31.9	—	—	—	—
Br$_2$Cl	228.0	159.0	31.2	—	—	—
Cl$_2$Br	163.0	74.4	10.4	—	—	—

① 相对强度是指与 M 峰相比，以 M 峰强度为 100%。

③ 卤化物质谱中通常有明显的 X、M−X、M−HX、M−H$_2$X 峰和 M−R 峰。例如

$$R \overset{+\cdot}{\frown} X \xrightarrow{\text{异裂}} R^{+} + \dot{X} \qquad R \overset{+\cdot}{\frown} X \xrightarrow{\text{均裂}} R\cdot + \overset{+}{X}$$
$$M\quad M{-}X \qquad\qquad M\quad M{-}R$$

$$R{-}\overset{\displaystyle H}{\underset{\displaystyle M}{C}}{-}CH_2{-}\overset{+\cdot}{X} \longrightarrow R\dot{C}H{-}\overset{+}{C}H_2 + HX \quad (\text{当 X}{=}\text{F 或 Cl，强峰})$$
$$\phantom{R{-}CH}M{-}HX$$

$$R \overset{\frown}{C}H_2 \overset{+}{\underset{}{X}} \longrightarrow H_2C{=}\overset{+}{X} + \dot{R} \quad (\alpha\text{-碳上体积大的 R 先失去})$$
$$M M{-}R$$

芳香卤化物中，当 X 与苯环直接相连时，M−X 峰显著。多氟烷烃质谱中，$m/z = 69$（CF_3^+）是基准峰，$m/z = 131$（$C_3F_5^+$）和 $m/z = 181$（$C_4F_7^+$）峰也明显。

5.5.7 醚

醚的分子离子裂解方式与醇相似。

① 脂肪醚的 M 峰很弱，但可观察出来，芳香醚的 M 峰较强。若增大样品用量或增大操作压力，可使 M 及 M＋1 峰增强。

② 脂肪醚主要按下列三种方式裂解：

a. α 断裂（C$_\alpha$−C$_\beta$ 键断裂）。正电荷留在氧原子上，取代基团大的优先丢失。

例如

$$CH_3CH_2 \overset{\frown}{\smile} CH_2 {-} \overset{+\cdot}{O}CH_2CH_3 \longrightarrow CH_2{=}\overset{+}{O}{-}CH_2CH_3 + \dot{C}H_2CH_3$$
$$m/z{=}59, 51\%$$

$$CH_3CH_2{-}CH_2{-}\overset{+\cdot}{O}CH_2CH_3 \longrightarrow CH_3CH_2{-}CH_2{-}\overset{+}{O}{=}CH_2 + \dot{C}H_3$$
$$m/z{=}73, 4\%$$

这样的裂解通常导致形成 $m/z = 45$、59、73 等相当强的峰。这样的离子还可以进一步裂解：

$$H_2\overset{\frown}{C}H_2C{-}\overset{+}{O}{=}CH_2 \longrightarrow H_2C{=}CH_2 + H_2C{=}\overset{+}{O}H$$
$$m/z{=}31$$

b. i 断裂（O−C$_\alpha$ 键断裂）。这种裂解在醇中一般难以发生。因为醚发生这种裂解后所形成的烷氧基裂片·OR 较·OH 稳定，故较易发生：

$$R{-}\overset{+}{O}{-}R' \xrightarrow{\text{异裂}} \dot{R}O + \overset{+}{R'} \text{或} \overset{\cdot}{O}R' + R^{+}$$

这样的裂解通常导致形成 $m/z = 29$、43、57、71 等峰。

c. 重排裂解

$$R{-}\overset{|}{\underset{|}{C}}{-}\overset{+\cdot}{O} \overset{\displaystyle H_2C}{\underset{\displaystyle H}{\frown}} CHR' \longrightarrow R{-}\overset{|}{\underset{|}{C}}{-}OH + \overset{\dot{C}H_2}{\underset{+CHR'}{}}$$

这样的裂解通常导致形成比不重排的 i 断裂碎片少一个单位的峰，如 $m/z=28$、42、56、70 等峰。

③ 芳香醚经常发生 $O—C_\alpha$ 键断裂的裂解。例如

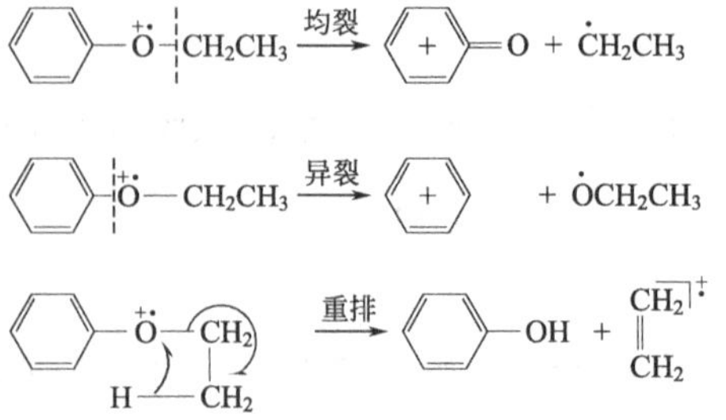

④ 缩醛是一类特殊的醚。中心碳原子的四个键都可裂解，概率相差无几：

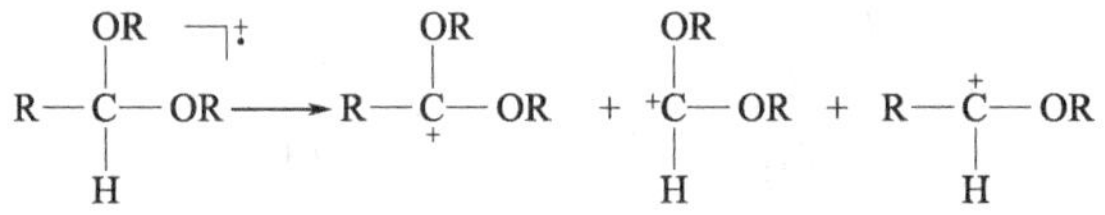

⑤ 环醚裂解脱去中性碎片醛：

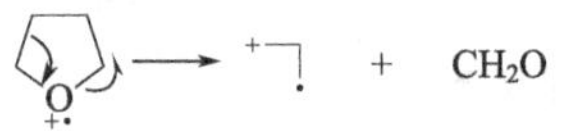

5.5.8 醛、酮

① 羰基化合物氧原子上的未配对电子很容易被轰去一个电子，所以醛和酮的 M 峰都比较明显，脂肪族醛和酮的 M 峰不及芳香族的强。

② 脂肪族醛酮中，主要碎片峰是由麦氏重排裂解产生的离子，例如

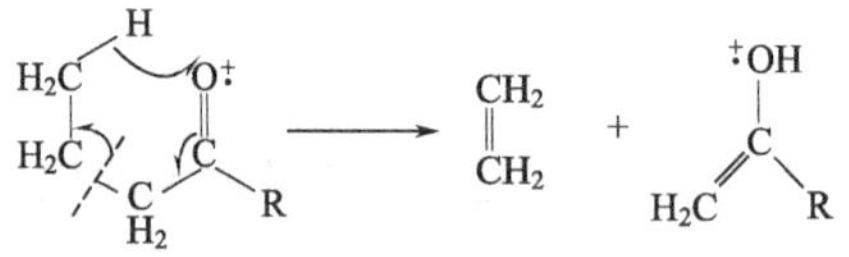

醛类裂解时，正电荷可能留在不含氧的碎片上，则形成 M-44 的强峰。

酮类发生麦氏重排裂解后，若 $R \geq C_3$，则可再发生第二次重排裂解，形成更小的碎片离子。例如：

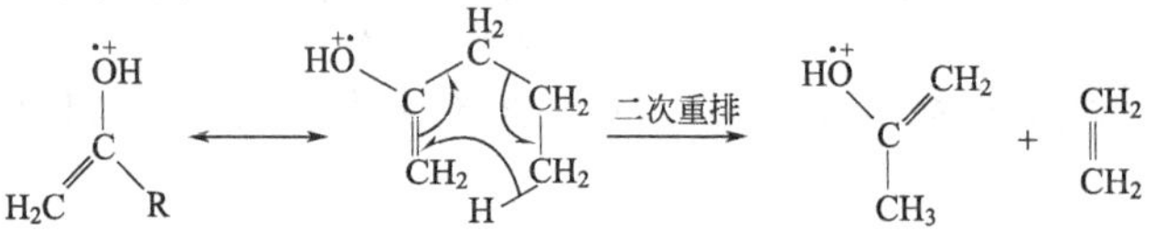

③ 醛、酮在羰基碳发生 α 断裂和 i 断裂。如醛类的羰基碳上的裂解：

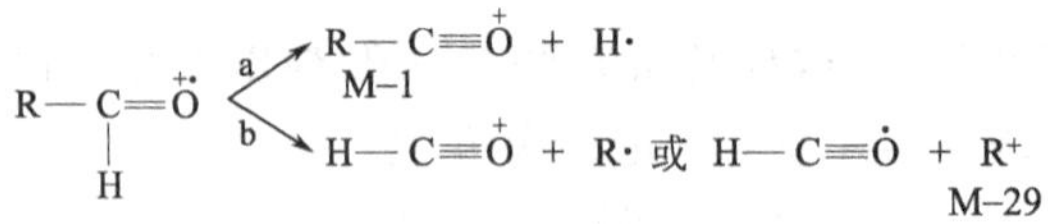

脂肪醛的 M-1 峰强度一般与 M 峰近似，而 $m/z=29$ 峰往往很强；芳香醛则易产生 R^+（M-29），因正电荷与苯环共轭而致稳的缘故。酮类发生类似裂解，脱去的离子碎片是较大的烃基：

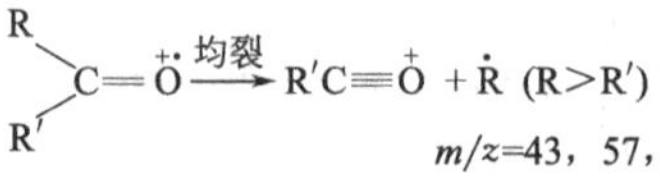

也可能发生异裂导致形成烃基离子：

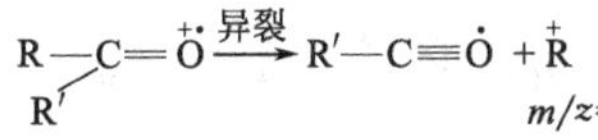

$$R—\overset{+}{\underset{R'}{C}}=\overset{\cdot\cdot}{O} \xrightarrow{\text{异裂}} R'—C\equiv\overset{+}{O} + \overset{+}{R}$$

$$m/z=15，29，43，57$$

芳香酮在羰基碳发生 i 断裂，最终导致产生苯基离子，例如：

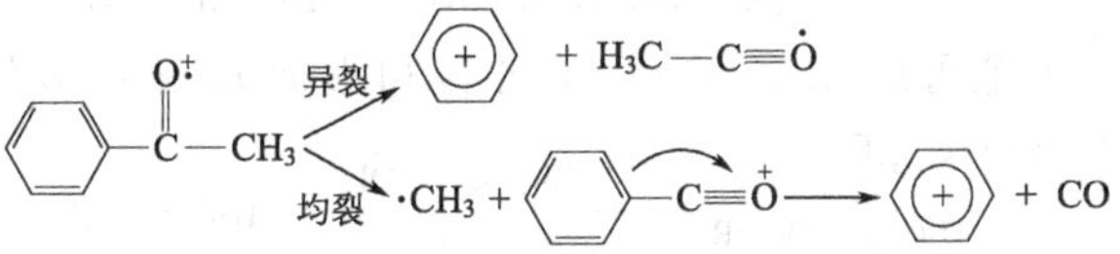

$$m/z=105(\text{基峰})$$

④ 其他有利于鉴定醛的碎片离子峰是 M−18（M−H$_2$O）和 M−28（M−CO）。

⑤ 环状酮可能发生较为复杂的裂解（但仍以酮基 α 断裂开始）：

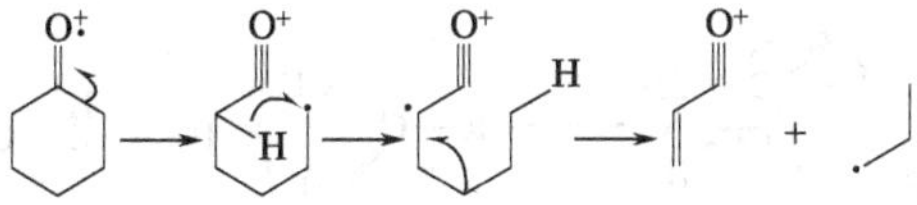

芳香稠环酮：

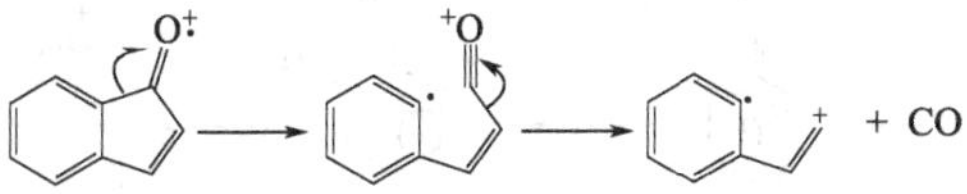

5.5.9 羧酸

① 脂肪羧酸的 M 峰一般可看到。它们最特征的峰是 $m/z=60$ 峰，由麦氏重排产生：

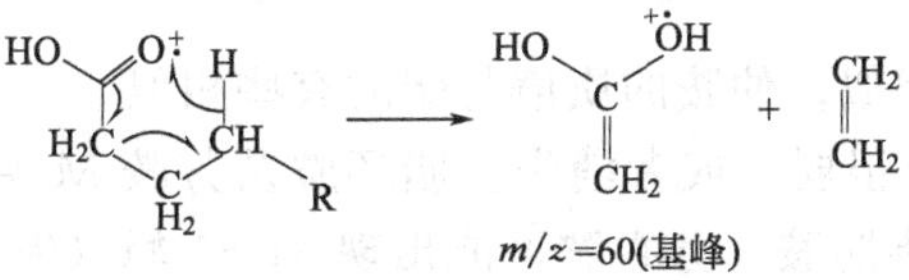

$$m/z=60(\text{基峰})$$

$m/z=45$（α 断裂，失去 R·，形成 $^+$COOH）的峰通常也很明显。低级脂肪酸常有 M−17（失去 OH）、M−18（失去 H$_2$O）和 M−45（失去 COOH）峰等。

② 芳香羧酸的 M 峰相当强，其他明显峰有 M−17、M−45 峰。由重排裂解产生的 M−44 峰也往往出现。邻位取代的芳香羧酸可能发生重排失水形成 M−18 峰。例如：

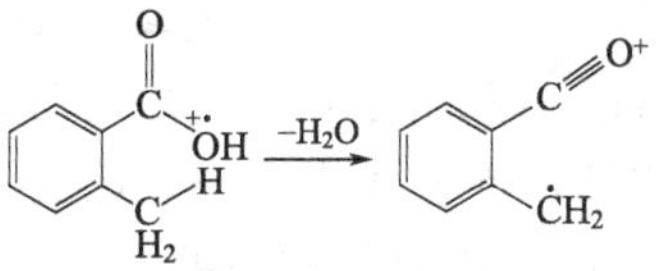

$$m/z=136 \qquad m/z=118(\text{M}-18)$$

5.5.10 羧酸酯

① 直链一元羧酸酯的 M 峰通常可观察到，且随分子量的增高（C 数＞6）而增大。芳香羧酸酯的 M 峰较明显。

② 羧酸酯的强峰（有时为基准峰），通常来源于下列两种类型的羰基碳上的 α 断裂或 i 断裂：

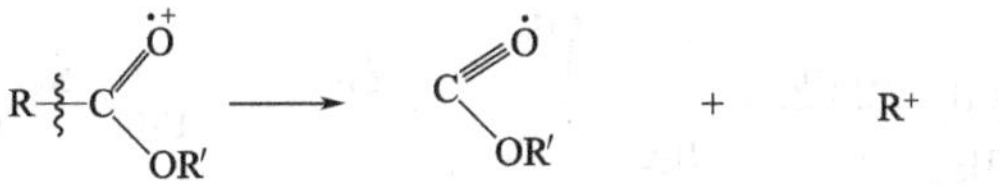

$$m/z=45, 59, 73, 87\text{等} \qquad m/z=15, 29, 43, 57\text{等}$$
$$(\text{M}-15, \text{M}-29, \text{M}-43\text{等}) \qquad (\text{M}-45, \text{M}-59\text{等})$$

或

$$R—C{\ddot{\overset{+}{O}}}{\overset{\cdot}{\underset{OR'}{}}} \longrightarrow R—C{\equiv}{\overset{\cdot}{O}} + {\overset{+}{O}R'}$$

m/z=43, 57, 71等　　*m/z*=17, 31, 45, 59等
(M–17, M–31, M–45等)　　(M–43, M–47等)

③ 由于麦氏重排，甲酯可形成 *m/z*=74，乙酯可形成 *m/z*=88 的基准峰。例如：

$$\begin{array}{c} H_3CO—C{\overset{\overset{+}{O}\cdots H}{}} \\ H_2C \quad CH—R \\ H_2 \end{array} \longrightarrow \begin{array}{c} H_3CO—C{\overset{\overset{+}{O}H}{}} \\ CH_2 \end{array} + H_2C{=}CHR$$

m/z=74

若 α 碳上有羟基取代，则将形成 *m/z*=74、88、102、116 等同系列峰。

羧酸酯也可能发生双氢重排裂解，产生质子化的羧酸离子碎片峰：

$$\begin{array}{c} O{\overset{+}{H}}{\cdots}CH—CH_2 \\ R—C \qquad\quad \\ O{\cdots}CH_2 \end{array} \longrightarrow R—C{\overset{\overset{OH}{}}{\underset{OH}{}}} + H_2{\overset{\cdot}{C}}—C{=}CH_2$$

④ 二元羧酸及其甲酯形成强的 M 峰，其强度随两个羧基接近程度增大而减弱。二元羧酸酯出现由于羰基碳裂解失去两个羧基的 M−90 峰。

5.5.11　胺

伯胺的质谱与醇有些相似；仲胺的质谱与醚的有些相似。

① 脂肪开链胺的 M 峰很弱，或者消失。脂环胺及芳胺 M 峰较明显。含奇数 N 的胺其 M 峰质量数为奇数，低级脂肪胺、芳香胺可能出现 M−1 峰（失去 ·H）。

② 正如醇一样，胺的最重要的峰是 α 断裂（$C_α$—$C_β$ 断裂）得到的峰。在大多数情况下，这种裂解离子往往是基准峰：

$$R—{\overset{\overset{|}{C}}{\underset{|}{}}}—{\overset{+}{\overset{\cdot}{N}}}{\overset{|}{}} \longrightarrow R^{\cdot} + {\overset{|}{C}}{=}{\overset{+}{N}}{\overset{|}{}}$$

m/z=30、44、58、72、68 等

α 碳无取代的伯胺 R—CH_2NH_2，可形成 *m/z*=30（$CH_2{=}N^+H_2$）的强峰。这一峰可作为分子中有伯氨基存在的有用佐证，不能作为确证，因为有时候仲胺及叔胺由于二次裂解和氢原子重排也能形成 *m/z*=30 的峰，不过较弱一些：

$$R{\overset{\curvearrowright}{—}}{\overset{+}{CH_2}}{\overset{\cdot}{N}}H—{\overset{H_2}{C}}—CH_3 \longrightarrow R^{\cdot} + CH_2{=}{\overset{+}{N}}H—CH_2—CH_2{\overset{H}{\curvearrowleft}}$$

$$\downarrow$$

$$H_2C{=}{\overset{+}{N}}H_2 + H_2C{=}CH_2$$

m/z=30

③ 脂肪胺和芳香胺可能发生 N 原子的双侧 α 断裂：

$$\begin{array}{c} CH_3 \\ H_2C{\overset{\overset{+}{N}}{}}CH_2 \\ H_2C—CH_2 \end{array} \xrightarrow{-C_2H_4} \begin{array}{c} CH_3 \\ H_2{\overset{\cdot}{C}}{\overset{+}{N}}CH_2 \end{array} \xrightarrow{-{\overset{\cdot}{C}}H_3} H_2C{=}{\overset{+}{N}}{=}CH_2$$

自苯胺可以失去 HCN 和 H_2CN，正如自苯酚失去 CO 和 CHO 一样：

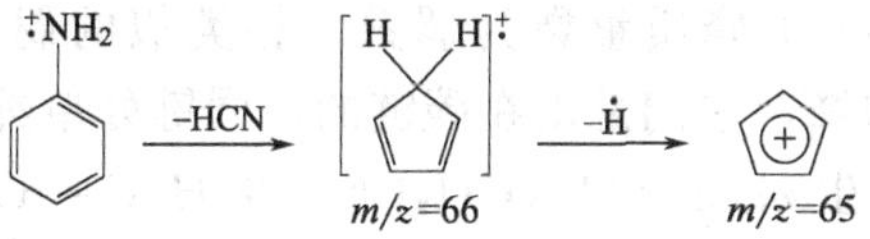

有烃基侧链的苯胺有可能自侧键 α 断裂形成氨基鎓离子，$m/z=106$。

④ 胺类极为特征的峰是 $m/z=18$（$^+NH_4$）的峰。醇类也有 $m/z=18$（H_2O^+）的峰，但两者不难区别。在胺类中质量数 18 与 17（$^+NH_3$）峰的比值远大于醇类的比值。

⑤ 与含氧化合物如醇、醛等相似，胺类会产生质荷比为 31、45、59 等重排峰。

⑥ α-氨基酸乙酯主要发生丢失 COOEt 的裂解（下式中 a 型裂解），也可发生下列所示的 b 型裂解形成中等强度的 $m/z=102$ 峰：

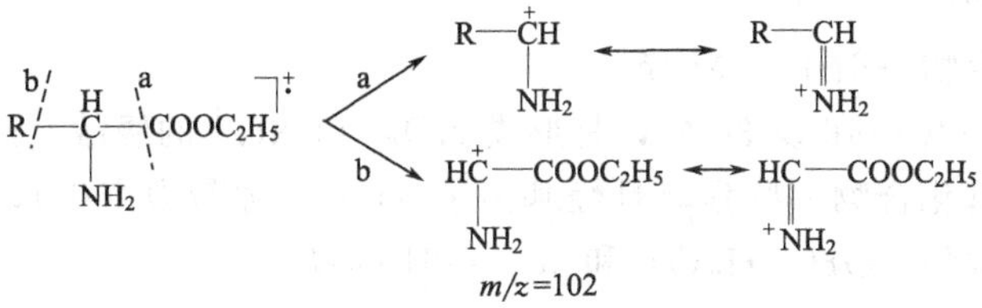

5.5.12　酰胺

酰胺的质谱行为与羧酸相似。

① 酰胺的 M 峰（含一个 N 原子的为奇数质量）一般可观察到。

② 正如羧酸一样，酰胺的最重要碎片离子峰（往往是基准峰）是羰基碳 α 断裂产物。

③ 凡含有 γ-H 的酰胺通常发生麦氏重排，得到 $m/z=59+14n$ 的峰。

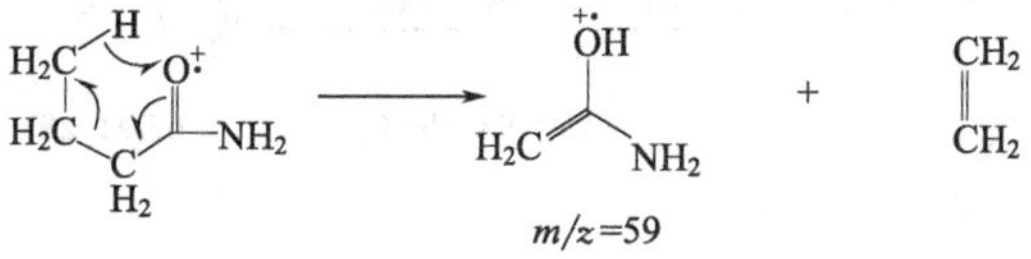

④ 长链脂肪伯酰胺也能在羰基的 C_β—C_γ 间发生裂解，产生较强的 $m/z=72$（无重排）或 $m/z=73$（有重排）的峰。

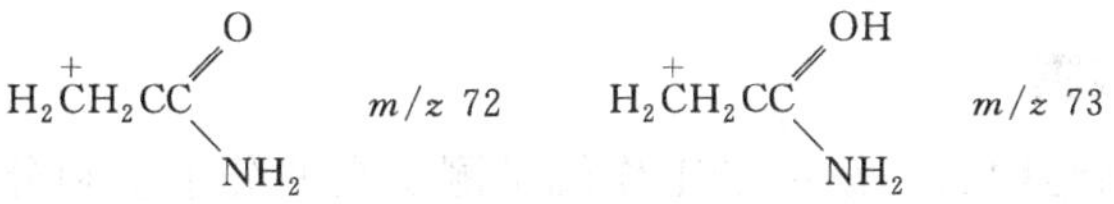

⑤ 4 个碳以上的伯酰胺也产生 $m/z=44$ 的强峰，其来源于羰基的 α 断裂或 N 的 C_α—C_β 断裂，这与胺的裂解类似：

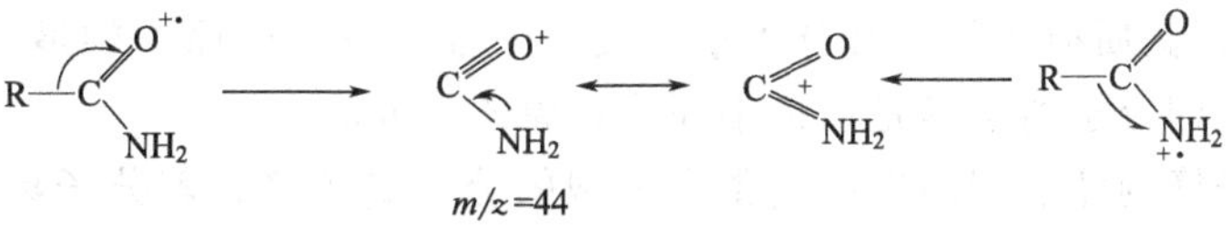

5.5.13　腈

① 高级脂肪腈 M 峰看不见。增大样品量或增大离子化室压力可增强 M 峰，M+1 峰也可看到。

② 腈的质谱中 M−1 峰明显，有利于鉴定此类化合物，脱氢碎片离子由于下列共轭效应而致稳：

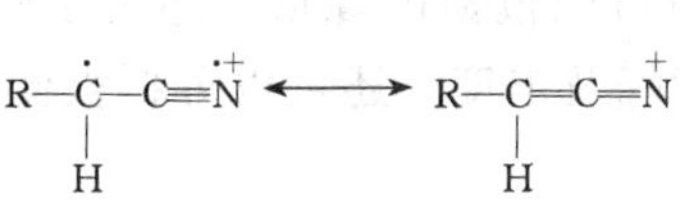

含 1 个 N 原子的腈，M－1 峰质量数为偶数。相类似的偶数质量峰出现在 $m/z = 40$、54、68、82 等一系列同系物峰，它们是由在碳链的不同键处单纯断裂而形成。

③ $C_4 \sim C_{10}$ 的直链腈产生 $m/z = 41$（CH_3CN^+ 或 $H_2C = C = N^+H$）的基准峰，是因为发生了麦氏重排裂解：

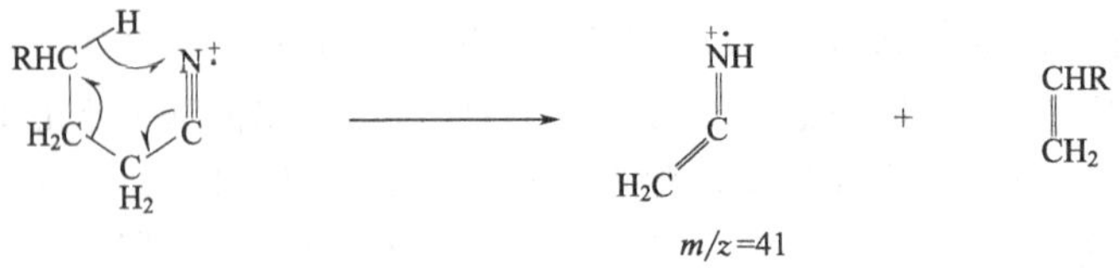

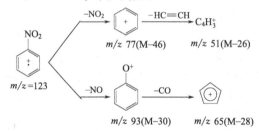

5.5.14 硝基化合物

① 脂肪硝基化合物一般不显 M 峰。

② 强峰出现在 $m/z = 46$ 及 30 处，是形成 NO_2^+ 和 NO^+ 的缘故。

③ 高级脂肪硝基化合物一些强峰是烃基离子（C—C 键断裂产生），另外还有 γ-H 的重排引起的 M－OH、M－$(OH + H_2O)$ 和 $m/z = 61$ 的峰。

④ 芳香硝基化合物显出强的 M 峰（含奇数个 N，M 为奇数质量），此外有 $m/z = 30$（NO^+）及 M－30、M－46、M－28 等峰。例如：

5.6 有机质谱解析

5.6.1 质谱图解析步骤

（1）当测定有机物结构时，第一步工作就是测定它的分子量和分子式。用质谱法研究过的有机化合物中，几乎有 75% 可以由谱图上直接读出其分子量。这些化合物所产生的分子离子足够稳定，能正常到达收集器。分子离子峰在其质谱图中最大质量数的一端（不一定是最大质量数的峰），其质荷比即为其分子量。质谱中分子量是由原子的最丰同位素的质量数相加计算得到的，即分子离子峰是由最丰同位素原子组成的。

根据分子离子峰的特点判断出质谱图中出现的分子离子峰，若分子离子峰太弱或消失，可以采取一些措施增强分子离子峰的强度而检出它。确定了分子离子峰即可确定分子量。

除了分子量之外，分子离子提供的信息还包括：

① 是否含奇数氮原子。有机物分子中，含奇数个 N 原子的化合物分子量为奇数。所以，当分子离子的质量为奇数时，则可断定分子中含有奇数个 N 原子。

② 含杂原子的情况。氯、溴元素的同位素丰度较强。含氯、溴的分子离子峰有明显的特征，在质谱图上容易辨认。通过同位素的峰形，还可了解这两种元素在分子中的原子数目。根据谱图分子离子的同位素峰及丰度，还可以分析被测样品是否存在其他元素，如 Si、S、P 等。

③ 对于化学结构不是很复杂的普通有机物，根据其分子离子的质量和可能的元素组成，可以计算分子的不饱和度（Ω）及推测分子式。

（2）根据分子离子峰和附近的碎片离子峰的 m/z 差值推测被测分子的类别：根据质谱图中分子离子峰和附近的碎片离子峰的 m/z 差值，可推测分子离子失去的中性碎片及被测分子离子的结构类型。本章后附表 A 和附表 B 中列出了一些在质谱中从分子离子丢失的常见中性碎片与可能的化合物类型，可供识图时参考。

一旦确定了分子离子峰以后就不难推算所丢失的中性碎片的质量。将计算结果与附表进行对比，确定它为哪种碎片。不过在使用数据表时，要记住裂解时会发生重排，否则，将导致错误结论。

（3）根据碎片离子的质量及所符合的化学通式，推测离子可能对应的特征结构片段或官能团。附表 A 列出了有机化合物质谱中常见的碎片离子（并不完全）。这个表为判断质谱中主要峰提供了初步线索。若有必要，可进一步查阅有关专著。同时可根据前面所讨论的各类化合物的质谱特征和裂解规律来分析这些主要离子峰的归属。附表 B 列出了有机化合物质谱中一些特征离子、对应的化学通式及可能的官能团。

（4）结合分子量、不饱和度和碎片离子结构及官能团等信息，合并可能的结构单元，搭建完整的分子结构。在前几步对谱图分析的基础上，将可能的结构单元全部列出，再根据不饱和度、元素分析并结合其他波谱分析等方法，肯定合理的和排除不合理的结构。例如，$m/z=29$ 的离子峰可能对应 CHO^+ 或 $C_2H_5^+$，若样品的 IR 谱不显示碳氧双键的特征吸收峰，则可肯定 $m/z=29$ 的离子峰源于 $C_2H_5^+$。又例如，$m/z=45$ 的离子峰可能对应 $COOH^+$ 或 $C_2H_5O^+$，若样品的 ^1H NMR 谱无羧酸质子峰，IR 谱也无羧酸特征吸收峰，则可肯定 $m/z=45$ 的离子峰源于 $C_2H_5O^+$。此外，计算不饱和度，亦可帮助做出正确的判断。

（5）用 MS-MS 找出母离子和子离子，或用亚稳扫描技术找出亚稳离子，把这些离子的质荷比读到小数点后一位。根据 $m^*=m_2^2/m_1$，找出 m_1 和 m_2 两种碎片离子，由此判断裂解过程，有助于了解官能团和碳骨架。

（6）配合元素分析、UV、IR、NMR 和样品理化性质提出样品分子的结构式。检查推测得到的分子是否能按质谱裂解规律产生主要的碎片离子。如果谱图中重要的碎片离子不能由所推测的分子按合理的裂解反应过程产生，则需要重新考虑所推测的化合物的分子结构。若没有矛盾，就可确定可能的结构式。

（7）已知化合物可用计算机检索出质谱图数据库中该物质的标准图谱对照来确定结构是否正确。对新化合物的结构，最终结论就要用合成此化合物并做波谱分析的方法来确证。

5.6.2　质谱图谱解析示例

【**例 5-1**】　一个含 C、H、O 的有机化合物，它的红外光谱显示在 $3100cm^{-1}$ 和 $3700cm^{-1}$ 之间无吸收。它的质谱如图 5-16 所示，（M+1）/M=9.0%。在 33.8 和 56.5 有两个亚稳离子。试求结构式。

　　解　（1）由质谱图看出有相当强的 M 峰，M=136。结合 $m/z=51$、77 可推测化合物为芳香化合物。

（2）由题可知：（M+1）/M=9.0%。碳原子可能为 7~9 个，加上含氧，可能化合物有下列三个：

① $C_9H_{12}O$　　　② $C_8H_8O_2$　　　③ $C_7H_4O_3$

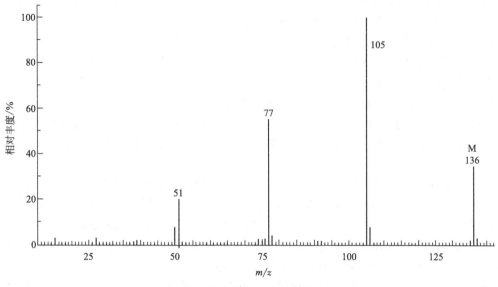

图 5-16 【例 5-1】质谱图

（3）计算不饱和度：

① $U=4$ ② $U=5$ ③ $U=6$

进一步说明了化合物含苯环。

（4）由两种亚稳离子 33.8 和 56.5 的存在，证实可能的裂解是 $m/z=105 \rightarrow 77$，$77 \rightarrow 51$：

$$77^2/105=56.47 \qquad 51^2/77=33.8$$

（5）基准峰 $m/z=105$ 推测为苯甲酰离子 $C_6H_5CO^+$。77 是苯环 $C_6H_5^+$ 离子峰，由此可知裂解过程为

$$C_6H_5CO^+ \xrightarrow{\quad -CO \quad} C_6H_5^+ \xrightarrow{\quad -C_2H_2 \quad} C_4H_3^+$$
$$m/z=105 \qquad\quad m/z=77 \qquad\quad m/z=51$$

（6）分子中含苯甲酰基，则其 U 应为 5，因此 $C_9H_{12}O$ 式为不可能（U 不合适）；此外 $C_7H_4O_3$ 也可排除，因 H 太少。剩下的只有 $C_8H_8O_2$ 符合。

（7）因 $C_8H_8O_2$ 减去 C_6H_5CO，剩下的基团为 OCH_3 或 CH_2OH，因此可能的结构有两种：

$$C_6H_5COOCH_3 , \quad C_6H_5COCH_2OH$$
$$A \qquad\qquad\qquad B$$

（8）根据红外光谱数据，B 为不可能，因其含 OH 基团，在 $3400 cm^{-1}$ 会有羟基吸收，最后确定样品的结构式为：$C_6H_5COOCH_3$。

【例 5-2】 某未知化合物的谱图如图 5-17 所示，试推断其结构。

解 该化合物分子量 M＝100。M＝100（丰度 20%），M＋1＝101 的丰度为 1.34%，M＋2＝102 的丰度为 0.08%。折算后（分子离子峰强度按 100% 计）M＝100（丰度 100%），M＋1＝101 的丰度为 6.7%，M＋2＝102 的丰度为 0.40%，查 Beynon 表可知其中同位素丰度比与含有所给数据相符的分子式为 $C_6H_{12}O$。

（1）该化合物的分子式为 $C_6H_{12}O$，$U=1+6+(1/2)(0-12)=1$，由不饱和度判断该化合物可能含有一个羰基。

（2）碎片离子 $m/z=85$ 为 M－15 离子峰，说明有甲基；碎片离子 $m/z=57$ 可能为 $C_4H_9^+$；$m/z=43$ 可能为 $CH_3C\equiv O^+$，所以化合物可能含有甲基酮结构。

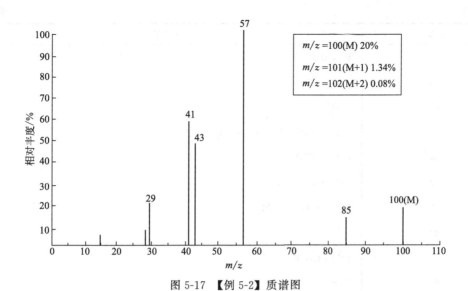

图 5-17 【例 5-2】质谱图

（3）可能的结构如下：

$H_3C-\overset{\overset{\displaystyle O}{\|}}{C}-\overset{H_2}{C}-\overset{H_2}{C}-\overset{H_2}{C}-CH_3$ （a）

$H_3C-\overset{\overset{\displaystyle O}{\|}}{C}-\overset{H}{\underset{CH_3}{C}}-\overset{H_2}{C}-CH_3$ （b）

$H_3C-\overset{\overset{\displaystyle O}{\|}}{C}-\overset{H_2}{C}-\overset{CH_3}{\underset{H}{C}}-CH_3$ （c）

$H_3C-\overset{\overset{\displaystyle O}{\|}}{C}-\overset{CH_3}{\underset{CH_3}{C}}-CH_3$ （d）

（4）进一步考察，谱图中没有出现偶数质量的重排峰，结构（a）、（b）和（c）均可发生麦氏重排反应，产生偶数质量的重排峰；故（d）是正确的结构式。

（5）断裂反应如下：

附表 A　常见的碎片离子

m/z	相关基团
14	CH_2^+
15	CH_3^+
16	O^+
17	OH^+
18	H_2O^+，NH_4^+

m/z	相关基团
19	F^+，H_3O^+
26	$C_2H_2^+$，CN^+
27	$C_2H_3^+$
28	$C_2H_4^+$，CO^+，N_2^+，$CH{=}NH^+$
29	$C_2H_5^+$，CHO^+
30	$CH_2{=}NH_2^+$，NO^+
31	$CH_2{=}OH^+$，OCH_3^+
32	O_2^+
33	SH^+，CH_2F^+
34	H_2S^+
35	Cl^+
36/38(3∶1)	HCl^+
39	$C_3H_3^+$
40	$C_3H_4^+$，$CH_2C{=}N^+$，Ar^+
41	$C_3H_5^+$，$CH_2C{=}N^+H$，$C_2H_2NH^+$
42	$C_3H_6^+$，$C_2H_2O^+$
43	$C_3H_7^+$，CH_3CO^+，$C_2H_5N^+$
44	$C_2H_6N^+$，CO_2^+，$C_3H_8^+$，$CH_2{=}CH(OH)^+$，$C{=}O{=}NH_2^+$
45	$CH_3CH{=}OH^+$，$CH_2{=}O^+CH_3$，$CH_2CH_2OH^+$，$COOH^+$
46	NO_2^+
47	CH_2SH^+，CH_3S^+
48	CH_3S^+H
49/51(3∶1)	CH_2Cl^+
50	$C_4H_2^+$
51	$C_4H_3^+$，CHF_2^+
53	$C_4H_5^+$
54	$CH_2CH_2CN^+$
55	$C_4H_7^+$，$CH_2{=}CHC{=}O^+$
56	$C_4H_8^+$
57	$C_4H_9^+$，$C_2H_5C{=}O^+$
58	$CH_2{=}C(OH)CH_3^+$，$C_3H_8N^+$，$C_2H_2S^+$

m/z	相关基团
59	$COOCH_3^+$, $CH_2=C(OH)NH_2^+$, $C_2H_5CH=OH^+$, $CH_2=O^+C_2H_5$ 及其异构体
60	$CH_2=C(OH)OH^+$, CH_2ONO^+
61	$CH_3CO(OH_2)^+$, $CH_2CH_2SH^+$, $CH_2S^+CH_3$
65	
66	$H_2S_2^+$
67	$C_5H_7^+$
68	$CH_2CH_2CH_2CN^+$
69	$C_5H_9^+$, CF_3^+, $C_3H_5CO^+$,
70	$C_5H_{10}^+$, CH_5CO^+H
71	$C_5H_{11}^+$, $C_3H_7CO^+$
72	$CH_2=C(OH)C_2H_5^+$, $C_3H_7CH=NH_2^+$ 及其异构体
73	$C_4H_9O^+$, $COOC_2H_5^+$, $(CH_3)_3Si^+$
74	$CH_2=C(OH)OCH_3^+$
75	$C_2H_5CO(OH_2)^+$, $(CH_3)_2Si=OH^+$, $CH_2SC_2H_5^+$, $(CH_3)_2CSH^+$
76	$C_6H_4^+$
77	$C_6H_5^+$
78	$C_6H_6^+$
79	$C_6H_7^+$
79/81(1∶1)	Br^+
80/82(1∶1)	HBr^+
80	$C_5H_6N^+$, CH_3SSH^+
81	$C_5H_5O^+$, $C_6H_9^+$
82	$(CH_2)_4CN^+$, CCl_2^+, $C_6H_{10}^+$
83	$C_6H_{11}^+$, $CHCl_2^+$, $C_5H_5S^+$
83/85/87(9∶6∶1)	$HCCl_2^+$
85	$C_6H_{13}^+$, $C_4H_9C=O^+$, $CClF_2^+$,
86	$CH_2=C(OH)C_3H_7^+$, $C_4H_9CH=NH_2^+$ 及其异构体
87	$COOC_3H_7^+$, $CH_2=CHC(=OH^+)OCH_3$
88	$CH_3COOC_2H_5^+$
90	$CH_3CHONO_2^+$

m/z	相关基团
91	$C_7H_7^+$，$(CH_2)_4Cl^+$
92	$C_7H_8^+$，$C_6H_6N^+$
91/93(3:1)	
93/95(1:1)	CH_2Br^+
94	$C_6H_6O^+$，
95	$C_6H_7O^+$，
96	$(CH_2)_5CN^+$
97	$C_7H_{13}^+$，$C_5H_5S^+$
99	$C_7H_{15}^+$，
100	$C_5H_{11}CHNH_2^+$
101	$COOC_4H_9^+$
103	$C_5H_{11}S^+$，$CH(OCH_2CH_3)_2^+$
104	$C_2H_5CHONO_2^+$
105	$C_8H_9^+$，$C_6H_5CO^+$
106	$C_7H_8N^+$
107	$C_7H_7O^+$
107/109(1:1)	$C_2H_4Br^+$
111	
119	$CF_3CF_2^+$，$C_9H_{11}^+$
121	$C_8H_9O^+$
122	$C_6H_5COOH^+$
123	$C_6H_5COOH_2^+$
127	I^+
128	HI^+
130	$C_9H_8N^+$
135/137(1:1)	$(CH_2)_4Br^+$
141	CH_2I^+

续表

m/z	相关基团
147	$(CH_3)_2Si{=}O^+{-}Si(CH_3)_3$
149	
160	$C_{10}H_{10}NO^+$
190	$C_{11}H_{12}NO_2^+$

附表 B　常见丢失的碎片

碎片离子	丢失的碎片	可能的来源
M—1	H	醛、某些醚及胺类
M—2	H_2	高级酯、碳酸酯、醇
M—14		同系物
M—15	CH_3	高度分支的碳链,在分支处甲基裂解
M—16	O	硝基物、亚砜、吡啶 N-氧化物、环氧、醌等
M—16	NH_2	$ArSO_2NH_2$,—$CONH_2$
M—17	OH	醇、羧酸
M—17	NH_3	胺、脲
M—18	H_2O,NH_4	醇、醛、酮、胺等
M—19	F	氟化物
M—20	HF	氟化物
M—25	—C≡CH	炔化物
M—26	C_2H_2	芳烃
M—26	CN	腈
M—27	HCN	芳香腈、含氮杂环
M—28	$CH_2{=}CH_2$	酯
M—28	CO	醌、甲酸酯等
M—28	C_2H_4	芳基乙基醚、乙酯、正丙基酮、环烷烃、烯烃
M—29	CHO	醛
M—29	C_2H_5	高度分支的碳链,在分支处乙基裂解
M—30	C_2H_6	乙基
M—30	CH_2O	芳香甲醚
M—30	NO	$Ar{-}NO_2$
M—30	NH_2CH_2	伯胺类
M—31	OCH_3	甲酯、甲醚
M—31	CH_2OH	醇

碎片离子	丢失的碎片	可能的来源
M－31	CH_3NH_2	胺
M－32	CH_3OH	甲酯
M－32	S	
M－33	H_2O+CH_3	
M－33	CH_2F	氟化物
M－33	HS	硫醇
M－34	H_2S	硫醇
M－35	Cl	氯化物
M－36	HCl	氯化物
M－37	H_2Cl	氯化物
M－39	C_3H_3	丙烯酯
M－40	C_3H_4	芳香化合物
M－41	C_3H_5	烯烃、丙基酯
M－42	C_3H_6	丁基酮、芳香醚、正丁基芳烃
M－42	CH_2CO	甲基酮、芳香乙酸酯、$ArNHCOCH_3$
M－43	C_3H_7	丙基
M－43	NHCO	环酰胺
M－43	CH_3CO	甲基酮
M－44	CO_2	酯（碳架重排）、酐
M－44	C_3H_8	
M－44	$CONH_2$	酰胺
M－44	CH_2CHOH	醛
M－45	COOH	羧酸
M－45	OC_2H_5	乙基醚、乙基酯
M－46	C_2H_5OH	乙酯
M－46	NO_2	$Ar\text{-}NO_2$
M－47	C_2H_4F	氟化物
M－48	SO	芳香亚砜
M－49	CH_2Cl	氯化物
M－53	C_4H_5	丁烯酯
M－55	C_4H_7	丁酯
M－56	C_4H_8	$Ar\text{-}C_5H_{11}$，$Ar\text{-}n\text{-}C_4H_9$，$Ar\text{-}i\text{-}C_4H_9$，戊基酮、戊酯
M－57	C_4H_9	丁基
M－57	C_2H_5CO	乙基酮

续表

碎片离子	丢失的碎片	可能的来源
M－58	C_4H_{10}	
M－59	C_3H_7O	丙基醚、丙基酯
M－59	$COOCH_3$	$RCOOCH_3$
M－60	CH_3COOH	乙酸酯
M－63	C_2H_4Cl	氯化物
M－67	C_5H_7	戊烯酯
M－69	C_5H_9	酯、烯
M－71	C_5H_{11}	戊基
M－72	C_5H_{12}	
M－73	$COOC_2H_5$	酯
M－77	C_6H_5	芳香化合物
M－79	Br	溴化物
M－127	I	碘化物

习　题

1. 质谱仪由哪几部分组成，各起哪些作用？

2. 什么是分子离子峰，分子离子峰判定的必要条件是什么？

3. 质谱仪常用的性能指标有哪些？（要求能计算其中的指标）

4. 有一化合物其分子离子的 m/z 是 120，其碎片离子的 m/z 为 105，问其亚稳离子的 m/z 是多少？

5. 某酯（M＝150）的质谱图中呈现 m/z 为 118 的碎片峰，试判断其为下述两种化合物的哪一种？

（1）　　　　　　　　　　　　　　（2）

6. 某化合物的化学式为 $C_5H_{12}S$，其质谱如下图，试确定其结构式。

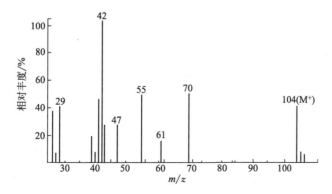

7. 根据下表，回答相关问题：

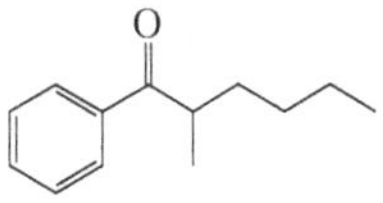

a 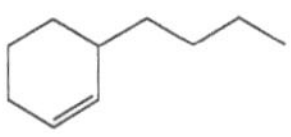　　　　　　　　　　b 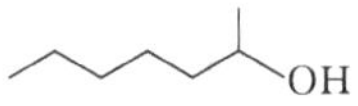　　　　　　　　　　c 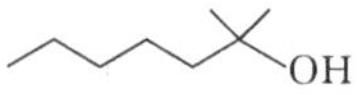　　　　　　　　　　d

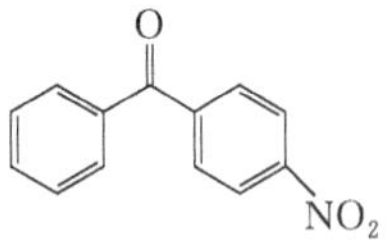

e 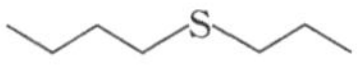　　　　　　　　　　f 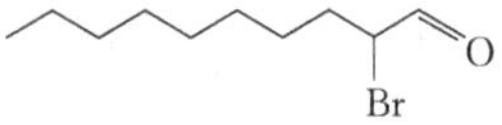　　　　　　　　　　g 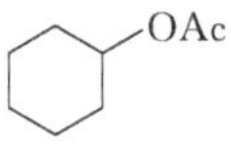　　　　　　　　　　h

元素	原子量	核数	同位素原子量
氢	1.00794	^{1}H	1.00783
		D(^{2}H)	2.01410
碳	12.01115	^{12}C	12.00000(std)
		^{13}C	13.00336
氮	14.0067	^{14}N	14.0031
		^{15}N	15.0001
氧	15.9994	^{16}O	15.9949
		^{17}O	16.9991
		^{18}O	17.9992
硫	32.0660	^{32}S	31.9721
		^{33}S	32.9715
		^{34}S	33.9679
溴	79.9094	^{79}Br	78.9183
		^{81}Br	80.9163

（1）计算化合物 a～h 的精确分子量。

（2）计算上述化合物的不饱和度。

（3）写出上述化合物分子离子峰的位置，如可能，标出自由基的位置。

（4）预测上述化合物三种主要的碎裂或重排途径，并画出详细的机理。

第 6 章　谱图综合解析

学习要求

通过本章的学习，要求掌握解析谱图的基本程序，通过四大谱之间的相互印证、图谱解析，判断化合物结构和归属。

前面几章分别介绍了紫外-可见吸收光谱法、红外光谱法、核磁共振波谱法和质谱法。值得注意的是，任何一种波谱分析方法都不能单独提供化合物的完整结构，而只能从各自方面反映分子骨架和部分结构（基团或原子团）的信息，为了确认（验证化合物结构是否与预想的一致）或剖析（推断未知化合物结构）分子结构，必须将这四大谱和其他分析方法获得的信息及数据在彼此相互补充和印证的基础上进行综合解析。综合解析并不要求四大谱谱图齐备，重要的是在结构分析的每一阶段工作中必须明确已解决和遗留的问题，然后根据分析方法的特点和它所能提供信息的性质，选用合适的手段去解决剩余的问题。虽然从某一种有机波谱图中反映出的结构信息即可确定某种官能团的存在，但在实际解析过程中，分子中某个官能团的存在应该在各种谱图中（有时在多数谱图中）都有所反映，至少每个谱图之间不应有矛盾。也就是说某个官能团的存在可在多个谱图中找到证据，并且各种谱图之间可以互相印证。

一般复杂化合物的结构分析可首先用质谱或元素分析数据来确定分子式；然后根据红外光谱推断所存在的官能团；接着根据核磁共振谱推断分子骨架；再根据紫外光谱判断有没有共轭体系、属何种共轭体系；综合质谱、红外、核磁和紫外所得的信息推断出结构式；最后再根据质谱的碎片离子判断结构式是否合理。

在分子量的测定中，常用以下五种方法：凝固点下降法，蒸气相渗透压法，质谱法，中和当量法，皂化当量法。

6.1　综合解析程序

在实际工作中，确定了一个化合物的纯度之后，紧接着要做的就是测定它的波谱图（紫外光谱、红外光谱、核磁共振波谱和质谱）。利用这四种波谱数据进行有机化合物的结构鉴定实际上并没有一个规定的步骤，在实际工作中可以从各方面入手，按照个人所喜欢的方式进行。一种较为常见的步骤介绍如下。

6.1.1 分子式的确定

分子式是结构鉴定的基础。当分子式确定后，可以在分子式的限度内组合或排除某些结构。因此，在推断分子结构之前确定分子式是十分必要的。目前分子式的确定主要有以下三种方法。

（1）**元素分析法** 元素分析法系用微量定量分析的技术测定分子中 C、H 和 N 等元素的含量。目前这一工作主要由元素分析仪来完成，这种仪器能够在十几分钟内定量分析样品中的 C、H 和 N 含量。配上 O、S 附件后，可以较快地定量测出这两种元素的含量，且较之经典的元素定量分析更准确也更迅速。如果在分析之前分子式尚属未知的话，通过处理元素分析的数据可以求出经验式即最简式。处理元素分析的数据时有许多基本类似的方法，最常见的是用元素周期表中的各元素的原子量除各自的质量分数；接着将这些比例调整成最低原子个数（整数），得到最简式；最后根据分子量与经验式来确定分子式。

【例 6-1】 某一样品经元素分析仪测定，其中 C 69.05％、H 4.9％、O 26.05％。求其最简式。

解 C 69.05/12.011＝5.749，H 4.9/1.008＝4.861，O 26.05/15.999＝1.628 调整后 C 3.531，H 2.986，O 1.000。由于 C 数不可能为分数，所以需要进一步调整：C 7.062，H 5.972，O 2.000。最简原子数为 $n(C):n(H):n(O)=7:6:2$，因而最简分子式为 $C_7H_6O_2$。

如果在元素分析之前已知分子式，并且计算的元素含量和实测含量在 ±0.3％的范围内相符，则分子式可以得到满意的肯定。

（2）**质谱法** 一般来说，一个具有足够热稳定性和足够挥发性可以产生被测定的实质上的分子离子的样品，可以用质谱法来测定其分子量。同时利用低分辨质谱法测得的同位素丰度比（M+1、M+2 的强度数据）或高分辨质谱法测定的精确分子量，往往就可以求得样品的分子式。

在低分辨质谱法中，通常在分子离子区域观察到的质量数连续峰值是由化合物中一个或几个元素的一个以上同位素的丰度所造成的。分子离子是由丰度最大的同位素的原子组成的。实际上，它们毫无例外地都相当于质量最低的同位素。高质量的小峰是由丰度较低的同位素组成的分子的贡献形成的。但是，对含有两个以上元素组成的分子，若其中丰度较低的同位素组成的分子的贡献所产生的峰太弱，则不能对质谱作出有意义的贡献。还应该注意到：分子离子有时能够捕获 1 个 H，使 M+1 峰的强度超过正常值（比单纯由重同位素引起的 M+1 峰要高）。在这两种情况下，利用同位素丰度比的方法来确定分子式显然是不正确的。

利用高分辨质谱法通常能测定每一个质谱峰的元素组成，从而可以测定化合物的实验式和分子式。这种测定方法是基于这样一个事实：当以 $^{12}C=12.000000$ 为基准，各元素的原子质量严格地说不是整数。这种与整数值相差的小数值是由于每个原子的核敛集率所引起的。高分辨质谱仪可以测定到小数点后第四位，其误差一般小于 0.006。这样就能将在小数点后有微小差别的离子分开。因此，由离子质量的小数部分就可以计算出离子的元素组成。在实际工作中常常利用 Beynon 表将可能的分子式限制为几种，而后根据各种信息（如氮数规则等）来确定。

以上的叙述是要说明，使用质谱法显然使确定分子式中除了 H、C、O、N 以外的其他元素的种类和数目的过程大为简便。有关利用质谱法确定分子式的具体方法在第 5 章中已经有了介绍。

（3）核磁共振波谱法　利用元素分析法和质谱法可以很容易地确定分子式。但是当元素分析的数据误差较大，质谱中又找不到分子离子峰或不易确定同位素丰度比时，可以利用分子量和核磁共振波谱数据来确定化合物可能的分子式。

我们知道核磁共振谱可以鉴定分子中各种不同化学环境的氢核，而且核磁共振谱的峰面积与氢核的数目成正比。因此分子中氢核的总数将是这些峰面积的最简单的比例总和的整数倍。如果能得到分子量和元素定性分析数据及核磁共振谱，就可以确定可能的分子式。应用这些数据可以用下面的公式求出每个分子中的碳原子数：

$$C（碳原子数）=（分子质量数-分子中氢的质量数-其他原子的质量数）/12$$

【例6-2】　一未知化合物的核磁共振谱如图6-1所示。如果该化合物仅含 C 和 H，其分子量为 106 ± 2，试问分子中应有几个碳原子？该化合物的分子式是什么？

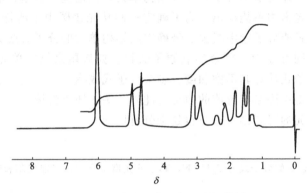

图 6-1　未知物的 ^1H 核磁共振谱图

解　由核磁共振谱可知：

各种氢核的面积比为：2∶1∶1∶1∶1∶4。

峰面积比总和＝2＋1＋1＋1＋1＋4＝10

所以氢原子数可能为 10 的整数倍，如 10、20、30 等。

由给出的分子质量，求出碳原子数及分子式：

$C=（106\pm2-10）/12=7.8\sim8.2$

$C=（106\pm2-20）/12=7\sim7.3$

即 C_8H_{10} 和 C_7H_{20}。

因为任何一种化合物的通式不可能为 C_nH_{2n+6}，显然 C_7H_{20} 是不存在的，所以该化合物的分子式应该是 C_8H_{10}。

6.1.2　分子不饱和度的计算

不饱和度是用来量度分子中不饱和的程度。不饱和度对于结构分析十分有用，有关计算方法前几章已作介绍在此不再赘述。

6.1.3　分子结构式的确定

利用波谱数据进行有机化合物的结构分析可以从各方面入手，因此有许多方法可供选用。

在这里只介绍一种较为常用的方法。

在实际工作中，一旦未知物的分子式确定后，就要分别仔细研究各个谱图。第一，在核磁共振氢谱中由低场向高场找出所有质子的积分面积比，计算出全部质子的最小公倍数，确定比较明显的自旋系统，并判定质子的类型，如芳香质子、烷基质子等。第二，由^{13}C核磁共振去偶谱，确定C原子的个数及基本类型，如羰基、芳/烯、烷基C原子。特别要注意等价C原子。而后由^{13}C核磁共振的偏共振谱确定每个C原子上所连接的相应的质子数目。当所连接的质子数目与核磁共振氢谱不相符时，应该考虑到等价C原子数目（或化学位移偶然重叠）。第三，在红外光谱图中，确定各种官能团和分子骨架的特征吸收峰，以及除了C、H和O以外的其他原子（X）的X—H和X—C的特征吸收峰。第四，由紫外光谱确定分子中是否有共轭体系存在。第五，从质谱中可以确定分子中是否含有卤素及其数目，以及是否含有其他杂原子。从碎片的质量系列，确定其属于哪类化合物，如芳香碎片系列、含N原子的偶数碎片系列等。

通过以上分析后，即可确定分子中各种结构单元，如羟基、羰基、取代苯等。然而常常还有一些结构单元在光谱中不能检出。为了确定这些从光谱图中未能检出的剩余结构单元，应当从化合物的分子式或分子量中减去已经确定的结构单元的分子式或分子量。如果剩余分子量为氧的整数倍，则可以确定剩余的氧原子数目。如果剩余结构单元中还含有其他原子时，则需依据剩余分子式计算其不饱和度。剩余分子式或剩余分子量对于确定剩余结构单元的可能结构式，可以提供许多有价值的信息。此外有关未知物的熔点、气味等各方面的信息对于确定剩余结构单元的可能结构有时也是十分有用的。

【例 6-3】　有一化合物的分子式为$C_8H_{11}N$，其红外光谱示出有邻二取代苯和芳香伯胺，求其剩余结构单元。

　　解　首先，由其分子式计算其不饱和度：

$\Omega = (2 \times 8 + 2 + 1 - 11)/2 \approx 4$

其次，由分子式求出剩余结构单元：

$$
\begin{array}{cc}
C_8H_{11}N & 4 \\
-C_6H_4 & -4 \\
\hline
\begin{array}{c} -H_2N \\ \hline C_2H_5 \end{array} & \begin{array}{c} 0 \\ \hline 0 \end{array}
\end{array}
$$

由剩余结构单元的分子式和其不饱和度可知：剩余结构单元为一乙基。当结构单元可能有一种以上的异构体时，要利用各种光谱图数据排除不可能的结构。通过对各种谱图的详细的进一步分析，了解各种结构单元邻近部分的情况，将各个结构单元合理地结合起来（其步骤是：先组合多价单元，最后组合单价单元）。若可以组成一种以上的异构体时，应该分别列出各种异构体的结构。然后利用已掌握的各种谱图数据，对各种异构体逐一进行分析验证，排除不可能的异构体，并论证可能的结构。

6.2　谱图综合解析实例

【例 6-4】　某未知样品经元素分析知：其中不含氮、硫和卤素，分子量为105 ± 2。测定了它的紫外吸收光谱、红外吸收光谱和^{1}H核磁共振谱，如图 6-2～图 6-4 所示。试确定其结构。

解　首先确定其分子式。结合分子量用 ^1H 核磁共振谱确定其分子式。

在 ^1H 核磁共振谱中从低场向高场各个峰的积分面积的简单整数比为 2：3。由于分子中不含氮和卤素，所以分子中氢的数目必然是偶数，即在这个分子中氢的数目一定是 10 的整数倍，考虑到分子中可能存在氧原子，可能的分子式计算如下：

$$C=(105\pm2-10)/12=8.1\sim7.8$$
$$C=(105\pm2-20)/12=7.3\sim6.9$$
$$C=(105\pm2-10-16)/12=6.8\sim6.4$$
$$C=(105\pm2-20-16)/12=5.9\sim5.6$$
$$C=(105\pm2-10-32)/12=5.4\sim5.1$$
$$C=(105\pm2-20-32)/12=4.6\sim4.3$$

剔除非整数碳数和不合理的分子式，该未知物的分子式必定是 C_8H_{10} 和 $C_4H_{10}O_3$ 中之一。

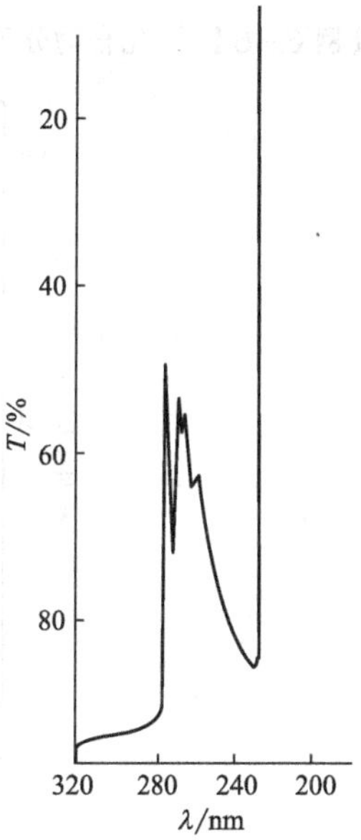

红外光谱表明，分子中没有羟基和羰基，而且也没有醚。但 $1520cm^{-1}$ 与 $800cm^{-1}$ 处的两个谱带以及紫外光谱所示的共轭体系均说明有芳烃的存在。同时分子式 C_8H_{10} 的不饱和度为 4，也与光谱所示相符。所以可排除 $C_4H_{10}O_3$，而确定 C_8H_{10} 为未知物的分子式。

^1H 核磁共振谱中 $\delta7.0$ 处的单峰的积分值相当于 4 个质子，表明分子中存在一个二取代苯；红外光谱中 $800cm^{-1}$ 的谱带进一步说明这个二取代苯为对位二取代苯。$\delta2.2$ 处的单峰的积分值相当于 6 个质子，这意味着分子中存在着两个孤立甲基或三个孤立的亚甲基，由于分子式的限制后者是不可能的。这样，未知物的结构显然只能是：CH_3—Ph—CH_3。

将未知物的红外光谱与标准的对二甲苯的红外光谱仔细对照，完全一致。证明结论是正确的。

图 6-2　【例 6-4】未知物的紫外吸收光谱图

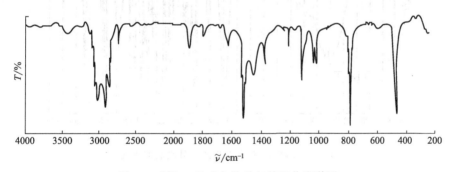

图 6-3　【例 6-4】未知物的红外吸收光谱图

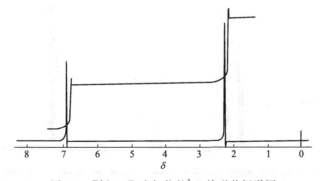

图 6-4　【例 6-4】未知物的 ^1H 核磁共振谱图

【**例6-5**】　化合物分子式为 $C_9H_9ClO_3$，质谱、红外、[1]H 核磁共振谱见图 6-5～图 6-7，推其结构。

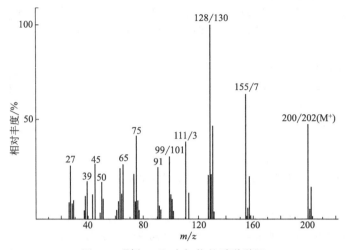

图 6-5　【例 6-5】未知物的质谱谱图

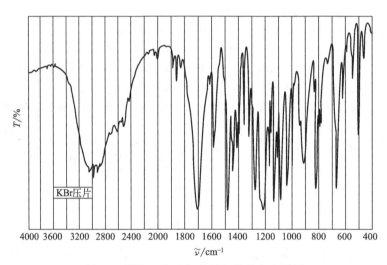

图 6-6　【例 6-5】未知物的红外吸收光谱图

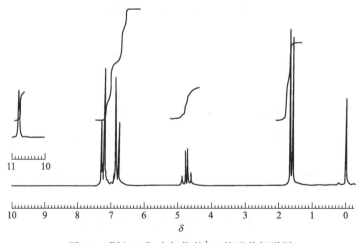

图 6-7　【例 6-5】未知物的[1]H 核磁共振谱图

解　^{1}H NMR 谱高场到低场各峰组的积分曲线高度比为 3∶1∶2∶2∶1，共 9 个氢；分子中的 C 数由下式给出：

$C = (200 - 9 - 16 \times 3 - 35)/12 = 9$

故分子式为 $C_9H_9ClO_3$，计算得到不饱和度为 5。

三张谱图中都有苯环存在的证据，加上—COOH 基团，不饱和度与计算值相符；由 ^{1}H NMR 谱得到：

δ 为 1.7 的二重峰与 4.7 的四重峰组合应是 $\overset{|}{C}H—CH_3$ 基团；δ 为 7 附近的两个变形二重峰说明苯环为不同基团的对位二取代；δ 为 11 附近则是羧基上的 H。

至此，已有的结构单元为—Cl，$—C_6H_4—$，$\overset{|}{C}H—CH_3$ 和—COOH。与分子式比较，剩余基团为—O—。用这些结构单元可以列出下面的可能结构：

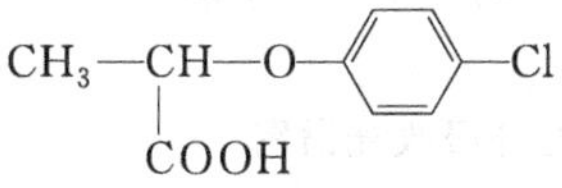

$$\underset{\underset{COOH}{|}}{CH_3—CH}—O—\text{⟨苯环⟩}—Cl \qquad \underset{\underset{Cl}{|}}{CH_3—CH}—O—\text{⟨苯环⟩}—COOH$$

　　　　　　　　　　（a） 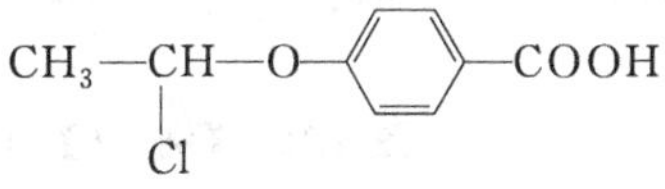　　　　　　　　　　　　　　　（b）

检查未知物的质谱，高质量端三个碎片离子 $m/z = 155$、128 和 111 均含有 Cl 原子，说明 Cl 原子与苯环直接相连，因为此时 Cl 上的孤对电子与苯环发生 p-π 共轭，所以不易被丢失。上述三个离子由图 6-8 所示的裂解示意图均可得到合理的解释，所以未知物的正确结构应是 (a)。

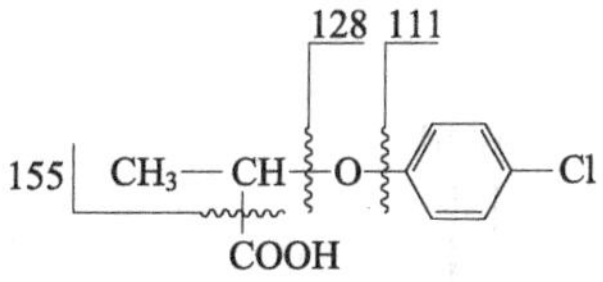

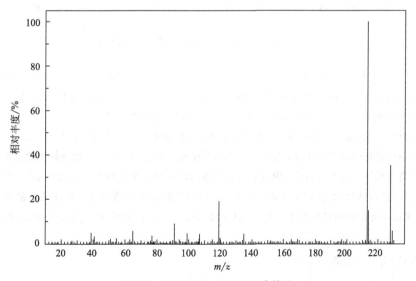

图 6-8　【例 6-5】裂解示意图

【例 6-6】　某未知化合物的质谱、红外、^{1}H 核磁共振谱见图 6-9～图 6-11，质谱的分子离子峰为 228.1152，^{1}H 核磁共振谱中 δ 9.16 处的峰在重氢交换反应后消失，试确定该化合物的结构。

图 6-9　【例 6-6】未知物的质谱图

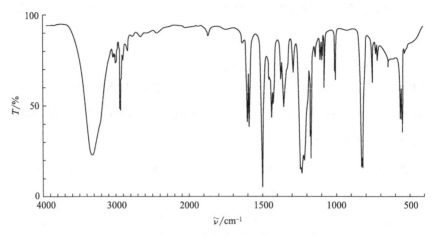

图 6-10　【例 6-6】未知物的红外吸收光谱图

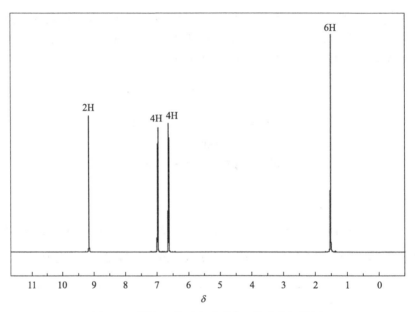

图 6-11　【例 6-6】未知物的 ^{1}H 核磁共振谱图

解　质谱中未知物的分子离子峰为 228.1152，根据这个数值，从拜诺表中查出分子式为 $C_{15}H_{16}O_{2}$，不饱和度为 8，可能有两个苯环。质谱中 m/z 为 39、65、77 的峰表明未知物中有苯环，m/z 91 是烷基取代苯的特征峰，m/z 213 处是分子失去一个甲基后形成的碎片峰。

红外光谱图中 3030cm^{-1}、3060cm^{-1} 处出现苯环的 CH 伸缩振动，1600cm^{-1}、1510cm^{-1}、1450cm^{-1} 处出现苯环 C═C 伸缩振动的特征峰，这些说明未知物中有苯环。840cm^{-1} 处的强峰为对位取代苯的 C—H 的面外弯曲振动。另外，在 3300cm^{-1} 附近有一强而宽的峰是 OH 的伸缩振动，1230cm^{-1} 强峰是 C—O 的伸缩振动，这些说明未知物中有 OH 基团，由于 C—O 伸缩振动的波数较高，猜测是酚羟基。1360cm^{-1}、1380cm^{-1} 处强度不等的两峰说明分子中有—CH$_3$，且不止一个。由分子式 $C_{15}H_{16}O_{2}$ 扣除两个苯环、两个羟基，则剩余 $C_{3}H_{6}$，可能是
$$\begin{array}{c} CH_3 \\ | \\ -C- \\ | \\ CH_3 \end{array}$$
。

^{1}H 核磁共振谱中 16 个 H 只出现了三组峰，说明分子具有对称性。δ 9.16（2H）处的峰在重氢交换反应后消失，结合红外和质谱信息，可判断有两个酚羟基。δ 6.984（4H）和 δ 6.646（4H）处呈现出中强两边弱的四峰特征，表明有两个化学环境一样的对位取代苯。δ 1.530（6H）处的单峰是两个相同—CH$_3$ 的质子峰。

综上可以判断未知物的结构为：

$$\text{HO} \diagdown \diagdown \diagdown \diagdown \text{OH}$$

【例 6-7】 未知物 C$_{10}$H$_{10}$O 的质谱、红外吸收光谱、核磁共振氢谱如图 6-12～图 6-14，紫外光谱：乙醇溶剂中 $\lambda_{max}=220$nm（lg ε=4.08），$\lambda_{max}=287$nm（lg ε=4.36），试推测未知物的结构。

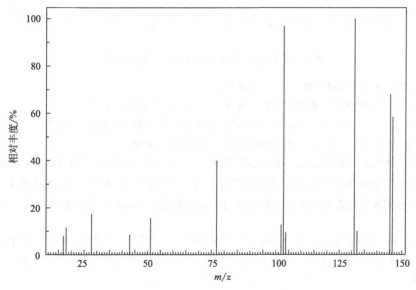

图 6-12　【例 6-7】未知物的质谱图

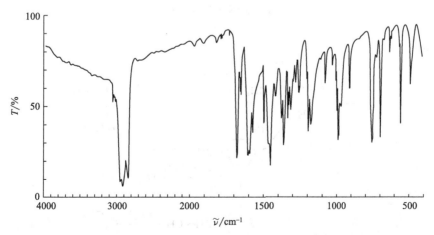

图 6-13　【例 6-7】未知物的红外吸收光谱图

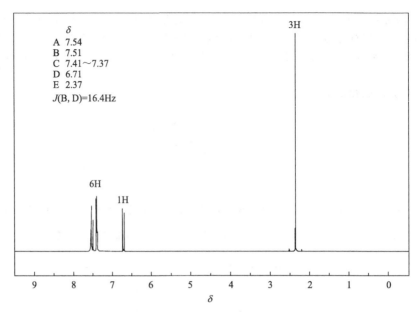

图 6-14 【例 6-7】未知物的 ^{1}H 核磁共振谱图

未知物 $C_{10}H_{10}O$ 的不饱和度为 6，猜测有苯环。

紫外光谱、红外吸收光谱、质谱和核磁共振谱都出现了苯环的特征峰。

紫外光谱：$\lambda_{max}=287nm$（$lg\epsilon=4.36$），为苯环的特征吸收带，并因共轭发生了红移。乙醇溶剂中 $\lambda_{max}=220nm$（$lg\epsilon=4.08$），为 $\pi \rightarrow \pi^*$ 跃迁产生的吸收带，且存在共轭双键。

红外光谱：$3090cm^{-1}$ 处出现 $\nu_{=CH}$ 的中强吸收峰，$1600cm^{-1}$、$1575cm^{-1}$ 和 $1495cm^{-1}$ 处出现苯环骨架 $\nu_{C=C}$，$1600cm^{-1}$ 峰的裂分说明有与苯环的共轭基团，$740cm^{-1}$ 和 $690cm^{-1}$ 两峰表明苯环是单取代。$1670cm^{-1}$ 处的强峰说明有羰基，并因共轭导致向低波数位移。$970cm^{-1}$ 处的强峰是反式二取代烯烃的 $\gamma_{=CH}$ 特征峰。

核磁共振氢谱：低场高频 $\delta 7.5\sim7.4$ 附近的多重峰对应 6 个质子，为苯环上的 5 个质子和烯烃上的一个质子；$\delta 6.71$ 的双峰为烯烃上的一个质子；高场低频 $\delta 2.37$ 的单峰则对应的是甲基质子，并因与羰基相连向高频位移。

综上，可判断未知物的结构是：

质谱验证：

习　题

1. 化合物 $C_8H_{12}O_4$ 的核磁共振氢谱有三组峰，面积比为 $1:2:3$，分别是 $\delta\,6.244$ 单峰、$\delta\,4.249$ 四重峰和 $\delta\,1.310$ 三重峰，其红外吸收光谱图和质谱图如图 6-15 和图 6-16，试确定这个化合物的结构。

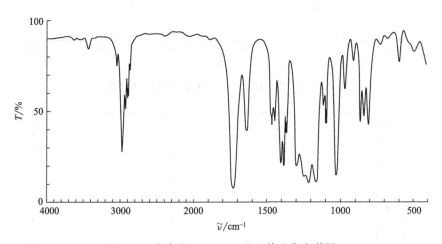

图 6-15　化合物 $C_8H_{12}O_4$ 的红外吸收光谱图

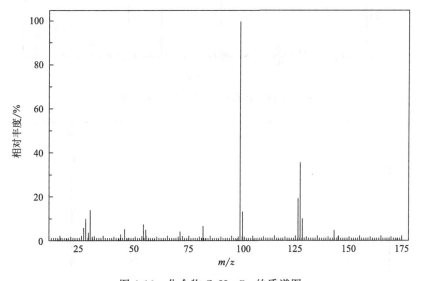

图 6-16　化合物 $C_8H_{12}O_4$ 的质谱图

2. 化合物 $C_{11}H_{14}O$ 的红外吸收光谱图、质谱图和核磁共振氢谱如图 6-17～图 6-19，试确定这个化合物的结构。

3. 化合物 $C_8H_9NO_2$ 的红外吸收光谱图、质谱图和核磁共振氢谱如图 6-20～图 6-22，试确定这个化合物的结构。

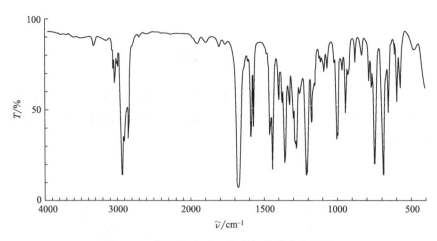

图 6-17 化合物 $C_{11}H_{14}O$ 的红外吸收光谱图

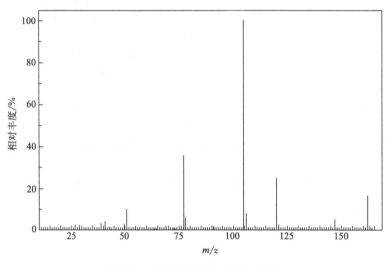

图 6-18 化合物 $C_{11}H_{14}O$ 的质谱图

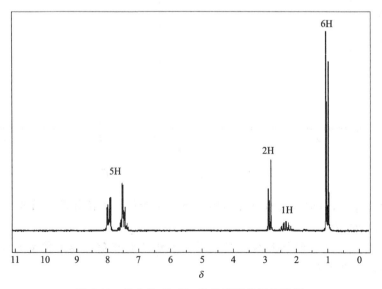

图 6-19 化合物 $C_{11}H_{14}O$ 的核磁共振氢谱图

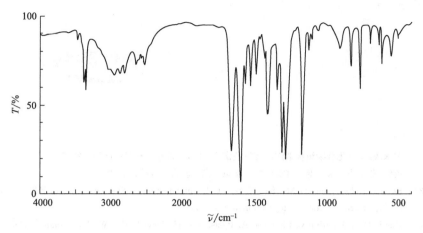

图 6-20　化合物 $C_8H_9NO_2$ 的红外吸收光谱图

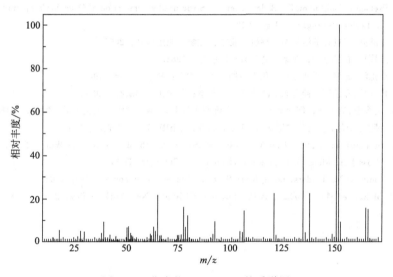

图 6-21　化合物 $C_8H_9NO_2$ 的质谱图

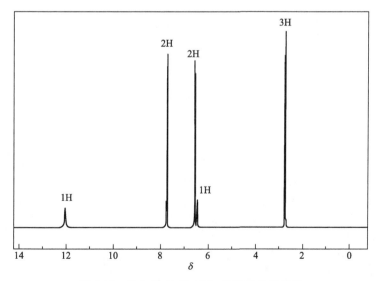

图 6-22　化合物 $C_8H_9NO_2$ 的核磁共振氢谱

［1］ 宁永成. 有机化合物结构鉴定与有机波谱学. 4 版. 北京：科学出版社，2018.

［2］ 杨红，葛惠民，宋常春. 有机分析. 北京：高等教育出版社，2009.

［3］ Pavia D L, Lampman G M, Kriz G S, et al. Introduction to Spectroscopy. 5th Edition. Orlando, Harcourt, Inc. College Publishers, 2009.

［4］ Harris D C. Quantitative Chemical Analysis. 4th ed. New York：W H Freeman & Company, 1995.

［5］ Pretsch E, Bühlmann P, Badertscher M. Structure Determination of Organic Compounds. 4th ed. Berlin：Springer-Verlag, 2009.

［6］ 朱淮武. 有机分子结构波谱解析. 北京：化学工业出版社，2005.

［7］ 陈耀祖. 有机分析，北京：高等教育出版社，1981.

［8］ 洪山海. 光谱解析法在有机化学中的应用. 北京：科学出版社，1980.

［9］ 周向葛，邓鹏翅，徐开来. 波谱解析. 北京：化学工业出版社，2014.

［10］ 孟令芝，龚淑玲，何永炳，刘英. 有机波谱分析. 4 版. 武汉：武汉大学出版社，2016.

［11］ 裴月湖. 有机化合物波谱解析. 5 版. 北京：中国医药科技出版社，2019.

［12］ de Hoffmann E, Stroobant V. Mass Spectrometry. 2th ed. Chichester：Wiley, 2002.

［13］ Cross J H. Mass Spectrometry. Heidelberg：Springer, 2003.

［14］ Smith R M. Understanding Mass Spectra. 2th ed. New York：Wiley, 2004.

［15］ McMaster M C. LC/MS, A Practical User's Guide. New York：Wiley, 2005.